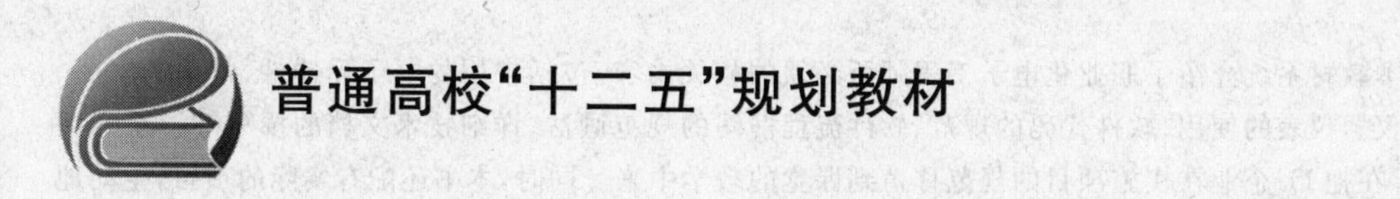

普通高校"十二五"规划教材

职业化电子工程师初步

——大学生课外科技制作教程

肖伟 代永红 普顿 编著

北京航空航天大学出版社

内容简介

本教材系统介绍了职业化电子工程师所必须的相关内容，包括常用的电子元器件、常用的电路、常用仪器仪表的使用、软件代码的规范、软件流程框图的规范画法、详细技术文档的撰写等一系列内容，旨在把IT企业在实施项目的规范移植到课堂的教学中来。同时，本书还配有实际的项目，生动地为读者展示实际项目的实施过程。考虑到中国大学生的实际特点，本书针对喜欢实践的大学生，为他们指明了学习和努力的方向，使他们能够在课外科技创新中体会到创新带来的激情和乐趣，同时也完成职业化电子工程师素质的初步培养。

本教材可以作为高等学校自动化、仪器仪表以及电子技术专业的教材，也可作为大学生课外科技创新课程的培训教材或电子工程师培训的初级教材或参考书。

图书在版编目(CIP)数据

职业化电子工程师初步：大学生课外科技制作教程 / 肖伟，代永红，普顿编著. -- 北京：北京航空航天大学出版社，2013.6

ISBN 978-7-5124-1132-6

Ⅰ. ①职… Ⅱ. ①肖… ②代… ③普… Ⅲ. ①电子技术—高等学校—教材 Ⅳ. ①TN

中国版本图书馆CIP数据核字(2013)第090138号

职业化电子工程师初步——大学生课外科技制作教程

肖 伟　代永红　普 顿　编著

责任编辑　金友泉

*

北京航空航天大学出版社出版发行

北京市海淀区学院路37号(邮编100191)　http://www.buaapress.com.cn

发行部电话：(010)82317024　传真：(010)82328026

读者信箱：bhpress@263.net　邮购电话：(010)82316936

北京时代华都印刷有限公司印装　各地书店经销

*

开本：710×1 000　1/16　印张：12.5　字数：281千字

2013年6月第1版　2013年6月第1次印刷　印数：4 000册

ISBN 978-7-5124-1132-6　定价：25.00元

前　言

工程技术改变了当今世界，但在今天，我们却不得不面对这样的事实：在全球范围内，工程师处于严重短缺之中！世界各国都在研究怎样培养工程人才，中国更为急切。在未来的20年，中国继续保持宏大的工程规模，需要更多的工程化科技人才来支撑中国的可持续发展。

在拥有世界上最大规模的高等工程教育的中国，如何培养真正的卓越工程师，这是中国高等教育面临的最大难题。

一直以来，工程人才的培养，就是先学习自然科学知识，然后应用到工程技术上。理论的学习在培养方案中占据了大部分的时间。然而，当代的工程并不等于自然科学。爱迪生没有学习过电路分析，没有学习过模拟电路，但是他能够发明电灯；第一代蒸汽机出现的时候，没有热力学，也没有空气动力学。从这个层面，我们可以这样说：创新往往需要对存在的自然科学理论进行突破，而工程创新则要求知识和方法的综合性。

工程师的知识不仅基于自然科学，还基于社会科学和实践经验，因此，工程教育要非常强调工程设计。同时，工程师的思维方法也不一样，工程师碰到一个问题不是问对和错，而是提出各种各样的方案去解决它。这条路走不通，换另一条路走，这就是工程师解决问题的办法。所以，考试中的选择题不是培养工程创新的思维模式，创新型工程师的知识特征应该是宽、专、交相结合。

中国工程科技人才培养的模式一直以来有两个：一是专业技术型，为特定专业培养人才；第二种沿着理论加新技术前沿的培养模式，但这样培养出来的人才，更多的转向理论研究。这样的人才基本技能（如计算机、数学模型等）会掌握得很好，但动手能力和解决实际问题的能力相应下降了。很多工程专业的学生能写文章，却没能有能力搞设计。中国需要的是既懂理论，又有实践能力，而且是有多种专业知识的交叉型技术人才，他们应该是创新的主流力量。

本教材的主线是以实践作为重点，强调实践动手的重要性，实践就是对工程的回归。在本教材中，以IT企业的要求来规范学生做设计、实施项目的行为。这对学生顺利成长为工程师，成为社会所需的工程师具有重要的意义。

本教材共四篇。第一篇主要讲述的是电子技术基础知识，包含基本的电子元器件、常用工具和仪器的使用、部分常用电路介绍、电子制作实践；第二篇主要讲述项目的规范，包括项目规范概述、项目定制开发说明模板、项目详细设计文档模板、流程图排版规范、软件代码书写规范；第三篇为项目的实训部分，旨在通过实际的实训项目，对学生做有针对性的训练，以提高学生的工程能力；第四篇为创新项目部分，许多项目为笔者指导学生完成的参赛作品，其设计文档和资料十分完备，对学生进一步设计创新项目具有一定的启发。

本教材共有13章，肖伟负责第4章、第5章、第6章、第7章、第8章、第11章的编写工作；代永红负责第2章、第3章、第10章的编写工作；普顿负责第1章、第9章、第

12 章、第 13 章的编写工作。

本书在成稿的过程中得到了凌阳爱普科技有限公司的罗亚非、刘宏韬、叶新华的积极帮助和鼓励；武汉大学电子信息学院的代永红老师对书稿进行了大量的修改和校对工作，并对书稿的许多部分提出了宝贵的意见。西藏大学武强，陈延利，卓嘎，边巴旺堆，李勇峰，兰萍，董志诚等老师在试用本教材的过程中，提出了许多中肯的修改意见；本教材得到了西藏大学教务处，西藏大学信息技术国家级实验教学示范中心的大力支持；武汉大学电子信息学院领导对本教材出版给予了亲切的关怀和支持；学生李书荣，罗布多吉，范培锋，崔静静，王超，刘严亮，蒋林，柴韬等同学完成了教材配套资料的准备工作。值此，在本书付印之际，编者对他们给予的关心，支持和帮助表示最诚挚的谢意。

由于时间仓促和水平有限，书中难免有不当之处，敬请广大读者批评指正。

作　者

西藏大学　武汉大学

2013 年 3 月

目　录

第一篇　电子技术基础知识

第二篇 项目的规范

第三篇　项目的实训

第四篇　项目的创新

第一篇　电子技术基础知识

第 1 章　基本元器件

第 2 章　常用工具和仪器的使用

第 3 章　部分常用电路介绍

第 4 章　电子制作实践

第1章 基本元器件

1.1 电 阻

1.1.1 概 述

电阻是电气、电子设备中用得最多的基本元件之一，也称为电阻器，英文名 Resistance，通常缩写为 R。其基本量纲是欧姆(常简称为欧)，用希腊字母“Ω”表示，常用单位还有千欧(1 kΩ=10^3 Ω)、兆欧(1 MΩ=10^6 Ω)。电阻的基本特征是对流过它的电流具有阻碍作用，即在相同的外加电压作用下，电阻值越大，流过电阻的电流越小。电阻主要用于控制和调节电路中各个元件之间的电流和电压的分配关系，有时也可以代替负载，当作消耗电能的元件来使用。

1.1.2 分 类

电阻(电阻器)有不同的分类方法。按电阻组成的材料来分，有碳膜电阻、水泥电阻、金属膜电阻和线绕电阻等不同类型。其类别可以通过外观的标记进行识别，常见的有 RT 型碳膜电阻、RJ 型金属膜电阻、RX 型线绕电阻。其型号命名很有规律，R 代表电阻型，T 为碳膜型，J 为金属型，X 为线绕型，是拼音的第一个字母。在老式的电子产品中，常可以看到外表涂覆绿漆的电阻，那就是 RT 型的。而红颜色的电阻，是 RJ 型的。一般老式电子产品中，以绿色的电阻居多。近年来开始广泛使用片状电阻，片状电阻是在高纯陶瓷(氧化铝)基板上采用丝网印刷金属化玻璃层的方法制成的；通过改变金属化玻璃的成分，可以得到不同的电阻阻值，为了保证可焊性，电阻的两端头采用了电镀镍锡层。采用了保护介质对电阻层进行保护，保证正反面都可装贴。它具有体积小，重量轻，电性能稳定，可靠性高，机械强度高，高频特性优越，适应流焊与回流焊，装配成本低和自动装贴设备匹配的特点。图 1-1 给出了按照材料进行识别的电阻(从左至右依次为线绕电阻、水泥电阻、金属膜电阻、色环电阻)；按电阻能够承载的功率来分，有$\frac{1}{16}$ W、$\frac{1}{8}$ W、$\frac{1}{4}$ W、$\frac{1}{2}$ W、1 W、2 W、3 W、5 W、10 W、20 W、50 W 和 100 W 等；按电阻值的精确度来分有普通电阻和精密电阻两大类，普通电阻的精确度一般有±5 %、±10 %、±20 %等精度量级，精密电阻的精确度分为±0.1 %、±0.2 %、±0.5 %、±1 %和±2 %等精密量级。

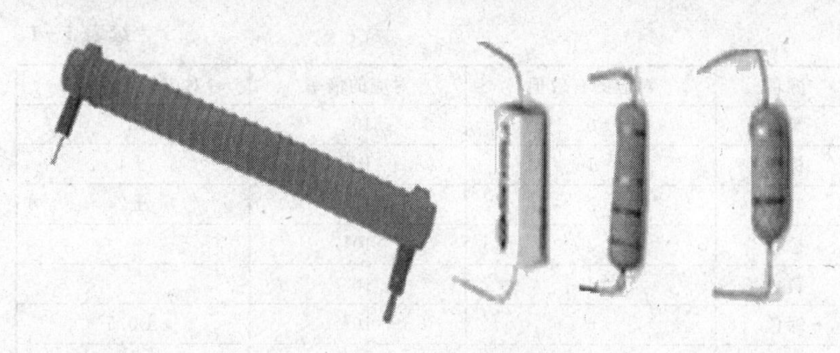

图1-1 电阻的实物图

1.1.3 电阻的电气参数

1. 电阻的符号

在电路图中电阻的符号如图1-2所示。

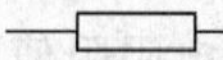

图1-2 电阻在电路中的标记符

2. 电阻值以及标注

电阻值的大小会导致电子流通量的变化,电阻值越小,电子流通量越大,反之亦然。电阻的阻值和允许偏差的标注方法有直标法、色标法和文字符号法,下面分别加以说明。

(1) 直标法

将电阻的阻值和误差直接用数字和字母印在电阻上(无误差标示为允许误差±20 %)。国外厂家采用习惯标记法,例如:

3Ω3　Ⅰ　表示电阻值为3.3 Ω,允许误差为±15 %;
1K8　　表示电阻值为1.8 kΩ,允许误差为±20 %;
5M1　Ⅱ　表示电阻值为5.1 MΩ,允许误差为±10 %。

(2) 色标法

将不同颜色的色环涂在电阻器上来表示电阻的标称值及允许误差(见表1-1)。色环电阻的标记有四环位和五环位,四环电阻的前两环代表有效位,第三环为倍率,第四环是指对应的精度;五环电阻的前三环是有效位,第四环为倍率,第五环是指对应的精度。一般精度色环与其他的色环的间距稍大点,可以凭借此点来确定色环的第一位和最后一位,有时候也可以通过表中不存在的状态来确定色环的顺序,例如:金色、银色不可能是第一位,只能是最后一位等。其中的颜色表示的物理意义如表1-1所列。

表1-1 电阻上色环所代表的含义

颜色	对应的有效值	对应的倍率	对应的精度/%
银色	—	10^{-2}	±10
金色	—	10^{-1}	±5

续表 1-1

颜色	对应的有效值	对应的倍率	对应的精度/%
黑色	0	10^0	0
棕色	1	10^1	±1
红色	2	10^2	±2
橙色	3	10^3	—
黄色	4	10^4	—
绿色	5	10^5	±0.5
蓝色	6	10^6	—
紫色	7	10^7	±0.1
灰色	8	10^8	—
白色	9	10^9	—

四道色环电阻阻值的计算方法：

阻值 = 第一、二道色环颜色代表的数值 $\times 10^{\text{第三道色环颜色所代表的数值}}$

例：图 1-3 给出了一个四色环电阻，其颜色分别为橙色、橙色、黑色、金色，由此确定其电阻的大小和精度。

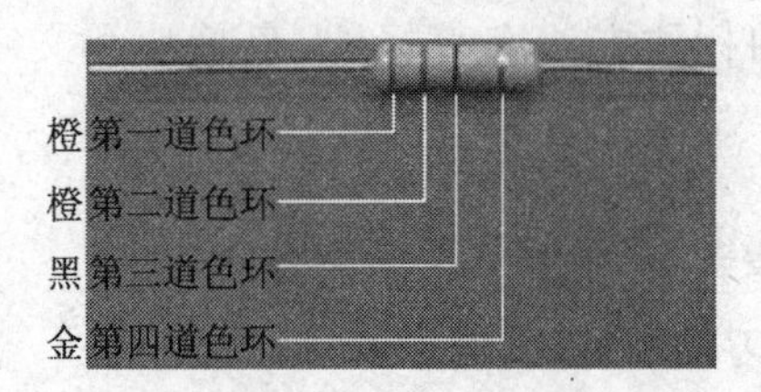

图 1-3 四色环的电阻

图 1-3 对应的电阻，其阻值按照四道色环电阻阻值的计算方法是：

阻值 = $33 \times 10^0\ \Omega = 33\ \Omega$，其电阻的精度为±5 %。

五道色环电阻阻值的计算方法是：

阻值 = 第一、二、三道色环颜色所代表的数值 $\times 10^{\text{第四道色环颜色所代表数值}}$

例：图 1-4 给出了一个五色环电阻，其颜色分别为黄色、紫色、黑色、银色，棕色，由此确定其电阻的大小和精度。

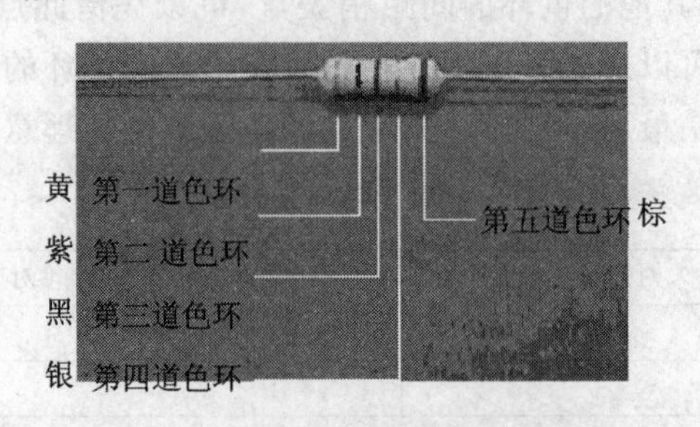

图 1-4 五色环的电阻

图 1-4 中所示电阻，其阻值按照四道色环电阻阻值的计算方法是：

阻值 $= 470 \times 10^{-2}\ \Omega = 4.7\ \Omega$，其电阻的精度为 1％。

(3) 文字符号法

采用文字符号直接描述电阻的阻抗与精度。

例如：3M3K，3M3 表示 3.3 MΩ，K 表示允许偏差为±10％。

3. 电阻的额定功率

电阻的额定功率是指正常工作时可承受的功率，其值为电阻两端的额定电压乘以额定电流，若工作功率大于其额定功率，则有可能会造成电阻的损坏。电阻的额定功率指电阻在直流或交流电路中，长期连续工作所允许消耗的最大功率。有两种标志方法：2 W 以上的电阻，直接用数字印在电阻体上；2 W 以下的电阻，以自身体积大小来表示功率。

1.1.4 可调电阻

可调电阻也称为可变电阻，其英文为 Rheostat，是电阻中的一类，其电阻值的大小可以人为调节，以满足电路的需要。可调电阻按照电阻值的大小、调节的范围、调节形式、制作工艺、制作材料、体积大小等分为许多不同的型号和类型。可调电阻分为：瓷盘可调电阻，贴片可调电阻，线绕可调电阻等。从形状上分有圆柱形、长方体形等多种形状；从结构上分有直滑式、旋转式、带开关式、带紧锁装置式、多连式、多圈式、微调式和无接触式等多种形式；从材料上分有碳膜、合成膜、有机导电体、金属玻璃釉和合金电阻丝等多种电阻体材料，碳膜电位器是较常用的一种。图 1-5 列出了一些可变电阻的实物图。

1. 可调电阻的电路符号

图 1-6 给出了可调电阻在电路中的符号，一般使用时将中间的抽头与另一端连接，可以在一定范围内改变其电阻的大小。

图 1-5 可变电阻实物图

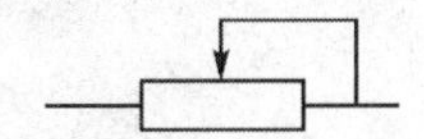

图 1-6 可变电阻的电路符号

2. 可调电阻的标称值

可调电阻的标称值是指可以从 0 欧姆调整到最大的电阻阻值，理论上，可调电阻的阻值可以调整到 0 与标称值以内的任意值，但因为实际结构与设计精度要求等原因，往往不容易100%达到"任意"要求,只是"基本上"做到在允许的范围内调节,从而来改变阻值。可变电阻器采用直标法表示标称阻值,即直接将标称阻值标注在可变电阻器上。小型可变电阻器的标注阻值采用3位数表示方法,这与电阻器的标注方法一样,这里不再进行说明。

3. 可调电阻的额定功率

可调电阻的额定功率指正常工作时可承受的功率,其功率值为可变电阻两端的额定电压乘以额定电流,若工作功率大于其额定功率,则有可能会造成器件的损坏。小信号电路中应用的可变电阻器一般只关心它的标称阻值,对功率无要求。

电路中进行一般调节时,采用价格低廉的碳膜电位器;在进行精确调节时,宜采用多圈电位器或精密电位器。

1.1.5 特殊功能电阻

特殊功能电阻有光敏电阻和热敏电阻两种。

1. 光敏电阻

光敏电阻器是利用半导体的光电效应制成的一种电阻值随入射光的强弱而改变的电阻器:入射光强,电阻减小;入射光弱,电阻增大。常用的光敏电阻器为硫化镉光敏电阻器,它是由半导体材料制成的。光敏电阻器的阻值随入射光线的强弱变化而变化,在黑暗条件下,其阻值(暗阻)可达1~10 MΩ,在强光条件下,其阻值有几百至数千欧姆。光敏电阻器对光的敏感性与人眼对可见光(0.4~0.76 μm)的响应很接近,只要人眼可感受的光,都会引起它的阻值变化。利用这一特性,可以制作各种光控的小电路。事实上街边的路灯大多是用光控开关自动控制的,其中一个重要的元器件就是光敏电阻(或者是光敏三极管,一种功能相似的带放大作用的半导体元件)。图1-7列出了一些光敏电阻的实物图。

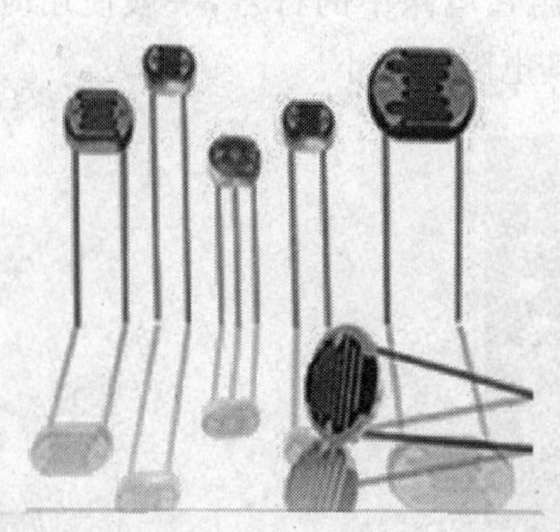

图1-7 光敏电阻实物图

光敏电阻的主要参数有:

(1) 光电流、亮电阻

光敏电阻器在一定的外加电压下,当有光照射时,流过的电流称为光电流,外加电压与光电流之比称为亮电阻,常用"100 lx"表示光的照度单位。而通常在强光条件下

(光强100流明左右),其亮电阻值一般为几百至几千欧姆。

(2) 暗电流、暗电阻

光敏电阻在一定的外加电压下,当没有光照射的时候,流过的电流称为暗电流。外加电压与暗电流之比称为暗电阻,一般为几个兆欧。

(3) 灵敏度

灵敏度是指光敏电阻不受光照射时的电阻值(暗电阻)与受光照射时的电阻值(亮电阻)的相对变化值。

(4) 光谱响应

光谱响应又称光谱灵敏度,是指光敏电阻在不同波长的单色光照射下的灵敏度。若将不同波长下的灵敏度画成曲线,就可以得到光谱响应的曲线。

(5) 光照特性

光照特性是指光敏电阻输出的电信号随光照度而变化的特性。从光敏电阻的光照特性曲线可以看出,随着光照强度的增加,光敏电阻的阻值开始迅速下降。若进一步增大光照强度,则电阻值变化减小,然后逐渐趋向平缓。在大多数情况下,该光照特性为非线性。

(6) 伏安特性曲线

伏安特性曲线用来描述光敏电阻的外加电压与光电流的关系,对于光敏器件来说,其光电流随外加电压的增大而增大。

(7) 温度系数

光敏电阻的光电效应受温度影响较大,部分光敏电阻在低温下的光电灵敏度较高,而在高温下的灵敏度则较低。

(8) 额定功率

额定功率是指光敏电阻用于某种线路中所允许消耗的功率,当温度升高时,其消耗的功率就降低。

2. 热敏电阻

半导体热敏电阻是指利用半导体材料的热敏特性工作的半导体电阻。它是用对温度变化极为敏感的半导体材料制成的,其阻值随温度变化发生极明显的变化。热敏电阻器是敏感元件的一类,按照温度系数不同可分为正温度系数热敏电阻器(PTC)和负温度系数热敏电阻器(NTC)。

热敏电阻器的典型特点是对温度敏感,不同的温度下表现出不同的电阻值。正温度系数热敏电阻器(PTC)在温度越高时电阻值越大,负温度系数热敏电阻器(NTC)在温度越高时电阻值越低,它们同属于半导体器件。图1-8列出了一些热敏电阻的实物图。

热敏电阻的主要电气参数有:

(1) 标称阻值

一般指环境温度为25 ℃时热敏电阻器的实际电阻值。其实际阻值是在一定的温度条件下所测得的电阻值。

(2) 电阻温度系数

表示温度变化1 ℃时的阻值变化率,单位为%/℃。

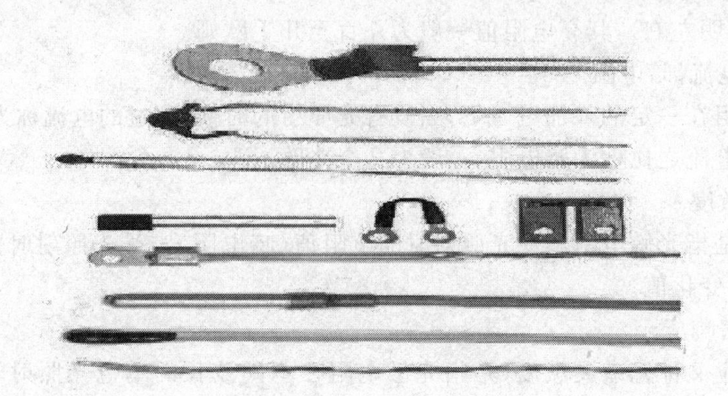

图 1-8 热敏电阻的实物图

(3) 时间常数

热敏电阻器是有热惯性的,时间常数就是一个描述热敏电阻器热惯性的参数。它的定义为:在无功耗的状态下,当环境温度由一个特定温度向另一个特定温度突然改变时,热敏电阻体的温度变化了两个特定温度之差的 63.2% 所需的时间。时间常数越小,表明热敏电阻器的热惯性越小。

(4) 额定功率

在规定的技术条件下,热敏电阻器长期连续负载工作时所允许的耗散功率。在实际使用时不得超过额定功率。若热敏电阻器工作的环境温度超过 25 ℃,则必须相应降低其负载。

(5) 最大电压

对于 NTC 热敏电阻器(负温度系数热敏电阻器),是指在规定的环境温度下,热敏电阻器引起热失控所允许连续施加的最大直流电压;对于 PTC 热敏电阻器(正温度系数热敏电阻器),是指在规定的环境温度和静止空气中,允许连续施加到热敏电阻器上并保证热敏电阻器正常工作在 PTC 特性部分的最大直流电压。

(6) 最高工作温度

在规定的技术条件下,热敏电阻器长期连续工作所允许的最高温度。

热敏电阻主要用在温度测量、温度控制、温度补偿、自动增益调整、微波功率测量、火灾报警、红外探测及稳压、稳幅等方面,是自动控制设备中的重要元件。热敏电阻由于具有热敏特性,其电压和电流之间不再保持线性关系,成为一种非线性元件了。

练习题:以下色环顺序代表的电阻值是多少,并写出计算步骤:

① 红红棕金; ② 黄紫橙银;③ 棕紫绿金棕。

1.2 开 关

顾名思义,开关是用来控制电路的打开与关闭,从而控制电路的工作状态。开关分为锁定开关、未加锁定开关、轻触开关、薄膜开关、大功率开关等,最简单的开关有二片名为“触点”(简称接点)的金属,二触点接触时使电流形成回路,二触点不接触时使电流形成开路。选用触点金属时需考虑其抗腐蚀性,因为大多数金属氧化后会形成绝缘的氧化物,使触点无法正常工作。选用触点金属也需考虑其电导率、硬度、机械强度、成本及是否有毒等因素。开关中除了接点之外,也会有可动件使接点导通或不导通,开关可依可动件的不同为分为杠杆开关(toggle switch)、按键开关、船形开关(rocker switch)等,而可动件也可以是其他形式的机械连杆。

图 1-9 所示是开关在电路中的符号。

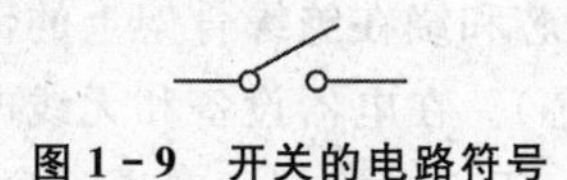

图 1-9　开关的电路符号

图 1-10 列出了几种实用的电路开关。图(a)、(b)、(c)、(d)、(e)、(f)对应的开关分别为薄膜开关、闸刀开关、船型开关、拨动开关、轻触开关、微动开关。

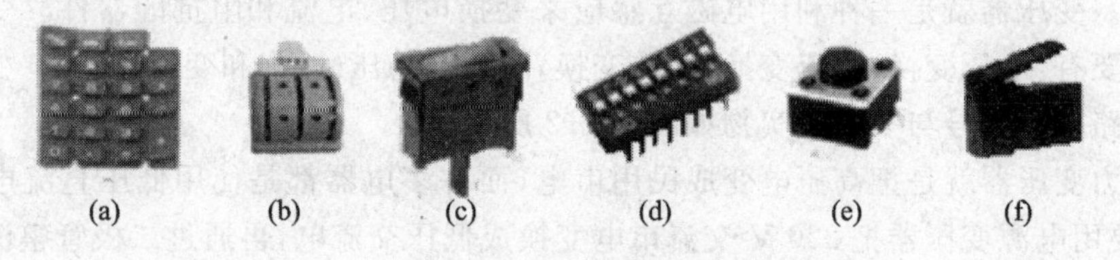

图 1-10　几种开关的实物图

介绍这些开关只是给予一种电路实践中的感性认识。特别值得一提的是在实际的电路中,还有延时开关,延时开关可分为声控延时开关、光控延时开关、触摸式延时开关等。图 1-11 给出了延时开关的结构、符号以及其引脚视图。这种延时开关的原理就是电磁继电器的原理。继电器的工作原理是,当继电器线圈通电后,线圈中的铁芯产生强大的电磁力,吸动衔铁带动簧片,使触点 1、2 断开,1、3 接通。当线圈断电后,弹簧使簧片复位,使触点 1、2 接通,1、3 断开。只要把需要控制的电路接在触点 1、2 间(1、2 称为常闭触点)或触点 1、3 间(称为常开触点),就可以利用继电器达到某种控制开闭的目的。

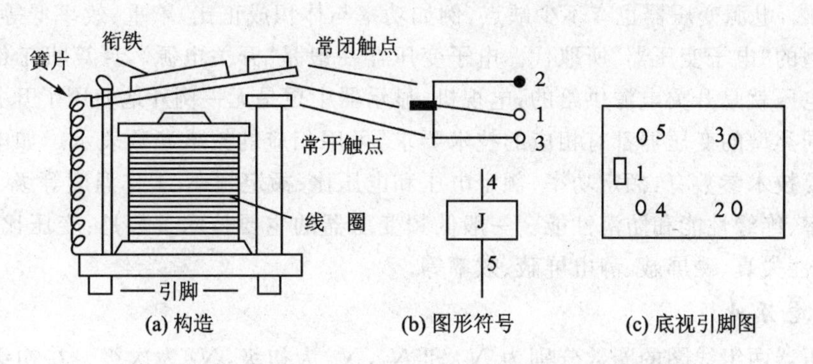

图 1-11　延时开关的构造、图形符号与底视引脚图

1.3 变压器

1.3.1 概 述

变压器，其英文为 Transformer，是利用电磁感应原理来改变交流电压的装置，是由铁芯和绕在绝缘骨架上的铜线缠绕构成的。主要构件是初级线圈、次级线圈和铁芯(磁芯)。在电器设备和无线电路中，常用作升降电压、匹配阻抗、安全隔离等。在发电机中，不管是线圈运动通过磁场或磁场运动通过固定线圈，均能在线圈中产生感应电势。这两种情况，磁通的值均不变，但与线圈相交链的磁通数量却有变动，这是互感应的原理。变压器就是一种利用电磁互感应来变换电压、电流和阻抗的器件。变压器的功能主要有：电压变换，电流变换，阻抗变换；隔离和稳压(磁饱和变压器)等。变压器在电子电路中的符号与实际的实物如图 1-12 所示。

电力变压器就是把高压电变成民用市电，而许多电器都是使用低压直流电源工作的，需要用电源变压器把 220 V 交流市电变换成低压交流电，再通过二极管整流和电容器滤波，形成直流电供给电器工作。而电视机显像管需要上万伏的电压来工作，这是由“行输出变压器”供给的。

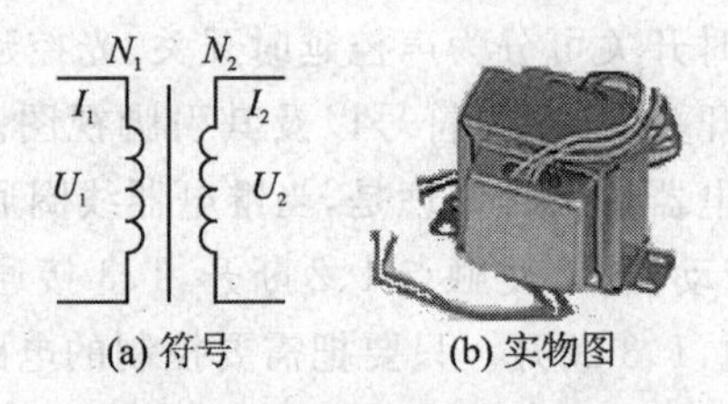

图 1-12 变压器的符号与实物

当然，电源变压器也有不少缺点，例如功率与体积成正比，笨重、效率低等，现在正在被新型的“电子变压器”所取代。电子变压器一般是“开关电源”，计算机工作时需要的几组电压就是开关电源供给的，电视机、显示器中更是无一例外地使用了开关电源。

不同类型的变压器都有相应的技术要求，可用相应的技术参数表示。如电源变压器的主要技术参数有：额定功率、额定电压和电压比、额定频率、工作温度等级、温升、电压调整率、绝缘性能和防潮性能。一般低频变压器的主要技术参数是：变压比、频率特性、非线性失真、磁屏蔽、静电屏蔽、效率等。

1. 电压比

变压器两组线圈的圈数分别为 N_1 和 N_2，N_1 为初级，N_2 为次级。在初级线圈上加一交流电压，在次级线圈两端就会产生感应电动势。当 $N_2>N_1$ 时，其感应电动势要比初级所加的电压还要高，这种变压器称为升压变压器；当 $N_2<N_1$ 时，其感应电动势低于初级电压，这种变压器称为降压变压器。初级、次级电压和其线圈圈数间具有下列关系

初、次级间电压之比

$$U_1/U_2 = N_1/N_2 = n \tag{1-1}$$

式(1-1)中 n 称为电压比(圈数比)。当 $n > 1$ 时,则 $N_1 > N_2$,$U_1 > U_2$,该变压器为降压变压器;反之则为升压变压器。

电流之比

$$I_1/I_2 = N_2/N_1 \tag{1-2}$$

电功率 $P_1 = P_2$

注意:上面的式子只在理想变压器只有一个副线圈时成立。当有多个副线圈时,每组的电压与电流的关系与式(1-1)和式(1-2)相同,依此类推,其输出功率与输入功率相等。

2. 变压器的效率

在额定功率时,变压器的输出功率和输入功率的比值,称为变压器的效率,即

$$\eta = (P_2 \div P_1) \times 100\,\% \tag{1-3}$$

式(1-3)中,η 为变压器的效率;P_1 为输入功率,P_2 为输出功率。当变压器的输出功率 P_2 等于输入功率 P_1 时,效率 η 等于 100 %,变压器将不产生任何损耗,但实际上这种变压器是没有的。变压器传输电能时总要产生损耗,这种损耗主要有铜损和铁损。铜损是指变压器线圈电阻所引起的损耗,当电流通过线圈电阻发热时,一部分电能就转变为热能而损耗。由于线圈一般都由表面绝缘的铜线缠绕而成,通电后由其产生的损耗称为铜损。变压器的铁损包括两个方面:一是磁滞损耗,当交流电流通过变压器时,通过变压器硅钢片的磁力线其方向和大小随之变化,使得硅钢片内部分子相互摩擦,放出热能,从而损耗了一部分电能,这便是磁滞损耗。另一是涡流损耗,当变压器工作时,铁芯中有磁力线穿过,在与磁力线垂直的平面上就会产生感应电流,由于此电流自成闭合回路形成环流,且成旋涡状,故称为涡流。涡流的存在使铁芯发热,消耗能量,这种损耗称为涡流损耗。变压器的效率与变压器的功率等级有密切关系,功率越大,损耗与输出功率越小,效率也就越高。反之,功率越小,效率也就越低。

3. 变压器的功率

变压器铁芯磁通值和施加的电压大小有关。在电流中励磁电流不会随着负载的增加而增加。虽然负载增加铁芯不会饱和,但这将使线圈的电阻损耗增加,超过额定容量,由于线圈产生的热量不能及时散出,线圈会损坏。因此每个变压器都有其额定的输入和输出功率。

1.3.2 变压器的骨架

骨架,又名变压器骨架,或称变压器线架,英文写为 Bobbin,是变压器的主体结构组成部分。变压器在当今社会被广泛使用,对应的主体也必不可少,所以目前骨架有着无可取代的作用。骨架在变压器中的作用主要有以下几点:

① 为变压器中的铜线提供缠绕的空间。

② 固定变压器中的磁芯。

③ 骨架中的线槽为变压器生产绕线时提供绕线的路径。

④ 骨架中的金属针脚是缠绕变压器之铜线的支柱；经过焊锡后与 PCB 板相连接，在变压器工作时起到导电的作用。

⑤ 骨架底部的挡板可使变压器与 PCB 板产生固定的作用；也为焊锡时产生的锡堆与 PCB 板和磁芯与 PCB 板提供一定的距离空间；底板还可以隔离磁芯与锡堆，避免发生耐压不良。

⑥ 骨架中的凸点、凹点或倒角，可决定变压器使用时放置方向或针脚顺序。

骨架一般按变压器所使用的磁芯（或铁芯）型号进行分类，有 EI、EE、EF、EPC、ER、RM、PQ、UU 等型号，而每个型号又可按磁芯（或铁芯）大小进行区分，如 EE5、EE8、EE13、EE19 等大小不一的型号。骨架按形状分为：立式和卧式两种；按变压器的工作频率又分为高频骨架和低频骨架两种，这里所讲的频率，并不是指使用的次数，而是指变压器在工作时电信号周期性变化的次数，单位是赫兹（Hz），简称赫，也常用千赫（kHz）兆赫（MHz）或吉赫（GHz）做单位；按骨架的针脚使用性质，又分为传统双列直插式骨架（DIP）和帖片式骨架（SMD）两种。

一般来讲，EE、EI、EC、ER、ETD、LP、EFD 型骨架变压器具有工作频率高（20～500 kHz），功率大（达 1 000 W）和热稳定性能高的特性。主要用于开关电源的主变压器、推动变压器、辅助变压器、计算机电源、UPS、显示器、彩电及各类电子设备等；RM、PQ、PM 型骨架变压器具有漏磁小、损耗低、温度低、分布电容小等特点，主要用于开关电源的主变压器、推动变压器、辅助变压器、计算机电源、程式控制交换机、模组电源及精密电子设备等；EP 型骨架变压器具有分布电容小、电感高、漏感小等特点，主要用于隔离变压、匹配变压器、程式控制、交换机终端和精密电子设备等；SMT 型骨架变压器具有体积小、工作频率高、贴装性能好的特点，一般用于模组电源、笔记本电脑、移动电话等超薄型电器等；UU、UF、UI 型骨架变压器具有阻抗平衡好、输出电流大的特性，主要用于滤波变压器、彩电、计算机、显示器及电子设备等。

1.4 电 感

1.4.1 概 述

电感也称为电感器，英文名称为 Inductor，电感器（电感线圈）和变压器均是用绝缘导线（如漆包线、纱包线等）绕制而成的电磁感应元件，也是电子电路中常用的元器件之一。电感在电子制作中虽然使用得不是很多，但它们在电路中同样重要。电感器和电容器一样，也是一种储能元件，它能把电能转变为磁场能，并在磁场中储存能量。电感是漆包线、纱包线或塑皮线等在绝缘骨架或磁芯、铁芯上绕制成的一组串联的同轴线匝制成的。图 1－13 列出了电感的电路符号图以及实物图。

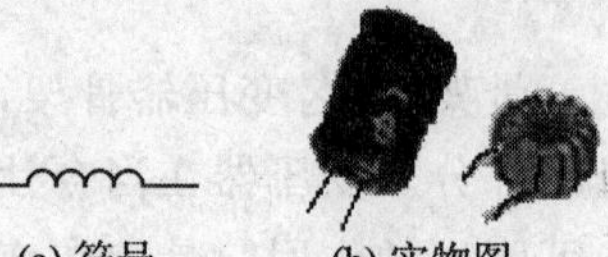
(a) 符号　(b) 实物图

图 1－13　电感的符号与实物

直流可通过线圈,直流电阻就是导线本身的电阻,压降很小;当交流信号通过线圈时,线圈两端将会产生自感电动势,自感电动势的方向与外加电压的方向相反,阻碍交流的通过,所以电感的特性是通直流阻交流,频率越高,线圈阻抗越大。

电感器用符号L表示,它的基本单位是亨利(H),常用毫亨(mH)为单位。其主要作用是对交流信号进行隔离、滤波或与电容器、电阻器等组成LC滤波器、LC振荡器等。另外,还可以利用电感特性,制造阻流圈、变压器和继电器等。

电感器一般由骨架、绕组、磁芯、铁芯、屏蔽罩、封装材料等组成。

① 骨架泛指绕制线圈的支架。一些体积较大的固定式电感器或可调式电感器(如振荡线圈、阻流圈等),大多数是将漆包线(或纱包线)环绕在骨架上,再将磁芯或铜芯等装入骨架的内腔,以提高其电感量。骨架通常是采用塑料、胶木、陶瓷制成,根据实际需要可以制成不同的形状。小型电感器(例如色码电感器)一般不使用骨架,而是直接将漆包线绕在磁芯上。空心电感器(也称脱胎线圈或空心线圈,多用于高频电路中)不用磁芯、骨架和屏蔽罩等,而是先在模具上绕好后再脱去模具,并将线圈的各圈之间拉开一定距离。

② 绕组是指具有规定功能的一组线圈,它是电感器的基本组成部分。绕组有单层和多层之分。单层绕组又有密绕(绕制时导线一圈挨一圈)和间绕(绕制时每圈导线之间均间隔一定的距离)两种形式;多层绕组有分层平绕、乱绕、蜂房式绕法等多种。

③ 磁芯与磁棒一般采用镍锌铁氧体(NX系列)或锰锌铁氧体(MX系列)等材料,它有“工”字形、柱形、帽形、“E”形、罐形等多种形状,如图1-14所示。

图1-14　电感或变压器骨架

④ 铁芯材料主要有硅钢片、坡莫合金等,其外形多为“E”型。

⑤ 屏蔽罩是为了避免有些电感器在工作时产生的磁场影响其他电路及元器件正常工作而增加的金属屏幕罩(如半导体收音机的振荡线圈等)。采用屏蔽罩的电感器会增加线圈的损耗,使Q值降低。

⑥ 封装材料:有些电感器(如色码电感器、色环电感器等)绕制好后,用封装材料将线圈和磁芯等密封起来。封装材料采用塑料或环氧树脂等。

1.4.2 分　类

电感根据其功能和电路中的作用可以分为小型固定电感器、可调电感与阻流电感器,下面分别加以说明:

1. 小型固定电感器

小型固定电感器通常是用漆包线在磁芯上直接绕制而成,主要用在滤波、振荡、陷波、延迟等电路中;它有密封式和非密封式两种封装形式,两种形式又都有立式和卧式两种外形结构。其中,立式密封固定电感器采用同向型引脚,国产电感量范围为 0.1～2 200 μH(直标在外壳上),额定工作电流为 0.05～1.6 A,误差范围为±5%～±10%;而进口的电感量,电流量范围更大,误差则更小。进口的 TDK 系列色码电感器,其电感量用色点标在电感器表面;卧式密封固定电感器采用轴向型引脚,国产有 LG1、LGA、LGX 等系列。一般 LG1 系列电感器的电感量范围为 0.1～22 000 μH(直标在外壳上),额定工作电流为 0.05～1.6 A,误差范围为±5%～±10%。LGA 系列电感器采用超小型结构,外形与 1/2W 色环电阻器相似,其电感量范围为 0.22～100 μH(用色环标在外壳上),额定电流为 0.09～0.4 A。LGX 系列色码电感器也为小型封装结构,其电感量范围为 0.1～10 000 μH,额定电流分为 50 mA、150 mA、300 mA 和 1.6A 四种规格。

2. 可调电感器

常用的可调电感器有半导体收音机用振荡线圈,电视机用行振荡线圈、行线性线圈、中频陷波线圈;音响用频率补偿线圈、阻波线圈等,如图 1-15 所示。半导体收音机用振荡线圈在半导体收音机中与可变电容器等组成本机振荡电路,用来产生一个比输入调谐电路接收的电台信号高出 465 kHz 的本振信号。其外部为金属屏蔽罩,内部由尼龙衬架、“工”字形磁芯、磁帽及引脚座等构成,在“工”字磁芯上有用高强度漆包线绕制的绕组。磁帽装在屏蔽罩内的尼龙架上,可以上下旋转,通过改变它与线圈的距离来改变线圈的电感量。

图 1-15　可调电感

电视机中频陷波线圈的内部结构与振荡线圈相似,只是磁帽可调磁芯。电视机用行振荡线圈用在早期的黑白电视机中,它与外围的阻容元件及行振荡晶体管等组成自激振荡电路(三点式振荡器或间歇振荡器、多谐振荡器),用来产生频率为 15 625 Hz 的的矩形脉冲电压信号。该线圈的磁芯中心有方孔,行同步调节旋钮直接插入方孔内,旋动行同步调节旋钮,即可改变磁芯与线圈之间的相对距离,从而改变线圈的电感量,使行振荡频率保持为 15 625 Hz,与自动频率控制电路(AFC)送入的行同步脉冲产生同步振荡。行线性线圈是一种非线性磁饱和电感线圈(其电感量随着电流的增大而减小)，它一般串联在行偏转线圈回路中，利用其磁饱和特性来补偿图像的线性畸变。行线性线圈是用漆包线在“工”字形铁氧体高频磁芯或铁氧体磁棒上绕制而成，线圈的旁边装有可调节的永久磁铁。通过改变永久磁铁与线圈的相对位置来改变线圈电感量的大小，从而达到线性补偿的目的。

3. 阻流电感器

阻流电感器是指在电路中用以阻塞交流电流通路的电感线圈，它分为高频阻流线圈和低频阻流线圈。高频阻流线圈也称高频扼流线圈，用来阻止高频交流电流通过。高频阻流线圈工作在高频电路中，多采用空心或铁氧体高频磁芯，骨架用陶瓷材料或塑料制成，线圈采用蜂房式分段绕制或多层平绕分段绕制。低频阻流线圈也称低频扼流圈，它应用于电流电路、音频电路或场输出等电路，其作用是阻止低频交流电流通过。通常，用在音频电路中的低频阻流线圈称为音频阻流圈；用在场输出电路中的低频阻流线圈称为场阻流圈；用在电流滤波电路中的低频阻流线圈称为滤波阻流圈。低频阻流圈一般采用“E”形硅钢片铁芯(俗称矽钢片铁芯)、坡莫合金铁芯或铁淦氧磁芯。为防止通过较大直流电流引起磁饱和，安装时在铁芯中要留有适当空隙。

1.5 电容器

1.5.1 概　述

电子制作中需要用到各种各样的电容器，它们在电路中分别起着不同的作用。与电阻器相似，通常将电容器简称为电容，用字母C表示，图1-16给出了电容的电路符号。顾名思义，电容器就是“储存电荷的容器”。尽管电容器品种繁多，但它们的基本结构和原理是相同的。两片相距很近的金属中间被某种物质(固体、气体或液体)所隔开，就构成了电容器。两片金属称为极板，中间的物质称为介质。电容器分为容量固定的电容器与容量可变的电容器。但常见的是固定容量的电容器，最多见的是电解电容器和瓷片电容器，图1-17列出了几种代表性的电容实物图。

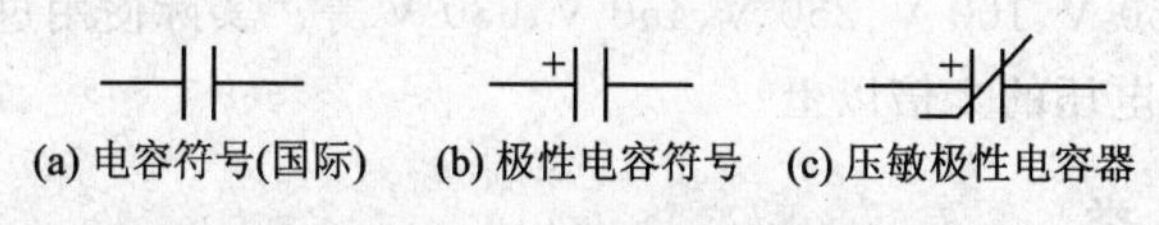

(a) 电容符号(国际)　(b) 极性电容符号　(c) 压敏极性电容器

图1-16　电容的电路符号

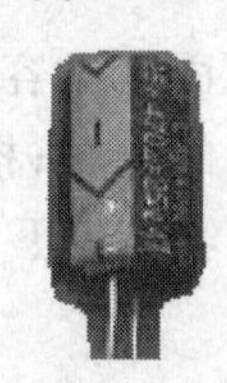

(a) 无极性电容　(b) 电解电容　(c) 瓷片电容　(d) 涤纶电容　(e) 独石电容

图1-17　几种有代表性的电容实物图

不同的电容器储存电荷的能力也不相同。规定把电容器外加1 V直流电压时所储存的电荷量称为该电容器的电容量。电容的基本单位为法拉(F)。但实际上,法拉是一个很不常用的单位,因为电容器的容量往往比1 F小得多,常用微法(μF)、纳法(nF)、皮法(pF)(皮法又称微微法)等,它们的换算关系是:1法拉(F)= 1 000 000微法(μF),1微法(μF)=1 000纳法(nF)=1 000 000皮法(pF)。小容量的电容,通常在高频电路中使用,如收音机、发射机和振荡器中。大容量的电容往往是做滤波和存储电荷之用。而且还有一个特点是,一般1μF以上的电容器绝大多数为电解电容,而1μF以下的电容器多为无极性电容。一般的电容的标称值与实际值之间有一个误差等级,表1-2列出了电容容量的精度标识字母表示的物理意义。

表1-2 电容精度的标识字母与电容精度的对应关系

符 号	F	G	J	K	L	M
允许误差	±1%	±2%	±5%	±10%	±15%	±20%

例如,一瓷片电容,其电容上的标识为104J,其中,“10”代表电容的有效位是10,“4”代表其倍率是10^4,单位是pF,这样“104”表示容量为0.1 μF,“J”代表误差为±5%。

电解电容的容量一般采用直接标注法,其数值就代表了电解电容的容量,电解电容大多有个铝壳,里面充满了电解质,并引出两个电极,即正(+)、负(-)极,它们在电路中的极性不能接错,如果接反了,电容器可能发生爆炸,在实验与焊接过程中一定要注意。无极性电容两脚可以任意连接。

在电子线路中,电容用来通过交流而阻隔直流,也用来存储和释放电荷以充当滤波器,平滑输出脉动信号。电路中,只有在电容器充、放电过程中才有电流流过,充电过程结束后,电容器是不能通过直流电的,在电路中起着“隔直流”的作用。电路中,电容器常被用作耦合、旁路、滤波等,都是利用它“通交流,隔直流”的特性。

电容器的选用除涉及容量问题外还涉及耐压的问题。加在一个电容器的两端的电压超过了它的额定电压,电容器就会被击穿损坏。一般电解电容的耐压分挡为6.3 V、10 V、16 V、25 V、50 V、100 V、250 V、450 V、630 V等。实际使用过程中,要将电容的耐压值选择为供电电压的2倍以上。

1.5.2 分 类

电容的分类可以根据容量的变化与否分为固定电容器和可变电容器;根据极性的连接方式可以分为有极性的电解电容和无极性的电容;根据电容器组成的材料分为瓷片电容,独石电容、云母电容、薄膜电容、涤纶电容等。下面分别加以说明。

1. 固定电容器

电容量固定的电容器称为固定电容器。根据介质的不同可分为陶瓷、云母、独石、薄膜、电解等几种。电容的参数除了容量之外,还有耐压值和有无极性的不同,同一容量的电容耐压值不同,使用的环境也不同。

2. 陶瓷电容器

陶瓷电容器是用高介电常数的电容器陶瓷〈钛酸钡一氧化钛〉挤压成圆管、圆片或圆盘作为介质,并用烧渗法将银镀在陶瓷上作为电极制成,瓷介电容具有较小的正温度系数。它又分高频瓷介和低频瓷介两种。高频瓷介电容器适用于无线电、电子设备的高频电路中;特别适用于高稳定振荡回路中,作为回路电容器。低频瓷介电容器限于在工作频率较低的回路中作旁路或隔直流用,或对稳定性和损耗要求不高的场合(包括高频在内);这种电容器不宜使用在脉冲电容中,因为易被脉冲电压击穿。

3. 独石电容

独石电容器是多层陶瓷电容器的别称,英文名称 monolithic ceramic capacitor 或 multi - layer ceramic capacitor, 简称 MLCC,根据所使用的材料可分为三类:一类为温度补偿类用 NPO 电介质,这种电容器电气性能最稳定,基本上不随温度、电压、时间的改变,属超稳定型、低损耗电容材料类型,适用在对稳定性、可靠性要求较高的高频、特高频、甚高频电路中。二类为高介电常数型 X7R 电介质,由于 X7R 是一种强电介质,因而能制造出容量比 NPO 介质更大的电容器;这种电容器性能较稳定,随温度、电压时间的改变,其特有的性能变化并不显著,属稳定电容材料类型,使用在隔直、耦合、旁路、滤波电路及可靠性要求较高的中高频电路中。三类为半导体型 Y5V 电介质,这种电容器具有较高的介电常数,常用于生产较大电容容量、标称容量较高的大容量电容器产品;但其容量稳定性较 X7R 差,容量、损耗对温度、电压等测试条件较敏感,主要用在电子整机中的振荡、耦合、滤波及旁路电路中。独石电容比一般瓷介电容器体积大(10 pF ~10 μF),且电容量大、体积小、可靠性高、电容值稳定、耐高温、绝缘性好、成本低等优点,因而得到广泛的应用。

4. 云母电容器

用金属箔或者在云母片上喷涂银层制做的电极板,极板和云母一层一层叠合后,再压铸在胶木粉或封固在环氧树脂中制成。其特点是介质损耗小,绝缘电阻大、温度系数小、体积小、重量轻、结构牢固。云母电容是性能优良的高频电容之一,广泛应用于对电容的稳定性和可靠性要求高的场合。特别适用于无线电收发设备、精密电子仪器、现代通信仪器仪表及设备等。

5. 薄膜电容器

薄膜电容器是以金属箔作为电极,将其和聚乙酯、聚丙烯、聚笨乙烯或聚碳酸酯等塑料薄膜制作在一起。而依塑料薄膜的种类又被分别称为聚乙酯电容(又称 Mylar 电容)、聚丙烯电容(又称 PP 电容)、聚苯乙烯电容(又称 PS 电容)和聚碳酸电容。薄膜电容器具有无极性、绝缘阻抗很高、频率特性优异(频率响应宽广),而且介质损失很小等优点,被大量使用在模拟电路上。尤其是在信号交联的部分,必须使用频率特性良好,介质损失极低的电容器,方能确保信号在传送时,不致有太大的失真情形发生。在所有的塑料薄膜电容中,又以聚丙烯(PP)电容和聚苯乙烯(PS)电容的特性最为显著。近年来音响器材为了提升声音的品质,所采用的零件材料性能已愈来愈高,PP 电容和 PS

电容被使用在音响器材的频率与数量也愈来愈高。

6. 涤纶电容

用两片金属箔作为电极，夹在极薄绝缘介质中，卷成圆柱形或者扁柱形芯子，中间的介质是涤纶。涤纶薄膜电容介电常数较高，体积小，容量大，稳定性较好，适宜做旁路电容。涤纶薄膜电容的突出优点是精度、损耗角、绝缘电阻、温度特性、可靠性及适应环境等指标都优于电解电容和瓷片电容两种电容。

7. 电解电容器

电解电容器是以金属箔为正极（铝或钽），与正极紧贴金属的氧化膜（氧化铝或五氧化二钽）是电介质，阴极由导电材料、电解质（电解质可以是液体或固体）和其他材料共同组成。电解电容器是用薄的氧化膜作介质的电容器，因为氧化膜有单向导电性质，所以电解电容器具有极性。其主要的特点是额定的容量可以做到非常大，电解电容的组成材料都是普通的工业材料，价格相对于其他种类具有压倒性优势。电解电容器通常在电源电路或中频、低频电路中起电源滤波、退耦、信号耦合及时间常数设定、隔直流等作用，广泛应用于家用电器和各种电子产品中，其容量范围较大，一般为 1～1 000 μF，额定工作电压范围为 6.3～450 V。其缺点是介质损耗、容量误差较大（最大允许偏差为 10 %～20 %），耐高温性较差，存放时间长容易失效。

8. 可变电容器

容量可在一定范围内调节的电容器称为可变电容器。可变电容器容量的改变是通过改变极片间相对的有效面积或片状电极之间距离改变时，其电容量就相应地变化。一般由相互绝缘的两组极片组成：固定不动的一组极片称为定片，可动的一组极片称为动片。几只可变电容器的动片可合装在同一转轴上，组成同轴可变的电容器（双联电容、三联电容、四联电容等），通常在无线电接收电路中作调谐电容器用。

1.6 二极管

1.6.1 概　述

二极管又称晶体二极管，英文名称为 Diode，是一种具有单向传导电流的电子器件。在半导体二极管内部有一个 PN 结，其引出为两个引线端子，这种电子器件按照外加电压的方向，具备单向电流的传导性。晶体二极管是一个由 P 型半导体和 N 型半导体烧结而成的 PN 结界面。在其界面的两侧形成空间电荷层，构成自建电场。当外加电压等于零时，由于 PN 结两边载流子的浓度差引起扩散电流和由自建电场引起的漂移电流相等而处于电平衡状态。

当外加正向电压时，如果正向电压很小，不足以克服 PN 结内电场的阻挡作用，正向电流几乎为零，这一段称为死区。这个不能使二极管导通的正向电压称为死区电压。当正向电压大于死区电压以后，PN 结的内电场被克服，二极管导通，电流随电压增大而迅速上升。在正常使用的电流范围内，导通时二极管的端电压几乎维持不变，这个电压称为二极管的正向电压。

当外加反向电压时，如果外加反向电压不超过一定范围时，通过二极管的电流是少数载流子漂移运动所形成反向电流，由于反向电流很小，二极管处于截止状态。这个反向电流又称为反向饱和电流或漏电流，二极管的反向饱和电流受温度影响很大；如果外加反向电压超过某一数值时，反向电流会突然增大，这种形象称为电击穿。引起电击穿的临界电压称为二极管反向击穿电压。电击穿时二极管失去单向导电性。如果二极管没有因电击穿而引起过热，则单向导电性不一定会被永久破坏，在撤除外加电压后，其性能仍可恢复，否则二极管就损坏了，因而使用时应避免二极管外加的反向电压过高。

图1-18列出了二极管在电路中的符号以及几种代表性的实物图，二极管最明显的性质就是它的单向导电特性(从正极流向负极)。二极管有两个电极，并且分为正负极，一般把极性标示在二极管的外壳上。大多数用一个不同颜色的环来表示负极，有的直接标上“－”号。大功率二极管多采用金属封装，并且有个螺帽以便固定在散热器上。

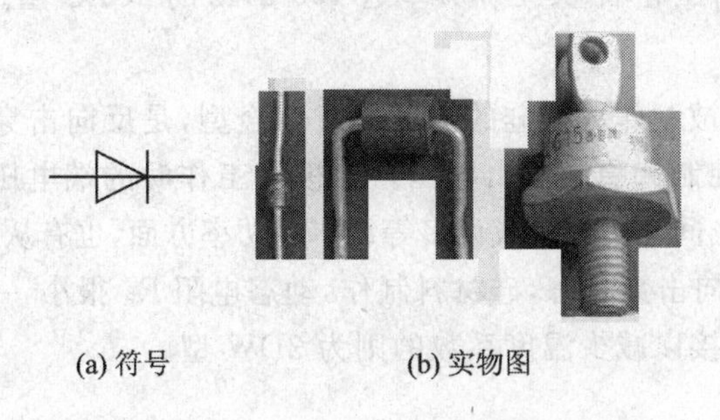

(a) 符号　　(b) 实物图

图1-18　二极管的电路符号与实物

1.6.2　分　类

二极管种类繁多，按照所用的半导体材料，可分为锗二极管(Ge管)和硅二极管(Si管)。根据其不同用途，可分为检波二极管、整流二极管、稳压二极管、开关二极管、肖特基二极管、硅功率开关二极管、发光二极管、变容二极管等。按照管芯结构，又可分为点接触型二极管、面接触型二极管及平面型二极管。

点接触型二极管是用一根很细的金属丝压在光洁的半导体晶片表面，通以脉冲电流，使触丝一端与晶片牢固地烧结在一起，形成一个“PN结”。由于是点接触，只允许通过较小的电流(不超过几十毫安)，适用于高频小电流电路，如收音机的检波等。

面接触型二极管的“PN结”面积较大，允许通过较大的电流(几安到几十安)，主要用于把交流电变换成直流电的“整流”电路中。

平面型二极管是一种特制的硅二极管，它不仅能通过较大的电流，而且性能稳定可靠，多用于开关、脉冲及高频电路中。

在二极管的分类方式中，与实际应用较多的主要是根据用途进行分类，下面给以简要的说明：

1. 检波二极管

从输入已调信号中取出调制信号是检波，以整流电流的大小（100 mA）作为界线，通常把输出电流小于 100 mA 的称为检波。锗材料点接触型、工作频率可达 400 MHz，正向压降小，结电容小，检波效率高，频率特性好，为 2AP 型。类似点触型检波用的二极管，除用于检波外，还能够用于限幅、削波、调制、混频、开关等电路。也有为调频检波专用的特性一致性好的两只二极管组合件。

2. 整流二极管

将输入交流电压变成输出的直流电压就是整流。以整流电流的大小（100 mA）作为界线通常把输出电流大于 100 mA 的二极管称为整流管。一般的整流管都是面结型，工作频率小于 1 kHz，最高反向电压从 25～3 000 V 分 A～X 共 22 挡。分类如下：

① 硅半导体整流二极管 2CZ 型；

② 硅桥式整流器 QL 型；

③ 用于电视机高压硅堆，其工作频率近 100 kHz 的 2CLG 型。

3. 稳压二极管

稳压二极管一般被制作成为硅的扩散型或合金型，是反向击穿特性曲线急骤变化的二极管，通常用来控制和稳定输出电压。二极管工作时的端电压（又称击穿电压）从 3～150 V，按每隔 10%间隔可划分成许多等级。在功率方面，也有从 200 mW～100 W 以上的产品。工作在反向击穿状态，硅材料制作，动态电阻 R_Z 很小，一般为 2CW 型；将两个互补二极管反向串接以减少温度系数的则为 2DW 型。

4. 开关二极管

在小电流下（10 mA 量级）用作逻辑运算和在数百毫安下用作磁芯激励的二极管称为开关二极管。小电流的开关二极管通常有点接触型和键型等二极管，也有在高温下工作的硅扩散型、台面型和平面型二极管。开关二极管的特点是开关速度快，而肖特基型二极管的开关时间特短，因而是理想的开关二极管。2AK 型点接触在中速开关电路使用；2CK 型平面接触在高速开关电路使用；用于开关、限幅、箝位或者检波等电路；肖特基（SBD）硅大电流开关，正向压降小，速度快，效率高。

5. 肖特基二极管

其英文名为 Schottky Barrier Diode，具有肖特基特性的"金属半导体结"的二极管。其正向开启电压较低。一般金属电极的材料可以采用铝、铜、金、钼、镍、钛等。其半导体材料采用硅或砷化镓，多为 N 型半导体。这种器件是由多数载流子导电的，其反向饱和电流较以少数载流子导电的 PN 结大得多。由于肖特基二极管中少数载流子的存储效应甚微，所以其频响仅以 RC 时间常数限制，因而，它是高频和快速开关的理想器件。其工作频率可达 100 GHz。并且，MIS（金属－绝缘体－半导体）肖特基二极管可以用来制作太阳能电池或发光二极管。

6. 硅功率开关二极管

硅功率开关二极管具有高速导通与截止的能力。它主要用于大功率开关或稳压电路、直流变换器、高速电机调速及在驱动电路中作高频整流及续流箝拉，具有恢复特性软、过载能力强的优点，广泛用于计算机、雷达电源、步进电机调速等电子设备。

7. 发光二极管

用磷化镓、磷砷化镓材料制成，体积小，正向驱动发光。工作电压低，工作电流小，发光均匀、寿命长、可发红、黄、绿、蓝等单色光。发光管工作时的正向电压较普通二极管的电压要高一些。

8. 变容二极管

用于自动频率控制(AFC)和调谐用的小功率二极管称变容二极管。通过施加反向电压，使其PN结的电容量发生变化。因此，被使用于自动频率控制、扫描振荡、调频和调谐等用途。通常采用硅扩散型二极管，但也可采用合金扩散型、外延结合型、双重扩散型等特殊制作的二极管，因为这些二极管对于电压而言，其电容量的变化率特别大。结电容随反向电压 V_R 变化，可取代可变电容，用作调谐回路、振荡电路、锁相环路，并用于电视机高频头的频道转换和调谐电路，多以硅材料制作。

9. 光敏二极管

又称光电二极管，目前使用最多的是硅(Si)光电二极管。它有四种类型：PN结型，PIN结型，雪崩型和肖特基结型。PN结型光敏二极管同普通二极管一样，也是PN结构造，只是PN结面积较大，结深较浅，管壳上有光窗，从而使人射光容易注入PN结的耗尽区中进行光电转换，大的结面积增加了有效光面积，提高了光电转换效率。在无光照射时，光敏二极管的伏安特性和普通二极管一样，此时的反向饱和电流称为暗电流，一般在几微安到几百微安之间，其值随反向偏压的增大和环境温度的升高而增大。在检测弱光电信号时，必须考虑用暗电流小的管子。在有光照时，光敏二极管在一定的反向偏电压范围内($V_R \geqslant 5$ V)，其反向电流将随光照强度($10^{-3} \sim 10^3$ lx范围内)的增加而线性增加，这时的反向电流又称为光电流。因此，对应一定的光照强度，光敏二极管相当于一个恒流源。在有光照而无外加电压时，光敏二极管相当于一个电池，P区为正，N区为负。

1.6.3 二极管的判别与选用

1. 二极管好坏的甄别

用数字式万用表来测试二极管时，先将挡位开关打到“二极管”，红表笔接二极管的正极，黑表笔接二极管的负极，此时测得的读数是二极管的内建电势差。对于硅材料组成的二极管，其内建电势差大约为0.6～0.8 V，对锗材料的二极管其内建电势差大约为0.2～0.3 V，如果测试值在这个范围内说明管子正常。

用模拟式万用表来测试二极管时，将挡位打到“×10K”的位置，用红表笔接二极管的负极、黑表笔接二极管的正极测试的电阻，比用黑表笔接二极管的负极、红表笔接二极管的正极测试的电阻小，说明二极管是正常的。

当二极管连接在电路中，可以测试二极管两端的电势差，如果在导通时，正向压差与内建电势差相当，说明管子是正常的；如果正向电压过大或者过小说明管子工作不正常，可能是管子损坏。

2. 二极管的选用

二极管的种类很多，对于电子制作来说，常常根据用途来选择相应的二极管，同时必须考虑二极管使用时的极限参数，这些参数包括最大的整流电流、最高反向电压、反向电流。最大的整流电流指二极管长期连续工作时允许通过的最大正向电流值，其值与PN结面积及外部散热条件等有关。因为电流通过管子时会使管芯发热，温度上升，温度超过允许限度(硅管为141℃左右，锗管为90℃左右)时，就会使管芯过热而损坏。所以在规定散热条件下，二极管使用中不要超过二极管最大整流电流值。

(1) 整流管的选用

例如，常用的IN4001～IN4007型二极管的额定正向工作电流为1A，其对应的电气参数如表1-3所列。

表1-3 IN4000系列二极管电气参数

型　号	1N4001	1N4002	1N4003	1N4004	1N4005	1N4006	1N4007
反压/V	50	100	200	400	600	800	1000
电流/A	1	1	1	1	1	1	1

当选择二极管作为整流使用时，考虑流过二极管的最大整流电流的大小，当设计的整流电流小于1 A时，可以选择IN4000系列的管子，但是还要看加在二极管上最大的最大反向电压，选择最大反压大于实际最大反向电压的二极管，如果设计的最大整流电流大于1 A，则IN4000系列的二极管不可以作为备选项。因此，可以考虑表1-4对应的SM5390系列的1.5 A的最大整流电流和表1-5所列的1N5400系列的最大整流为3 A的整流二极管等。

表1-4 SM5390系列二极管电气参数

型　号	SM5391	SM5392	SM5393	SM5395	SM5397	SM5398	SM5399
反压/V	50	100	200	400	600	800	1000
电流/A	1.5	1.5	1.5	1.5	1.5	1.5	1.5

表1-5 SM5390系列二极管电气参数

型　号	1N5400	1N5401	1N5402	1N5404	1N5406	1N5407	1N5408
反压/V	50	100	200	400	600	800	1000
电流/A	3	3	3	3	3	3	3

(2) 稳压管的选用

当选择稳压管时，除了选用稳压管稳定的电压外，还要注意稳压管的功率大小。表

1-6 给出了常用的 1W 的 1N4700 系列对应的稳压值。要特别注意的是，稳压二极管在使用的过程中，额定功率决定了稳压二极管能够流过的电流的大小，当实际功率大于额定功率时，应选择额定功率更大的稳压二极管。

表 1-6 常用 1W 稳压二极管型号以及对应的稳压值

型　号	1N4728	1N4729	1N4730	1N4731	1N4732	1N4733	1N4734
稳压值/V	3.3	3.6	3.9	4.3	4.7	5.1	5.6
型　号	1N4735	1N4736	1N4737	1N4738	1N4739	1N4740	1N4741
稳压值/V	6.2	6.8	7.5	8.2	9.1	10	11
型　号	1N4742	1N4743	1N4744	1N4745	1N4746	1N4747	1N4748
稳压值/V	12	13	15	16	18	20	22

表 1-7 给出了常用的 500 mW 稳压二极管型号以及对应的稳压值，表 1-8 给出了常用的 2 W 稳压二极管型号以及对应的稳压值。设计电路时可以根据实际需要进行合理的选择。

表 1-7 常用 500 mW 稳压二极管型号以及对应的稳压值

型　号	1N5226	1N5227	1N5228	1N5229	1N5230	1N5231	1N5232
稳压值/V	3.3	3.6	3.9	4.3	4.7	5.1	5.6
型　号	1N5234	1N5235	1N5236	1N5237	1N5239	1N5240	1N5241
稳压值/V	6.2	6.8	7.5	8.2	9.1	10	11
型　号	1N5242	1N5243	1N5245	1N5246	1N5248	1N5250	1N5251
稳压值/V	12	13	15	16	18	20	22

表 1-8 常用 2 W 稳压二极管型号以及对应的稳压值

型　号	2EZ3.6	2EZ3.9	2EZ4.3	2EZ4.7	2EZ5.1	2EZ5.6	2EZ6.2
稳压值/V	3.6	3.9	4.3	4.7	5.1	5.6	6.2
型　号	2EZ6.8	2EZ7.5	2EZ8.2	2EZ9.1	2EZ10	2EZ11	2EZ12
稳压值/V	6.8	7.5	8.2	9.1	10	11	12
型　号	2EZ13	2EZ14	2EZ15	2EZ16	2EZ18	2EZ20	2EZ22
稳压值/V	13	14	15	16	18	20	22

(3) 发光二极管的选用

发光二极管在日常生活的电器中无处不在，它能够发出红色、绿色、蓝色和黄色等光，直径有 3 mm、5 mm 和 2 mm×5 mm 长方形的。与普通二极管一样，发光二极管也是由半导体材料制成的，也具有单向导电的性质，即只在接对极性才能发光。但是发光二极管的正向导通电压在 1.7～2.2 V 左右，在 1.7 V 左右时发光管流过的电流大约在

1 mA 左右，在 2.2 V 时发光管的电流在 20 mA 左右，如果外电路不加以控制，发光管会因为电流过大而烧毁。实际设计时可以认定发光管的电流在 5 mA 左右，应适当地串联限流电阻，使发光管的电流不至于过大。例如，假定输出的电压是 5 V，在发光管的电流大约是 5 mA 时，可以串联一个 560 Ω 左右的串联电阻，这样串联电阻上大约有 3 V 左右的压降，可以保证发光管在正常的范围内使用。

在实际电路中，将多个发光管进行组合可以形成 LED 数码管，常用的 LED 数码管连接图如图 1-19 所示。它是利用发光二极管的制造工艺，由 7 个条状管芯和一个点状管芯的发光二极管制成。LED 数码管有两种不同的结构形式，其等效电路分别如图 1-19 所示。当各段发光二极管的阳极连在一起作为公共端，因此称为共阳极数码管。工作时应当将阳极连电源正极，各驱动输入端通过限流电阻接相应的译码驱动器的输出，当译码驱动器的输出为低电平时，数码管相应段变亮。当各段发光二极管的阴极连在一起作为公共端，因此称为共阴极数码管，工作时应当将阴极连电源负极，各驱动输入端通过限流电阻接相应的译码驱动器的输出，当译码驱动器的输出为高电平时，数码管相应段变亮。无论是共阴或共阳连接方式，在实际接入限流电阻的大小时，可根据输出信号的电平标准进行选择，在 TTL 电平输出时，限流电阻的大小在 200～400 Ω 之间进行选择，图 1-20 列出了 LED 数码管的分段和实物图。

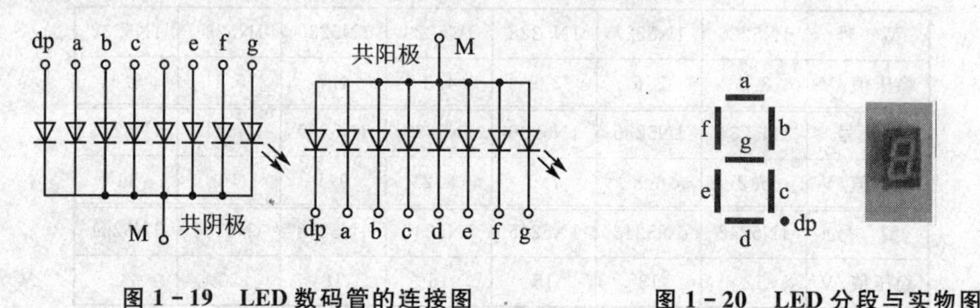

图 1-19 LED 数码管的连接图　　图 1-20 LED 分段与实物图

1.7 三极管

1.7.1 概　述

半导体三极管又称“晶体三极管”或“晶体管”。在半导体锗或硅的单晶上制备两个能相互影响的 PN 结，组成一个 PNP(或 NPN)结构。中间的 N 区(或 P 区)为基区，两边的区域分别为发射区和集电区，这三部分各有一条电极引线，分别为基极 B、发射极 E 和集电极 C。与基区和和发射区相连的 PN 结是发射结，与基区与集电区相连的是集电结。三极管是能起放大、振荡或开关等作用的半导体电子器件，可以说它是电子电路中最重要的器件。图 1-21 给出了三极管的电路符号。

制造三极管的方法很多，常用的有扩散法与合金法。

图 1-22(a)为平面管结构示意图，它是利用光刻和扩散等平面工艺制成的。在

N^+型硅衬底上，先形成 N 型外延层作为集电区。在 N 型外延层的一定区域内，扩散受主杂质形成 P 型区，作为基区。然后，在较小的区域里再扩散施主杂质形成重掺杂的 N^+型区，作为发射区。从三个区引出三个电极，分别称为集电极、基极与发射极，以字母 C、B、E 表示之。

从图 1－22(b)原理性示意图中可见，发射区 N^+与基区 P 区之间形成发射结，集电区 N 型区与基区 P 型区之间形成集电结，两个 PN 结之间是一薄层的 P 型半导体(基区)。图 1－21 中表示 NPN 型三极管的电路符号，其中发射极箭头的指向，表示工作在放大状态时实际电流的方向。

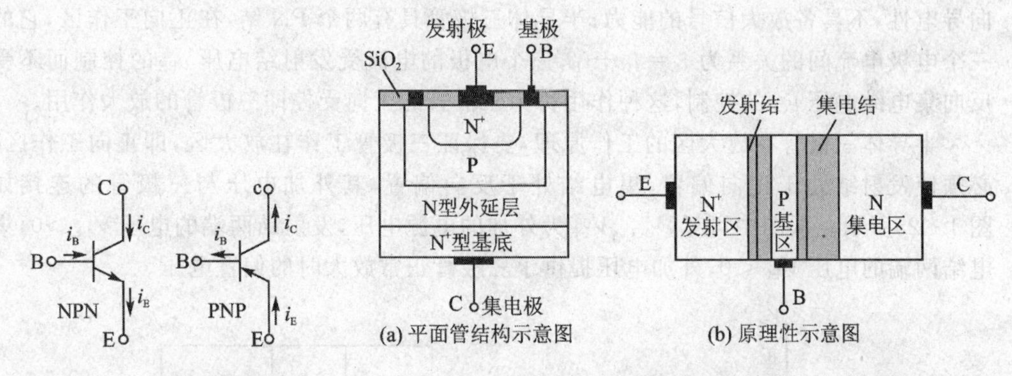

图 1－21 三极管电路符号

图 1－22 NPN 型三极管结构及原理性示意图

图 1－23(a)是用合金法制造 PNP 型三极管的结构示意图。它的制造过程是：在一个轻掺杂的 N 型半导体两侧与受主杂质相接触，通过加热，杂质进入半导体，形成两个 PN 结，在这两结之间是极薄的基区。低频管大多采用这种制造方法，例如国产 3AX 系列半导体三极管即属于此类。图 1－23(b)为图(a)的原理性示意图，可见，它仍然具有两个结、三个区，分别引出三个电极 E、B、C 就构成了一个锗 PNP 型合金三极管。PNP 型三极管的电路符号如图 1－21 所示，其中发射极箭头的方向向里。

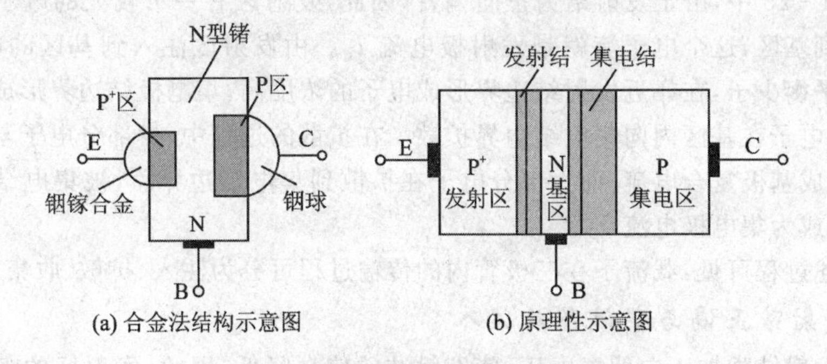

图 1－23 PNP 三极管结构及原理性示意图

根据两个结外加电压的不同，半导体三极管有四种工作状态(或工作区)。若设发射结的外加电压为 V_{BE}，集电结的外加电压为 V_{BC}，将它们用一个平面坐标来表示，如图 1－24所示。两个结均为正偏的工作区称为饱和区；两个结均为反偏的工作区称为截止区；发射结反偏，集电结正偏的工作区称为反向工作区；发射结正偏，集电结反偏的工作区称为正向工作区。在小信号放大电路中，半导体三极管均工作在正向工作区。在脉冲与数字电路中，三极管则主要工作在截止区和饱和区，反向工作区一般较少采用。

这里以 NPN 型三极管为例，所得结论对 PNP 型三极管同样适用，它们的主要区别是：在相同的工作区里，PNP 型三极管外加电压的极性和直流电流的实际方向与 NPN 型管相反。

从对二极管器件的讨论以及三极管的原理性结构图中可见，它们均由 PN 结组成，但其间却有极大的区别。二极管只有一个 PN 结，因而它所表现出来的特性主要为单向导电性，不具备放大信号的能力；半导体三极管具有两个 PN 结，在正向工作区，它的三个电极电流间的关系为 $i_E = i_C + i_B$，三个电极的电流受发射结电压 v_{BE} 的控制而不受反向集电结电压 v_{CB} 的控制，这种作用称为三极管的正向受控即三极管的放大作用。

半导体三极管在放大区的工作原理，要保证三极管工作在放大区，即正向工作区，必须使发射结处于正向偏置，集电结处于反向偏置，其外加电压与三极管的连接如图 1-25所示。从图中可见，V_{CC}、V_{EE} 为外加的电源电压，发射结两端的电压 $V_{BE} > 0$，集电结两端的电压 $V_{BC} < 0$，外加电压提供了三极管正常放大时的偏置电压。

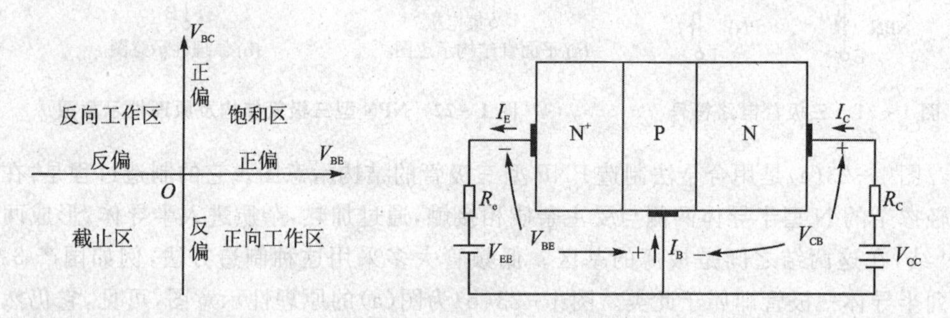

图 1-24　三极管的四种工作区　　**图 1-25　NPN 型三极管工作在放大区的正常连接**

在图 1-25 中，由于发射结为正向偏置，因此，发射区有一个较大的电子流通过发射结注入到基区，这个电子流就是发射极电流 I_E。由发射区注入到基区的电子，成为基区的非平衡少子，在靠近发射结边界形成电子的浓度高，集电极结边界形成的电子浓度低，因而电子在基区内向集电结边界扩散。在扩散的过程中，少部分电子与基区的空穴复合，形成基极复合电流；而大部分电子在扩散到集电结边界后，被集电结的电场拉到集电区，成为集电极电流 I_C。

从上述过程可见，载流子在三极管内的传输过程可分为注入、扩散、收集三个阶段。

1. 发射结正偏与载流子的注入

由于发射结外加正向偏置电压，使发射结的势垒降低，因此，发射区的多数载流子电子注入到基区，同时基区的多数载流子空穴也会注入到发射区，它们均通过发射结，从而形成通过发射结的电子电流 I_{EN} 和空穴电流 I_{EP}，其载流子在内部的传输过程如图 1-26 所示。这两股电流方向一致，二者之和即为发射极电流，即

$$I_E = I_{EN} + I_{EP} \tag{1-4}$$

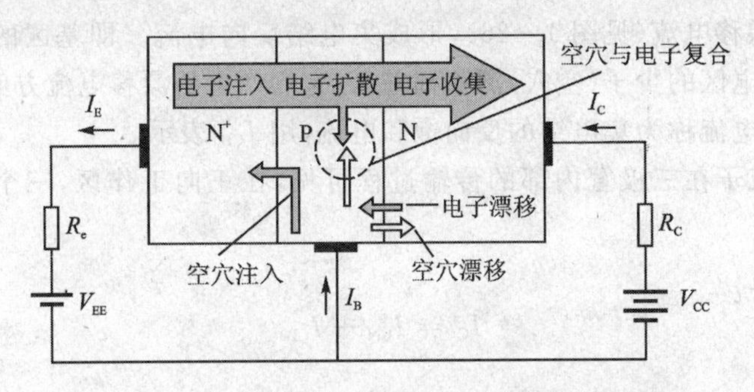

图1-26 NPN型三极管内部载流子传输示意图

发射区(N^+区)为重掺杂,其多数载流子电子的浓度远大于基区多数载流子空穴的浓度,因而通过发射结的电子电流 $I_{EN} >> I_{EP}$,故 I_{EN}是发射极电流 I_E 的主要成分。通常把 I_{EN}与 I_E 的比值称为发射效率 γ,即

$$\gamma = \frac{I_{EN}}{I_E} = \frac{I_{EN}}{I_{EN} + I_{EP}} = \frac{1}{1 + \frac{I_{EP}}{I_{EN}}} \tag{1-5}$$

通过发射结的电子电流,能够转化成集电极的电流,因而它是可以受控的电流。而空穴电流,是不能转化成另一个结电流的,它是不受控的,故 I_{EP}为无用电流。为了提高三极管的正向受控作用,即提高发射效率 γ,应使 $I_{EN} >> I_{EP}$,所以一般三极管的发射区的掺杂浓度要比基区高几十至一百多倍。

2. 非平衡少子在基区的扩散与复合

发射区注入到基区的电子成为基区的非平衡少子,它们在发射结边界附近积累起来,使基区的电子出现浓度梯度。由于浓度差,这些非平衡少子将继续向集电结边界扩散,在扩散的过程中,一部分电子会与基区的空穴产生复合,形成基区的复合电流 I_{BN}。当基区宽度很窄时,电子在扩散的过程中复合的机会减少,绝大部分都能到达集电结边界,并为反偏的集电结所收集,形成集电极的受控电流:$I_{CN} = I_{EN} - I_{BN}$。

为了衡量基区对载流子的传输能力,通常用 I_{CN}与 I_{EN}的比值定义为基区的传输效率 η,即

$$\eta = \frac{I_{CN}}{I_{EN}} = \frac{(I_{EN} - I_{BN})}{I_{EN}} = 1 - \frac{I_{BN}}{I_{EN}} \tag{1-6}$$

可见,要提高基区的传输效率,应尽量减小基区的复合电流 I_{BN}。所以,在制造三极管时,除减小基区的有效宽度外,应使集电区面积大于发射区面积,保证扩散到集电结边界的非平衡少子全部漂移到集电区。

3. 集电结的反偏与载流子的收集

集电结外加反向偏置电压,其内电场得到加强,这虽然使集电区的多数载流子电子和基区的多数载流子空穴的扩散运动难以进行;但对基区扩散到集电结边界的非平衡少子(电子),在强电场的作用下很快漂移到集电区并为集电区所收集,成为集电极的受控电流 I_{CN}。与此同时,当集电区和基区的少数载流子到达集电结边界时,在内电场的

作用下将产生漂移电流(见图 1-26),形成集电结反向电流。即基区的少子(电子)漂移到集电区,集电区的少子(空穴)漂移到基区,它们产生的漂移电流方向均由集电区流向基区,将这个电流称为集电结的反向饱和电流,用 I_{CB0} 表示。

从上述载流子在三极管内部的传输过程可见,在正向工作区,三个电极的电流分别为

集电极电流:

$$I_C = I_{CN} + I_{CB0} \tag{1-7}$$

基极电流:

$$I_B = I_E - I_C = (I_{EN} - I_{CN}) + I_{EP} - I_{CB0}$$

$$I_E = I_C + I_B \tag{1-8}$$

发射极电流:

$$I_E = I_{EN} + I_{EP} \tag{1-9}$$

通常 I_{EP}、I_{CB0} 均很小,发射极电流 I_E 的主要成分为 I_{EN},集电极电流 I_C 的主要成分为 I_{CN},基极电流 I_B 的主要成分为基极复合电流 I_{BN}。在三极管内,两种载流子均参与了导电,所以三极管常称为双极结型晶体管。

半导体三极管在组成放大电路时,只有与发射结相连的基极和发射极可作为电路的输入端,集电极和发射极可作为电路的输出端。三个电极均可作为电路的参考端。

根据公共参考电极的不同,三极管在电路中有共基极、共发射极和共集电极三种连接方式。尽管三种组态的连接方式不同,要使三极管具有正向受控作用,都必须保证发射结正偏和集电结反偏。在正向工作区内无论何种组态,三极管内部载流子的传输过程及各电极电流间的关系是不变的。

4. 共基极直流电流传输方程

由图 1-27 可见,基极 B 作为输入端 E 和输出端 C 的公共参考端,因而该连接方式为共基极组态。为了使半导体三极管工作在放大状态,发射结应加正向偏置电压 $V_{BE}>0$,集电结为反向偏置电压 $V_{BC}<0$。在图示电路中,输入端电流为 I_E,输出端电流为 I_C。在关于载流子传输过程的讨论中,发射效率 γ 和基区的传输效率 η 表明了三极管传输电流的能力,它们的乘积可定义为共基组态的直流电流传输系数,用 $\bar{\alpha}$ 表示,即

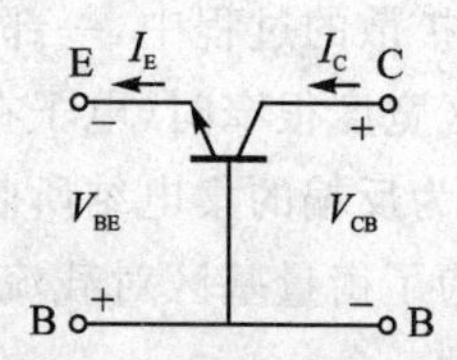

图 1-27 共基极组态连接方式

$$\bar{\alpha} = \gamma \cdot \eta = \frac{I_{EN}}{I_E} \cdot \frac{I_{CN}}{I_{EN}} = \frac{I_{CN}}{I_E} = \frac{I_C - I_{CB0}}{I_E} \tag{1-10}$$

所以,输出电流可表示为

$$I_C = \bar{\alpha} I_E + I_{CB0} \tag{1-11}$$

式(1-11)称为共基极直流电流传输方程,它表明了输出电流与输入电流之间的线性关系。通常 $I_C \gg I_{CB0}$,则电流传输系数 $\bar{\alpha} \approx I_C/I_E$,电流传输方程为 $I_C \approx \bar{\alpha} I_E$。对于普通的半导体三极管,$\bar{\alpha}$ 值一般在 0.98～0.998 之间。

5. 共发射极直流电流传输方程

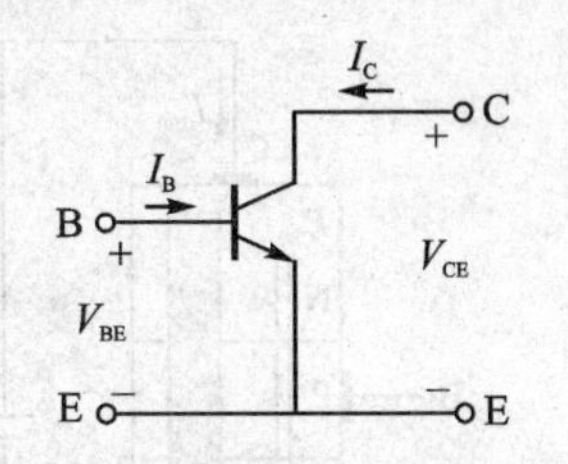

图1-28　共发射极组态连接方式

由图1-28可见，发射极E作为输入端B和输出端C的公共参考端，因而该连接方式为共发射组态。为了使三极管工作在放大状态，必须使$V_{CE}>V_{BE}$。从图中可见，$V_{CE}=V_{CB}+V_{BE}$。其中$V_{BE}>0$，发射结正偏；$V_{CB}>0$（或$V_{BC}<0$），集电结反偏。输入端电流为I_B，输出端电流为I_C，它们之间的关系由式(1-9)和式(1-11)求得

$$I_C=\bar{\beta}I_B+(1+\bar{\beta})I_{CB0}=\bar{\beta}I_B+I_{CE0} \tag{1-12}$$

式中

$$\bar{\beta}=\frac{\bar{\alpha}}{1-\bar{\alpha}}=\frac{I_{CN}}{I_E-I_{CN}}=\frac{I_{CN}}{I_{BN}}=\frac{I_C-I_{CB0}}{I_B+I_{CB0}}\approx\frac{I_C}{I_B} \tag{1-13}$$

$$I_{CE0}=(1+\bar{\beta})I_{CB0} \tag{1-14}$$

式(1-12)表示共发射极连接时，输出与输入直流电流的基本关系式，称为共发射极直流电流传输方程。式(1-13)表示的$\bar{\beta}$称为共发射极直流电流传输系数，由于$\bar{\alpha}<1$，则$\bar{\beta}$值较大，一般$\bar{\beta}$值在几十～几百倍之间，由于反向饱和电流I_{CB0}较小（$I_{CB0}\ll I_B$、I_C），其电流放大系数$\bar{\beta}$近似为集电极电流与基极电流的比值，集电极电流近似为基极电流的$\bar{\beta}$倍。可见，在共发射电路中，可以用较小的输入电流I_B，得到较大的输出电流I_C，从而实现对电流的放大（或控制）作用。

式(1-14)表示的$I_{CE0}=(1+\bar{\beta})$，I_{CB0}称为穿透电流，它表示$I_B=0$（相当于基极开路）时，集电极到发射极的直通电流。I_{CE0}形成的过程可用图1-29加以说明，由图可见，当基极开路时，加在集电极和射极之间的电压V_{CE}必将分配到发射结和集电结上，发射结上得到的是正偏电压，集电结上得到的是反偏电压。因而集电结中始终存在着反向饱和电流I_{CB0}，它从集电极流向基极。由于基极开路，I_{CB0}就只能流入发射结，当发射结流过I_{CB0}电流时，必将产生$\bar{\beta}I_{CB0}$的集电极电流，因而穿透电流$I_{CE0}=I_{CB0}+\bar{\beta}I_{CB0}=(1+\bar{\beta})I_{CB0}$。从穿透电流形成的过程可见，$I_{CE0}$仍然是三极管工作在放大区时的电流。由于$I_{CB0}$是少子漂移产生的电流，它与少子的浓度有关，因此$I_{CE0}$易受温度的影响而产生变化。在放大电路中，$I_{CE0}$将对三极管的工作状态产生不利影响，所以一般希望$I_{CE0}$尽可能小。

6. 共集电极直流电流传输方程

由图1-30可见，集电极C作为输入端B和输出端E的公共参考端，因而该连接方式为共集电极组态。在共集组态中，$V_{CE}=V_{CB}+V_{BE}$，其中V_{BE}使发射结正偏，V_{CB}（或$V_{BC}<0$）使集电结反偏。共集电极电路的直流电流传输系数和方程与发射极组态近似相同。由三极管三个电极间电流的关系式可得

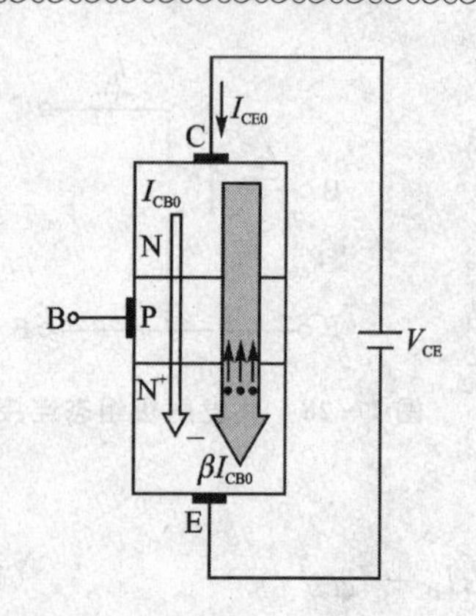

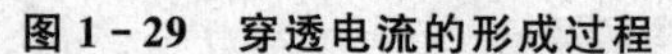
图 1-29 穿透电流的形成过程

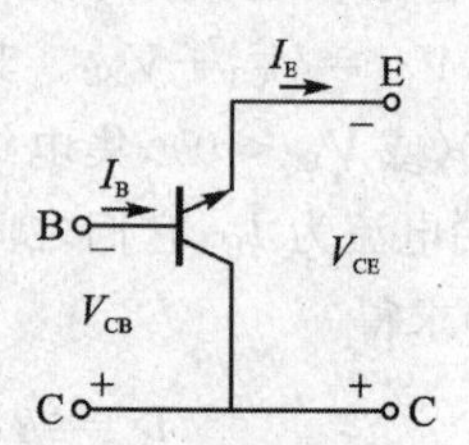

图 1-30 共集电极组态连接方式

$$I_E = I_C + I_B = (1+\bar{\beta})I_B + I_{CE0} \tag{1-15}$$

式(1-15)表示共集电极连接时,输出电流 I_E 与输入电流 I_B 之间的基本关系式,称为共集电极直流电流传输方程。当 I_{CE0} 较小时,$I_E \approx (1+\bar{\beta})I_B$ 。也就是说,输出电流为输入电流的 $(1+\bar{\beta})$ 倍,可见,共集电极电路具有较大的电流传输系数。

1.7.2 三极管的参数与分类

半导体三极管的各种性能和应用范围,都可通过它的参数来表征,因此,参数是分析半导体三极管电路和选用三极管的依据。

1. 电流传输系数(或电流放大倍数)

直流电流传输系数有 $\bar{\alpha}$ 和 $\bar{\beta}$ 。其中,$\bar{\alpha}$ 称为共基极直流电流传输系数,$\bar{\beta}$ 称为共发射极直流电流传输系数,即

$$\bar{\alpha} = \frac{I_C - I_{CB0}}{I_E} \approx \frac{I_C}{I_E} \tag{1-16}$$

$$\bar{\beta} = \frac{I_C - I_{CB0}}{I_B + I_{CB0}} \approx \frac{I_C}{I_B} \tag{1-17}$$

交流电流传输系数有 α 和 β。其中 α 称为共基极交流电流传输系数,它是发射极电流变化量 Δi_E 与相应集电极电流变化量 Δi_C 之间的比值,β 称为共发射极交流电流传输系数,它是基极电流变化量 Δi_B 与相应集电极电流变化量 Δi_C 之间的比值,即

$$\alpha = \left.\frac{\Delta i_C}{\Delta i_E}\right|_{v_{CB}=常数} \tag{1-18}$$

$$\beta = \left.\frac{\Delta i_C}{\Delta i_B}\right|_{v_{CE}=常数} \tag{1-19}$$

共基极电流传输系数与共发射极电流传输系数之间的关系是

$$\left.\begin{aligned}\bar{\alpha}=\frac{\bar{\beta}}{1+\bar{\beta}},\quad \bar{\beta}=\frac{\bar{\alpha}}{1-\bar{\alpha}}\\ \alpha=\frac{\beta}{1+\beta},\quad \beta=\frac{\alpha}{1-\alpha}\end{aligned}\right\}\tag{1-20}$$

尽管直流电流传输系数和交流电流传输系数定义不同，但在工作频率较低的情况下，它们是近似相同的，即有 $\bar{\alpha}\approx\alpha$、$\bar{\beta}\approx\beta$，在以后的叙述中，统一用 α、β 表示电流传输系数。

2. 反向电流

I_{CB0} 为发射极开路（$i_E=0$）时，集电极和基极间的反向电流，称为集电结反向饱和电流。

I_{CE0} 为基极开路（$i_B=0$）时，集电极和发射极之间的反向电流，称为集电极穿透电流（$I_{CE0}=(1+\beta)I_{CB0}$）。

I_{EB0} 为集电极开路（$i_C=0$）时，发射极和基极间的反向电流，称为发射结的反向饱和电流。

3. 结电容

$C_{b'e}$ 发射结电容，它由发射结势垒电容和扩散电容两部分组成。当发射结处于正向偏置状态时，扩散电容起主要作用。

$C_{b'c}$ 集电结电容，它由集电结势垒电容和扩散电容两部分组成。当集电结处于反向偏置状态时，势垒电容起主要作用。

当工作频率较高时，$C_{b'e}$ 及 $C_{b'c}$ 的影响不能忽略，为了提高半导体三极管电路的上限频率，应尽量减小它们的数值。

4. 极限参数

(1) 击穿电压

$V_{(BR)CB0}$ 为发射极开路时，集电极、基极间的反向击穿电压。

$V_{(BR)CE0}$ 为基极开路时，集电极、发射极间的反向击穿电压。

$V_{(BR)EB0}$ 为集电极开路时，发射极、基极间的反向击穿电压。

$V_{(BR)CER}$ 为基极、发射极之间有外接电阻 R_B 时，集电极、发射极间的击穿电压。如图 1-31 所示，当 $R_B\to\infty$ 时，集、射间电流为 I_{CE0}，反向击穿电压为 $V_{(BR)CE0}$。当接有 R_B 时，由于集、射间电流 $I_{CER}<I_{CE0}$，因此，电流倍增效应减小，要达到规定值，则需加大反向电压，亦即 $V_{(BR)CER}>V_{(BR)CE0}$。R_B 越小，则 $V_{(BR)CER}$ 越大，当 $R_B\to0$ 时，$V_{(BR)CER}$ 趋近于 $V_{(BR)CES}>V_{(BR)CER}$，$V_{(BR)CES}$ 中的下标 S 表示基极、发射极间短路。

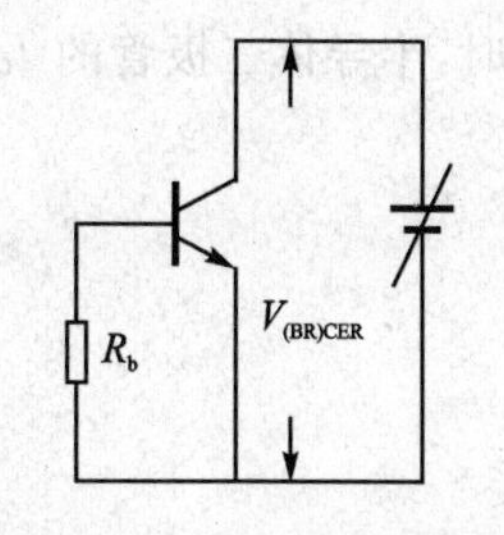

图 1-31　击穿电压测量图

$V_{(BR)CEX}$ 代表基极、发射极之间加有反向偏置电压时，集电极、发射极之间的反向击穿电压。由于发射结反偏，因此，要达到电流的预定值所需的反向电压就更大，从而有 $V_{(BR)CEX}>V_{(BR)CES}$。

上述几个击穿电压之间的大小为

$$V_{(BR)EB0} < V_{(BR)CE0} < V_{(BR)CER} < V_{(BR)CES} < V_{(BR)CEX} < V_{(BR)CB0}$$

(2) 集电极最大允许电流 I_{CM}

半导体三极管的直流电流传输系数 $\bar{\beta}$ 随集电极电流而变化(见图 1-32),随着 I_C 增长,开始 $\bar{\beta}$ 加大,$\bar{\beta}$ 到达最高值 $\bar{\beta}_m$ 后,则随 I_C 增加而下降。引起 $\bar{\beta}$ 明显下降(一般以 $\bar{\beta}$ 下降到 $\bar{\beta}_m$ 的 2/3 倍)时的最大集电极电流,称为最大允许集电极电流 I_{CM}。

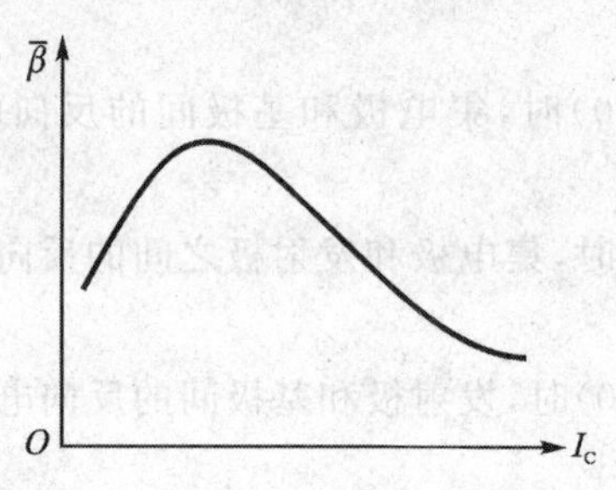

图 1-32 三极管的 $\bar{\beta}$ 与集电极电流 I_C 的关系

(3) 集电极最大允许耗散功率 P_{CM}

电流通过三极管时,在发射结与集电结上产生功率耗散,这些功率应等于结电压与通过结电流的乘积。由于 $I_C \approx I_E$,但发射结为正偏,结电压很小;集电结为反偏,结电压很大。因此,集电结上耗散的功率远大于发射结上耗散的功率。所以,三极管内部耗散的功率主要消耗在集电结上,其功率的大小用 P_C 表示。该功率将导致集电结发热,结温升高,当结温超过三极管允许的最高温度时,三极管性能下降,甚至被烧坏。因此,为了使集电结结温不超过规定值,集电结的 P_C 将受到限制,P_C 的最大允许值称为 P_{CM}。P_{CM} 可表示为

$$P_{CM} = I_C V_{CE} \tag{1-21}$$

根据式(1-21),可在共发射极输出特性曲线上画出最大的功耗线,如图 1-33 所示。通常将图 1-33 中三个极限参数以内的区域称为三极管的安全工作区。要求实际工作时,半导体三极管的 I_C 和 V_{CE} 应限制在这个区域内。

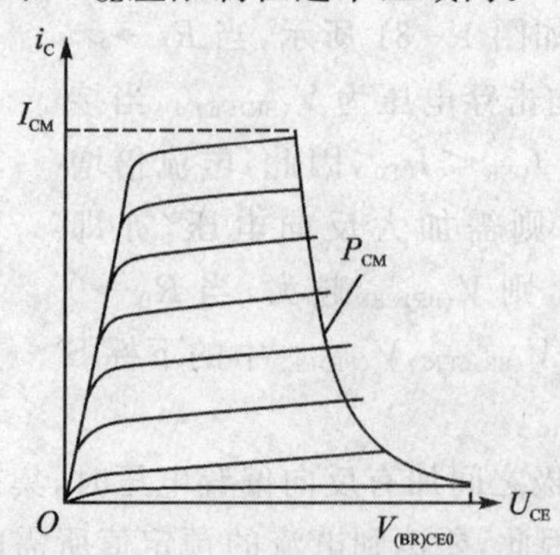

图 1-33 i_B 恒定时的共发射极组态输出特性曲线族

5. 三极管的分类

三极管的种类很多,并且不同型号各有不同的用途,分类方法也有多种。下面给出按管型材料、用途、功率、频率、制作工艺和不同的封装外形等进行分类的一般状况。

① 按材料和极性分有:硅材料的 NPN 与 PNP 三极管,锗材料的 NPN 与 PNP 三极管。

② 按用途分有:高、中频放大管、低频放大管、低噪声放大管、光电管、开关管、高反压管、达林顿管、带阻尼的三极管等。

③ 按功率分有:小功率三极管、中功率三极管、大功率三极管。

④ 按工作频率分有:低频三极管、高频三极管和超高频三极管。

⑤ 按制作工艺分有:平面型三极管、合金型三极管、扩散型三极管。

⑥ 按外形封装的不同有:金属封装三极管、玻璃封装三极管、陶瓷封装三极管、塑料封装三极管等。

6. 三极管的命名规则

三极管分类的方式多种多样,其命名的规则,世界各国也千差万别,欧洲、美洲、日本和我国的命名方式完全不同,相对来说我国的晶体管的命名有一定的规则,下面简要说明我国三极管的命名规则:

第一部分的数字“3”表示为三极管。

第二部分字母“A”、“B”、“C”、“D”、“E”表示器件的材料和结构。其中“A”为 PNP 型锗材料,“B”为 NPN 型锗材料,“C”为 PNP 型硅材料,“D”为 NPN 型硅材料,“E”代表化纤材料,这种材料的晶体管较小。

第三部分用字母表示晶体管的功能。其中“U”代表光电管,“K”代表开关管,“X”代表低频小功率管,“G”代表高频小功率管,“D”代表低频大功率管,“A”代表高频大功率管等。

第四部分表示生产厂商的序列号。

例如“3DD15A”表示 NPN 型硅材料组成的低频大功率管。另外,3DJ 型为场效应管,BT 打头的表示半导体特殊元件。国外的三极管的命名方法可以查看相应的晶体管代换手册。

1.7.3 三极管的判别与选用

三极管的判别可以使用目测法、万用表测试方法和晶体管参数测试仪进行测试,下面仅对目测法和万用表测试的方法进行简要的说明。

1. 目测法确定三极管管型及引脚分布

通过观察三极管上的标注来进行分析。主要是判断其管型、功能和引脚的分布。

(1) 管型的判别

根据国产三极管的命名标准,三极管型号的第二位(字母)和第三位(字母)来判断。例如:

3AX 为 PNP 型锗材料组成的低频小功率管。

3BX 为 NPN 型锗材料组成的低频小功率管。

3CG 为 PNP 型硅材料组成的高频小功率管。

3DG 为 NPN 型硅材料组成的高频小功率管。

3AD 为 PNP 型锗材料组成的低频大功率管。

3DD 为 NPN 型硅材料组成的低频大功率管。

3CA 为 PNP 型硅材料组成的高频大功率管。

3DA 为 NPN 型硅材料组成的高频大功率管。

此外，有国际流行的 9011～9018 系列高频小功率管，除 9012 和 9015 为 PNP 管外，其余均为 NPN 型管。如果是国外的三极管可以根据型号查阅相关的三极管替换大全来确定其型号。

(2) 管极的判别

常用中小功率三极管有金属圆壳和塑料封装等外形，每种封装都有其典型的引脚排列方式。根据典型的排列方式可位置进一步确定引脚的名称。

2. 用万用表电阻挡确定三极管引脚

很多时候我们身边可能没有手册，或者三极管的型号在标注模糊的情况下，一般可用此法判别管型。三极管内部有两个 PN 结，可用万用表电阻挡分辨 E、B、C 三个极。

(1) 基极的判别

判别管脚时应首先确认基极。对于 NPN 管，用黑表笔接假定的基极，用红表笔分别接触另外两个极，若测得电阻都小，约为几百欧至几千欧；而将黑、红两表笔对调，测得电阻均较大，在几百千欧以上，此时黑表笔接的就是基极。对于 PNP 管情况正相反，测量时两个 PN 结都正偏的情况下，红表笔接基极。实际上，小功率管的基极一般排列在三个管脚的中间，可用上述方法，分别将黑、红表笔接基极，既可测定三极管的两个 PN 结是否完好(与二极管 PN 结的测量方法一样)，又可确认管型。

(2) 集电极和发射极的判别

确定基极后，假设余下管脚之一为集电极 C，另一为发射极 E，用手指分别捏住 C 极与 B 极(即用手指代替基极电阻 R_B)。同时，将万用表两表笔分别与 C、E 接触，若被测管为 NPN，则用黑表笔接触 C 极、用红表笔接 E 极(PNP 管相反)，观察指针偏转角度；然后再设另一管脚为 C 极，重复以上过程，比较两次测量指针的偏转角度，大的一次表明 I_C 大，管子处于放大状态，相应假设的 C、E 极正确。

3. 三极管性能的简易测量

(1) 用万用表电阻挡测 I_{CE0} 和 β

基极开路，万用表黑表笔接 NPN 管的集电极 C、红表笔接发射极 E(PNP 管相反)，此时 C、E 间电阻值大则表明 I_{CE0} 小，电阻值小则表明 I_{CE0} 大。

用手指代替基极电阻 R_B，用上法测 C、E 间电阻，若阻值比基极开路时小得多则表明 β 值大。

(2) 用万用表 h_{FE} 挡测 β

有的万用表有 h_{FE} 挡，按表上规定的极型插入三极管即可测得电流放大系数 β，若 β 很小或为零，表明三极管已损坏，可用电阻挡分别测两个 PN 结，确认是否有击穿或断路。

4. 三极管的选用

首先应当根据电路实现的功能来进行选择，要放大的信号是低频小信号，一般选择低频小功率三极管；要放大的是低频大信号就选择低频大功率管；要放大的信号是高频小信号，一般选择高频小功率三极管；要放大的信号是高频大信号，一般选择高频大功率三极管等。除此以外，还要考虑管子是否能够工作在安全的工作区，电流放大倍数是否能够满足实际的设计需要等。表 1－9 给出了常用的三极管的部分参数，可以作为选择的参考。

表 1－9　常用的三极管参数对照表

型　号	管　型	V_{CBO}/V	I_{CM}/A	P_C/W	f_T/MHz	h_{fe}
9013	NPN	50	0.5	0.625	150	40～350
9014	NPN	50	0.1	0.4	150	200～600
9015	PNP	50	0.1	0.4	150	200～600
9018	NPN	30	0.05	0.4	1 100	30～200
8050	NPN	40	1.5	1	180	85～300
8550	PNP	40	1.5	1	150	85～300
2N2222	NPN	60	0.8	0.5	250	35～300
2N2907	PNP	60	0.6	1.8	200	50～300
J11021	PNP	250	15	175	3	75
J11022	NPN	250	15	175	3	75
J11032	NPN	120	50	300	—	400～1 000
J11033	PNP	120	50	300	—	400～1 000

1.8　运算放大器

1.8.1　概　述

运算放大器，简称“运放”，是具有很高开环电压放大倍数的电路单元。在实际电路中，通常结合反馈网络共同组成某种功能模块。由于早期应用于模拟计算机中，用以实现数学运算，故得名“运算放大器”。运放是一个从功能的角度命名的电路单元，可以由分立的器件实现，也可以在半导体芯片实现。随着半导体技术的发展，大部分的运放是以单芯片的形式存在。运放的种类繁多，广泛应用于电子行业中。运放如图 1－34 所示，其有两个输入端，其中“－”为反相输入端、“＋”为同相输入端，一个输出端 out。“＋”、“－”表示输出电压极性与输入电压的极性相同或相反，不要将它们误认为电压参考方向的正负极性。电压的正负极性一般另外标出或忽略不标注。一般可将运放简单地视为：具有一个信号输出端口(out)和同相、反相两个高阻抗输入端的高增益直接耦合电压放大单元，可采用运放制作同相、反相及差分放大器。

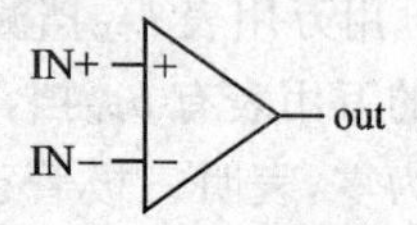

图 1－34　运算放大器的电路符号

运放的供电方式分双电源供电与单电源供电两种。对于双电源供电运放，其输出可在零电压两侧变化，在差动输入电压为零时输出也可置零。采用单电源供电的运放，输出在电源与地之间的某一范围变化。运放的输入电位通常要求高于负电源某一数值，而低于正电源某一数值。经过特殊设计的运放可以允许输入电位在从负电源到正电源的整个区间变化，甚至稍微高于正电源或稍微低于负电源也被允许。这种运放称为轨到轨(rail－to－rail)输入运算放大器。

运算放大器的主要参数：

① 共模输入电阻　该参数表示运算放大器工作在线性区时，输入共模电压范围与该范围内偏置电流的变化量之比。

② 差模输入电阻　该参数表示输入电压的变化量与相应的输入电流变化量之比，电压的变化导致电流的变化。在一个输入端测量时，另一输入端接固定的共模电压。

③ 增益带宽积　增益带宽积是一个常量，定义在开环增益随频率变化的特性曲线中以－20 dB/10 倍频程滚降的区域。

④ 输出阻抗　是指运算放大器工作在线性区时，输出端的内部等效阻抗小于信号输出阻抗。

⑤ 输出电压摆幅　是指输出信号不发生箝位的条件下能够达到的最大电压摆幅的峰峰值，V 一般定义在特定的负载电阻和电源电压下。

⑥ 压摆率　是指输出电压的变化量与发生这个变化所需时间之比的最大值。S_R 通常以 V/μs 为单位表示，有时也分别表示成正向变化和负向变化。

⑦ 输入失调电压　表示使输出电压为零时需要在输入端作用的电压差。

还有其他的一些参数，这里不一一列出，实际应用中可以查看相关的技术手册。

1.8.2　分类与选用

运算放大器根据其应用的目的和功能的不同可以分为通用运算放大器、高输入阻抗运算放大器、精密运算放大器、高速运算放大器、低功耗运算放大器和高压运算放大器等，下面进行简要的说明。

(1) 通用型运算放大器

是以通用为目的而设计的运算放大器。这类器件的主要特点是价格低廉、产品量大面广，其性能指标适合于一般性使用。例 μA741(单运放)、LM358(双运放)、LM324(四运放)及以场效应管为输入级的 LF356 都属于此种。它们是目前应用最为广泛的集成运算放大器。

(2) 高输入阻抗运算放大器

是一种差模输入阻抗非常高,输入偏置电流非常小,一般为几皮安到几十皮安的运算放大器。高输入阻抗运算放大器可利用场效应管高输入阻抗的特点,用场效应管组成运算放大器的差分输入级来实现的。用FET作输入级,不仅输入阻抗高,输入偏置电流低,而且具有高速、宽带和低噪声等优点,但输入失调电压较大。常见的集成器件有LF355、LF347(四运放)及更高输入阻抗的CA3130、CA3140等。

(3) 精密运算放大器

是在精密仪器、弱信号检测等自动控制仪表中使用的放大器。在精密仪器中希望运算放大器的失调电压要小且不随温度的变化而变化,因此,精密运算放大器的温度的漂移都很低。目前常用的高精度、低温漂运算放大器有OP07、OP27、AD508及斩波稳零型低漂移器件ICL7650等。

(4) 高速型运算放大器

在快速A/D和D/A转换器、视频放大器中,要求集成运算放大器的转换速率S_R一定要高,单位增益带宽BWG一定要足够大,像通用型集成运放是不能适合于高速应用的场合的。高速型运算放大器主要特点是具有高的转换速率和宽的频率响应。常见的运放有LM318、μA715等,其S_R在50~70 V/μs,增益带宽积大于20 MHz。

(5) 低功耗运算放大器

由于电子电路集成化的最大优点是能使复杂电路小型轻便,所以随着便携式仪器应用范围的扩大,必须使用低电源电压供电、低功率消耗的运算放大器相适用。常用的运算放大器有TL-022C、TL-060C等,其工作电压为±2~±18 V,消耗电流为50~250 μA。目前有的产品功耗已达μW级,例如ICL7600的供电电源为1.5 V,功耗为10 mW,可采用单节电池供电。

(6) 高压大电流集成运算放大器

运算放大器的输出电压主要受供电电源的限制。在普通的运算放大器中,输出电压的最大值一般仅几十伏,输出电流仅几十毫安。若要提高输出电压或增大输出电流,集成运放外部必须要加辅助电路。高压大电流集成运算放大器外部不需附加任何电路,即可输出高电压和大电流。例如D41集成运放的电源电压可达±150 V,μA791集成运放的输出电流可达1 A。

一般的运算放大器根据实际电路实现的功能,输入阻抗、输出阻抗、需要驱动的电流与功率以及处理信号的频率范围等进行合理选择,表1-10给出了部分运算放大器的参数,可以作为设计时的参考。

表1-10 部分运算放大器的参数

型　号	输入阻抗/Ω	GBW/MHz	S_R/V/μs	V_{IO}/mV	最大供电电压/V
μA741	0.3~2 M	0.9	0.5	2~6	±18
LM324	2 M	1	1.5	3~7	3~30

续表 1-10

型　号	输入阻抗/Ω	GBW/MHz	S_R/V/μs	V_{IO}/mV	最大供电电压/V
LM318	0.5～3 M	15	70	4～10	±20
OP07	15～50 M	0.6	0.3	0.01～0.025	±22
TL-022C	2 M	0.5	0.5	5	±22
AD841	200 K	40	300	1	±18
AD847	300 K	50	300	0.5	±18
THS4001	10 M	270	400	10	±16
MAX435	800 K	200	450	3	±6
MC1436	10 M	1	2	2～5	±40
PA84	10^5 M	100	150	0.5～3	±150
PA85	10^5 M	100	1 000	0.5～2	±225

1.9 晶体谐振器与晶体振荡器

1.9.1 概　述

用特殊方式切割的石英晶体片构成的石英晶体谐振器，其品质因数 Q 很高，数值可达几万。因此，用石英晶体谐振器组成滤波器元件来代替 LC 能得到工作频率稳定度很高、阻带衰减特性陡峭、通带衰减很小的滤波器，所以应用日益广泛。

1. 石英晶体的物理特性

石英的化学成分是 SiO_2，其形状为结晶的六角锥体。图 1-35(a)表示自然结晶体，图(b)表示晶体的横断面。为了便于研究，人们根据石英晶体的物理特性，在石英晶体内画出三种几何对称轴，连接两个角锥顶点的一根轴 Z，称为光轴；在图(b)中沿对角线的三条 X 轴，称为电轴；与电轴相垂直的三条 Y 轴，称为机械轴。

压电石英是一种各向异性的结晶体。滤波器(或振荡器)中所用的石英片或石英棒都是按一定的方位从石英晶体中切割出来的。垂直于 X 轴而沿 Y 轴切割的，称为 X 切型。垂直于 Y 轴而沿 X 轴切割的，称为 Y 切型。目前用得较多的是按切割方位角 35°切割出来的石英片，称为 AT 切型。此外还有 BT、CT、DT、ET、GT、FC、NT 和 ST 等切型，如图 1-35(b)所示。AT 切型在 −55～85°之间其频率变化都较小，特别是在 60°左右的某范围内，频率基本上与温度无关，所以，AT 切型高精度谐振器用的恒温槽一般都将温度控制在 60°或 50°之间的某一点上。加上这种切型加工比较容易，产品的体积也较小，所以它是现在应用较广泛的一种切型。

石英晶体具有正、反两种压电效应。沿电轴或机械轴施以张力，则在垂直于电轴的两面上产生异号电荷±Q，其值与张力所引起的变形成正比；施以压力，则电荷改变符

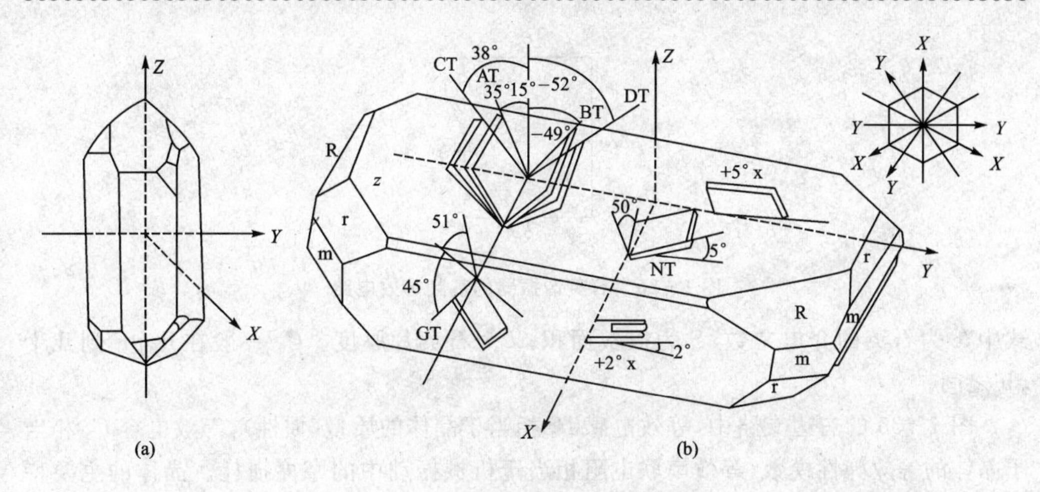

图 1-35　石英晶体的结晶和横断面图

号,这种效应称为正压电效应。与此相反,在垂直于电轴的两个面上加以交变电压,则石英沿电轴和机械轴产生弹性变形(伸张与压缩),称为机械振动。振动的大小正比于电场强度,振动的性质决定于电压的极性,这种效应称为反压电效应。

因为石英晶体和其他弹性体一样,具有惯性和弹性,因而存在着固有振动频率。当晶体片的固有频率与外加电源频率相等时,晶体片就产生谐振。这时,机械振动的幅度最大,相应地晶体表面所产生的电荷量亦量大,外电路中电流也最大。因此,石英晶体具有谐振电路的特性,它的谐振频率等于晶体的机械振动的固有频率(基频)。

频率与晶体尺寸的关系可由下式表示

$$f=\frac{K}{d} \tag{1-22}$$

式(1-22)中,d 决定于振动形式。纵振动时,d 代表晶体片的宽度、长度或直径;横振动时,d 代表片子的厚度(单位 mm)。K 为频率系数。f 的单位为 kHz。

此外,还有一种泛音晶体,即工作在机械振动谐波上。它与电信号谐波不同,不是其基波的整数倍而是在整数倍的附近。泛音晶体必须配合适当线路才能工作在指定的频率上。

2. 石英谐振器的等效电路

如上所述,石英晶体具有谐振电路的特性,如果外加电压的角频率 ω 等于石英机械振动的固有谐振角频率 ω_q 时,石英晶体就发生谐振,即在外加电压振幅不变的情况下,弹性变形大大加强,因而电流也达到最大。

当外加电压角频率 $\omega<\omega_q$ 时,则压电电流滞后于外加电压一个相角。由此可见,石英片相当于一个串联谐振电路,因此可以用集中参数 L_q、C_q、r_q 来模拟石英晶体。这种模拟适于晶体谐振点附近。图 1-36 表示石英谐振器的基频等效电路。

图 1-36 中左边支路的电容 C_0 称为石英谐振器的静电容。它是以石英为介质在两极板间所形成的电容,其容量主要决定于石英片尺寸和电极面积,可以下式表示

$$C_0=\frac{\varepsilon S}{d} \tag{1-23}$$

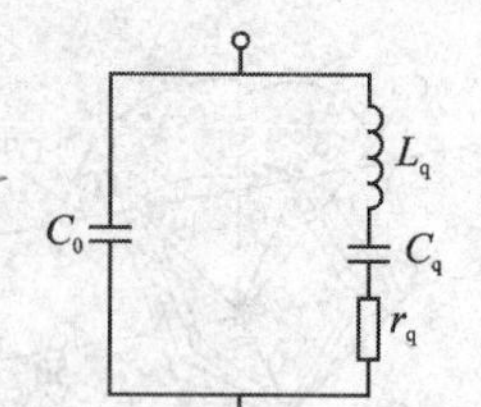

图 1-36 石英谐振器的基频等效电路

式中，ε 为石英的介电常数，S 为极板面积，d 为石英片厚度。C_0 一般在几 pF 到几十 pF 之间。

图 1-36 的右边支路中，等效电感 L_q 相当于晶体的质量(惯性)，等效电容 C_q 相当于晶体的等效弹性模数，等效串联电阻相当于机械振动中的摩擦损耗。晶体的主要特点是它的等效电感 L_q 特别大，而等效电容 C_q 特别小。由于

$$Q_q = \frac{1}{r_q}\sqrt{\frac{L_q}{C_q}} \tag{1-24}$$

所以，石英晶体的 Q_q 值非常高，一般为几万甚至几百万。这是普通 LC 电路无法比拟的。除此以外，还应注意到 $C_0 \gg C_q$，因此，等效电路的接入系数非常小，晶体谐振器与外电路的耦合必然很弱。

下面，分析石英谐振器的等效电路的阻抗特性。由图 1-36 可见，该电路必须有两个谐振角频率。一为右支路的串联谐振角频率 ω_q，即石英片本身的自然角频率，即

$$\omega_q = \frac{1}{\sqrt{L_q C_q}} \tag{1-25}$$

另一个为石英谐振器的并联谐振角频率

$$\omega_p = \frac{1}{\sqrt{L_q \dfrac{C_q C_0}{C_q + C_0}}} = \frac{1}{\sqrt{L_q C}} \tag{1-26}$$

式中，C 为 C_0 和 C_q 串联后的电容。显然，$\omega_p > \omega_q$，但由于 $C_0 \gg C_q$，所以 ω_p 与 ω_q 相差很小。将式(1-25)代入式(1-26)，得

$$\omega_p = \omega_q \sqrt{1 + \frac{C_q}{C_0}} = \omega_q \sqrt{1 + p} \tag{1-27}$$

因为 $p \ll 1$，故将上式展开并忽略高次项后，得 $\omega_p \approx \omega_q + \omega_q \dfrac{C_q}{2C_0}$，可见两频率之间相差为

$$\Delta\omega = \omega_p - \omega_q = \omega_q \frac{p}{2} \tag{1-28}$$

接入系数 p 很小，一般为 10^{-3} 数量级，所以 ω_p 与 ω_q 很接近。显然，C_0 愈大，则 p 愈小，$\Delta\omega$ 就愈小。

图 1-36 所示等效电路的阻抗一般表示式为

$$Z_e=\frac{Z_1Z_2}{Z_1+Z_2}=\frac{j\frac{1}{\omega C_0}\left[r_q+j\left(\omega L_q-\frac{1}{\omega C_q}\right)\right]}{r_q+j\left(\omega L_q-\frac{1}{\omega C_q}\right)-j\frac{1}{\omega C_0}} \tag{1-29}$$

上式在忽略 r_q 后可简化为

$$Z_e=jX_e\approx -j\frac{1}{\omega C_0}\frac{1-\omega_q^2/\omega^2}{1-\omega_p^2/\omega^2} \tag{1-30}$$

由式(1-30)可见，当 $\omega>\omega_p$ 或 $\omega<\omega_q$ 时，电抗 jX_e 为容性的；当 ω 在 ω_p 与 ω_q 之间，电抗 jX_e 为感性的，式(1-30)的电抗曲线如图 1-37 所示。

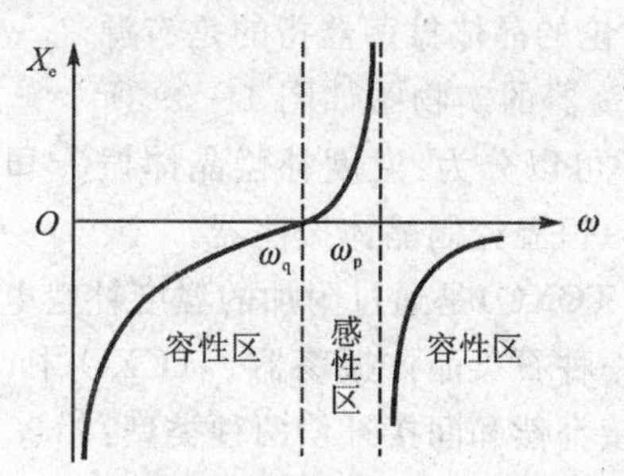

图 1-37　石英晶体谐振器的电抗曲线

必须指出，在 ω_q 和 ω_p 的角频率之间，谐振器所呈现的等效电感

$$L_e=-\frac{1}{\omega^2C_0}\frac{1-\omega_q^2/\omega^2}{1-\omega_p^2/\omega^2} \tag{1-31}$$

它并不等于石英晶片本身的等效电感 L_q。

石英晶体滤波器工作时，石英晶体两个谐振频率之间的宽度，通常决定了滤波器的通带宽度。为要加宽滤波器的通带宽度，就必须加宽石英晶体两谐振频率之间的宽度。这通常可以用外加电感与石英晶体串联或并联的方法实现。对于串联方法，串联电感 L_s 愈大，ω'_q 比 ω_q 愈低，使石英晶体和串联电感 L_s 组成的二端网络呈现感性的频带 $\omega_q-\omega'_q$ 扩大。对于并联方法，它的串联谐振频率 ω_q 不改变，而并联谐振频率会提高。并联的电感愈小，并联谐振频率愈向高频方向提高。这同样扩展了石英晶体的感性电抗范围。石英晶体谐振器的元件符号与实物图如图 1-38 所示。

(a) 电路符号　(b) 实物

图 1-38　石英晶体元件符号与实物

1.9.2　石英晶体振荡器

利用石英晶体谐振器的谐振特性可以制成频率稳定度很高的石英晶体振荡器。晶体振荡器也分为无源晶振和有源晶振两种类型。无源晶振与有源晶振(谐振)的英文名

称不同，无源晶振为 crystal（晶体），而有源晶振称为 oscillator（振荡器）。无源晶振需要借助于时钟电路才能产生振荡信号，自身无法振荡起来，所以"无源晶振"这个说法并不准确；有源晶振是一个完整的谐振振荡器。石英晶体振荡器与石英晶体谐振器都是提供稳定电路频率的一种电子器件。石英晶体振荡器是利用石英晶体的压电效应和内置 IC 共同作用来工作的。振荡器直接应用于电路中，振荡器工作时一般需要提供 3.3～5 V 电压来维持工作。振荡器比谐振器一般多一个重要技术参数：谐振电阻（RR），谐振器没有电阻要求。RR 的大小直接影响电路的性能，这是各商家竞争的一个重要参数。因此，一般讨论的晶体振荡器指的是有源晶体振荡器。有源晶体振荡器的实物图如图 1－39 所示，根据其实际的使用条件可以分为：温度补偿晶体振荡器、电压控制晶体振荡器、恒温控制晶体振荡器。

图 1－39 晶体振荡器的实物

温度补偿晶体振荡器（TCXO）是通过附加的温度补偿电路使由周围温度变化产生的振荡频率变化量削减的一种石英晶体振荡器。TCXO 中，对石英晶体振子频率温度漂移的补偿方法主要有直接补偿和间接补偿两种类型：

1. 直接补偿型 TCXO

是由热敏电阻和阻容元件组成的温度补偿电路，在振荡器中与石英晶体振子串联而成的。在温度变化时，热敏电阻的阻值和晶体等效串联电容容值相应变化，从而抵消或削减振荡频率的温度漂移。该补偿方式电路简单，成本较低，节省印制电路板（PCB）尺寸和空间，适用于小型和低压小电流场合。但当要求晶体振荡器精度小于$\pm10^{-6}$时，直接补偿方式并不适宜。

2. 间接补偿型

又分模拟式和数字式两种类型。模拟式间接温度补偿是利用热敏电阻等温度传感元件组成温度－电压变换电路，并将该电压施加到一支与晶体振子相串接的变容二极管上，通过晶体振子串联电容量的变化，对晶体振子的非线性频率漂移进行补偿。该补偿方式能实现$\pm0.5\times10^{-6}$的高精度，但在 3 V 以下的低电压情况下受到限制。数字化间接温度补偿是在模拟式补偿电路中的温度—电压变换电路之后再加一级模/数（A/D）变换器，将模拟量转换成数字量。该法可实现自动温度补偿，使晶体振荡器频率稳定度非常高，但具体的补偿电路比较复杂，成本也较高，只适用于基地站和广播电台等要求高精度化的情况。

电压控制晶体振荡器（VCXO）是通过施加外部控制电压使振荡频率可变或是可以调制的石英晶体振荡器。在典型的 VCXO 中，通常是通过调谐电压改变变容二极管的电容量来"牵引"石英晶体振子频率的。VCXO 允许频率控制范围比较宽，实际的牵引度范围约为$\pm200\times10^{-6}$甚至更大。如果要求 VCXO 的输出频率比石英晶体振子所能实现的频率还要高，可采用倍频方案。扩展调谐范围的另一个方法是将晶体振荡器的输出信号与 VCXO 的输出信号混频。与单一的振荡器相比，这种外差式的两个振荡器信号调谐范围有明显扩展。这种采用与 IC 同样塑封的 4 引脚器件，内装单独开发的专用 IC，器件尺寸为 12.6 mm×7.6 mm×1.9 mm，体积为 0.18 dm^3。其标准频率为 12～20 MHz，电源电压为 3.0±0.3 V，工作电流不大于 2 mA，在 −20～+75℃范围内的频率稳定度≤±1.5×10^{-6}，频率可变范围是±20～±35×10^{-6}，启动振荡时间小于 4 ms。VCXO 封装发展趋势是朝 SMD 方向发展，并且在电源电压方面尽可能采用 3.3 V，电源电压一般为 3.3 V 或 5 V，可覆盖的频率范围或最高频率分别为 32～120 MHz、155 MHz、2～40 MHz 和 1～50 MHz，牵引度从±25×10^{-6}到±150×10^{-6}不等。

温控制晶体振荡器(OCXO)是利用恒温槽使晶体振荡器或石英晶体振子的温度保持恒定，将由周围温度变化引起的振荡器输出频率变化量削减到最小的晶体振荡器。在 OCXO 中，有的只将石英晶体谐振器置于恒温槽中，有的是将石英晶体谐振器和有关重要元器件置于恒温槽中，还有的将石英晶体谐振器置于内部的恒温槽中，而将振荡电路置于外部的恒温槽中进行温度补偿，实行双重恒温槽控制法。利用比例控制的恒温槽能把晶体的温度稳定度提高到 5 000 倍以上，使振荡器频率稳定度至少保持在 1×10^{-9}。OCXO 主要用于移动通信基地站、国防、导航、频率计数器、频谱和网络分析仪等设备、仪表中。OCXO 是由恒温槽控制电路和振荡器电路构成的。通常人们是利用热敏电阻“电桥”构成的差动串联放大器，来实现温度控制的。具有自动增益控制(AGC)的振荡电路，是目前获得振荡频率高稳定度比较理想的技术方案。

第 2 章　常用工具和仪器的使用

2.1 常用工具

电子制作中常用工具的使用可以说是最基本的技能之一。下面介绍的是最常用的几种工具。

2.1.1 电烙铁

电烙铁是电子工程师最常用的焊接工具之一，它由烙铁头、烙铁柄、工作面、电线和插座组成，其实物图如图 2-1 所示。电烙铁的使用是电子爱好者必须掌握的一项基本技术之一，需要多多练习才能熟练掌握。电烙铁的使用看起来简单容易，但对于初学者，在实际动手焊接时，常涉及到诸多问题，要焊出高质量的焊点，实际上并不那么容易。电烙铁的基本握法如图 2-1 所示，四指抓住手柄，使烙铁头朝下，像拿钢笔一样，虚握（虚握操作时速度快，效率高），做到得心应手。特别注意不能让头发和电线绞在一起，手汗大的，要带上手套焊接。操作电源插头，手一定要捏牢绝缘部分，用力适度，防止松脱、损坏和伤害。每天要用的电烙铁应该加装电源开关，而不是操作接插件。掌握焊接应该多进行练习，对各种型号的烙铁都要有实际操作。

下面谈谈有关电烙铁使用和焊接的基本知识。

① 选用合适的焊锡丝，应选用焊接电子元件用的低熔点焊锡丝。

② 助焊剂：用 25% 的松香溶解在 75% 的酒精（重量比）中作为助焊剂。

③ 新电烙铁使用前要上锡，具体方法是：将电烙铁烧热，待刚刚能熔化焊锡时，涂上助焊剂，再用焊锡均匀地涂在烙铁头上，使烙铁头均匀地涂上一层锡。

④ 焊接方法：把焊盘和元件的引脚用细砂纸打磨干净，涂上助焊剂。用烙铁头沾取适量焊锡，接触焊点，待焊点上的焊锡全部熔化并浸没元件引线头后，将电烙铁头沿着元器件的引脚轻轻往上一提离开焊点（见图 2-2 元件焊接实物图所示的焊点），这样熔化后的焊锡依靠其表面张力的作用，可以使焊点的表面光亮圆滑。

⑤ 焊接时间不宜过长，否则容易烫坏元件，必要时可用镊子夹住管脚帮助散热和焊接。

⑥ 焊点应呈正弦波峰形状，表面应光亮圆滑，无锡刺，锡量适中。

⑦ 焊接完成后，要用酒精把线路板上残余的助焊剂清洗干净，以防碳化后的助焊剂影响电路正常工作。

⑧ 集成电路应最后焊接，电烙铁要可靠接地，或断电后利用余热焊接。或者使用集成电路专用插座，焊好插座后再把集成电路插上去。

⑨ 焊接后，电烙铁应放在烙铁架上。

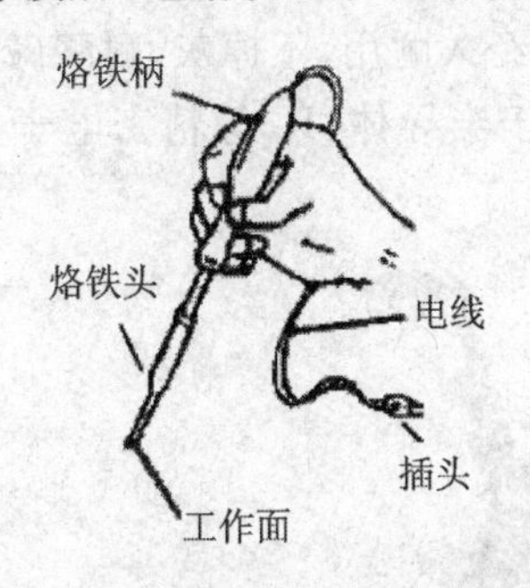

图 2-1 电烙铁实物图和手握法

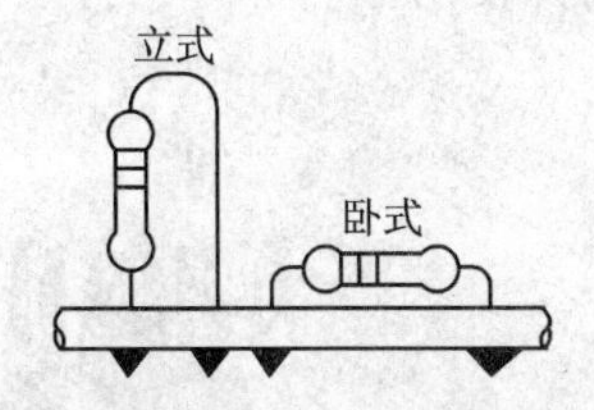

图 2-2 元件焊接实物图

⑩ 焊接后的检查：焊接结束后必须检查有无漏焊、虚焊以及由于焊锡流淌造成的元件短路。虚焊较难发现，可用镊子夹住元件引脚轻轻拉动，如发现摇动应立即补焊。

注意：松香是一种助焊剂，可以帮助焊接。松香可以直接用，也可以配置成松香溶液，就是把松香碾碎，放入小瓶中，再加入酒精搅匀。注意酒精易挥发，用完后，记得把瓶盖拧紧。瓶里可以放一小块棉花，用时就用镊子夹出来涂在印刷板上或元器件上。松香是中性物质，对元件无腐蚀作用。需要注意，焊接时松香和焊锡应该加到焊点上去，不要用热的烙铁去蘸松香。

焊接技术是电子爱好者必须掌握的一项基本功，也是保证电路可靠工作的重要环节，初学者一定要多加练习才能在实践中不断提高焊接技巧。

2.1.2 斜口剪

斜口剪也称斜口钳，其实物图如图 2-3 所示。它是电子工程师的必备工具之一，用来剪断电线或元件引线，常用以代替一般剪刀剪切绝缘套管、尼龙扎线卡等，还可以用来刮除元件引线或其他金属表面的氧化物及污垢，便于焊接。市场上对于斜口钳又名“斜嘴钳”，具有多种分类，一般可分为：专业电子斜嘴钳、德式省力斜嘴钳、不锈钢电子斜嘴钳、耐高压大头斜嘴钳、镍铁合金欧式斜嘴钳、精抛美式斜嘴钳、省力斜嘴钳等。

图 2-3 斜口钳

另外，市场上的斜嘴钳的尺寸一般分为：4 寸、5 寸、6 寸、7 寸、8 寸。大于 8 寸的比较少见，比 4 寸更小的，一般市场称为迷你斜口钳，约为 125 mm。市场上对斜嘴钳的尺寸用寸表示，国标采用分米，转换关系是 1 寸＝0.254 分米。

2.1.3 镊子与尖嘴钳

镊子是电子工程师经常使用的工具，其实物如图 2-4 所示，常常用它夹持导线、元件及集成电路引脚等。不同的场合需要不同的镊子，一般要准备直头、平头、弯头镊子各一把。常用的要选一把质量好的钢材镊子和一把防静电的塑料镊子。防静电的塑料镊子一般采用碳纤维与特殊塑料混合而成，弹性好，经久耐用，不掉灰，耐酸碱，耐高温，可避免传统防静电镊子因含碳黑而污染产品，适用于半导体、IC等精密电子元件生产使用，及其特殊使用。

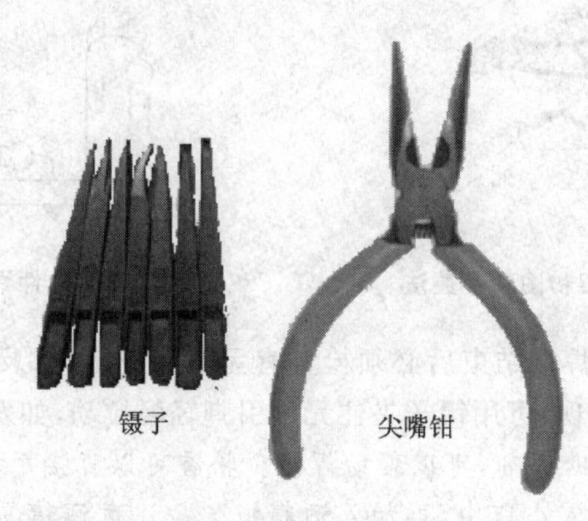

图2-4　镊子与尖嘴钳

尖嘴钳，别名修口钳、尖头钳、尖咀钳（实物见图2-4）。它由尖头、刀口和钳柄组成，电工用尖嘴钳的材质一般由45＃钢制作，类别为中碳钢。含碳量0.45%，韧性硬度都合适。钳柄上套有额定电压500 V的绝缘套管，是一种常用的钳形工具。主要用来剪切线径较细的单股与多股线，以及给单股导线接头弯圈、剥塑料绝缘层等，能在较狭小的工作空间操作，不带刃口者只能夹捏工作，带刃口者能剪切细小零件，它是电工（尤其是内线电工）、仪表及电讯器材等装配员及电子工程师常用的工具之一。

2.1.4　螺丝刀

螺丝刀，又名螺丝起子和改锥，是一种用来拧转螺丝钉以迫使其就位的工具，通常有一个薄楔形头，可插入螺丝钉头的槽缝或凹口内。改锥主要有“一”字和“十”字形两种，常见的还有六角改锥，包括内六角和外六角两种。

改锥又分为传统改锥和电动改锥。传统改锥是由一个塑胶手把外加一个可以锁螺丝的铁棒，而电动改锥则是由一个塑胶手把外加一个棘轮机构。后者让锁螺丝的铁棒可以顺时针或逆时针空转，借由空转的机能达到促进锁螺丝的效率，而不需要逐次将动力驱动器（手）转回原本的位置。

改锥的用途一般是固定和拆卸螺丝钉，并根据螺丝钉的种类和规格选用合适的螺丝刀。如果选用不适当，就可能把螺丝钉的槽拧平，产生打滑的现象。实际使用时，将螺丝刀拥有特化形状的端头对准螺丝的顶部凹坑，固定，然后开始旋转手柄。根据规格标准，顺时针方向旋转为嵌紧；逆时针方向旋转则为松出。一字改锥可以应用十字螺丝。但十字改锥拥有较强的抗变形能力，使用时应注意：

① 使用时选择合适的型号，否则容易造成螺丝帽和工具的损坏。

② 某些带有磁性的螺丝刀，可以吸取小螺丝钉等小的铁制品。但对于随身听的磁头等磁性物质应避免接触。

③ 不能和烙铁等高温工具接触。

此外，常用工具还有吸焊器（拆电路板用）、胶枪等，由于篇幅所限，在此不一一介绍。希望同学们在学习中慢慢掌握这些常用工具的使用，只有熟练应用，才能在进行电路制作时得心应手。

2.2 常用仪器

2.2.1 万用表

1. 万用表简介

万用表又称多用表、三用表、复用表，分为指针式万用表和数字式万用表，是一种多功能、多量程的测量仪表，一般万用表可测量直流电流、直流电压、交流电流、交流电压、电阻等，有的还可以测电容量、电感量及半导体的一些参数，万用表是电子制作和元件测试中必备的测量工具，图 2－5 列出了指针式万用表和数字万用表的实物图。

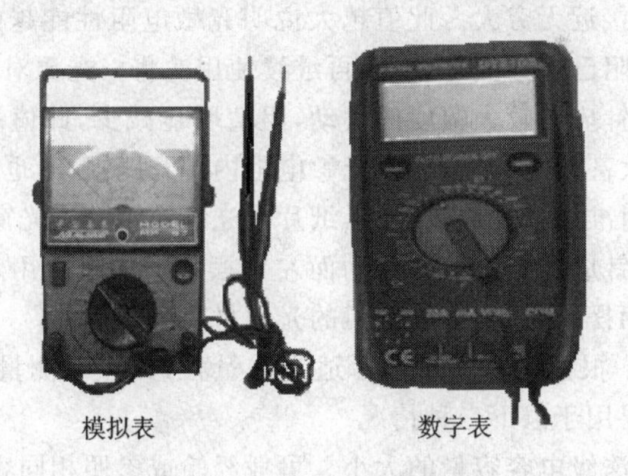

模拟表　　数字表

图 2－5　万用表的实物图

2. 万用表的使用

(1) 电阻挡的使用

① 固定电阻器的检测：将万用表的拨动开关打到电阻挡位，两表笔（不分正负）分别与电阻的两端引脚相接即可测出实际电阻值。为了提高测量精度，应根据被测电阻标称值的大小来选择量程。由于模拟表欧姆挡刻度的非线性关系，它的中间一段分度较为精细，因此应使指针指示值尽可能落到刻度的中段位置，即全刻度起始的 20%～80%弧度范围内，以使测量更准确。根据电阻误差等级不同，读数与标称阻值之间分别允许有±5%、±10%或±20%的误差。如不相符，超出误差范围，则说明该电阻值变值了。

② 通断的检测：在电路中，当熔断电阻器熔断开路后，可根据经验作出判断：若发现熔断电阻器表面发黑或烧焦，可断定是其负荷过重，通过它的电流超过额定值很多倍

所致;如果其表面无任何痕迹而开路,则表明流过的电流刚好等于或稍大于其额定熔断值。对于表面无任何痕迹的熔断电阻器好坏的判断,可借助万用表 R×1 挡来测量,为保证测量准确,应将熔断电阻器一端从电路上焊下。若测得的阻值为无穷大,则说明此熔断电阻器已失效开路;若测得的阻值与标称值相差甚远,表明电阻变值,也不宜再使用。在维修实践中发现,也有少数熔断电阻器在电路中出现被击穿短路的现象,检测时也应注意。

③ 电位器的检测:检查电位器时,首先要转动旋柄,看看旋柄转动是否平滑,开关是否灵活,开关通、断时"喀哒"声是否清脆,并听一听电位器内部接触点和电阻体摩擦的声音,如有"沙沙"声,说明质量不好。用万用表测试时,先根据被测电位器阻值的大小,选择好万用表的合适电阻挡位,然后可按下述方法进行检测。用万用表的欧姆挡测"1"、"2"两端,其读数应为电位器的标称阻值,如万用表的指针不动或阻值相差很多,则表明该电位器已损坏。检测电位器的活动臂与电阻片的接触是否良好。用万用表的欧姆挡测"1"、"2"(或"2"、"3")两端,将电位器的转轴按逆时针方向旋至接近"关"的位置,这时电阻值越小越好。再顺时针慢慢旋转轴柄,电阻值应逐渐增大,表头中的指针应平稳移动。当轴柄旋至极端位置"3"时,阻值应接近电位器的标称值。如万用表的指针在电位器的轴柄转动过程中有跳动现象,说明活动触点有接触不良的故障。

④ 光敏电阻的检测:用一黑纸片将光敏电阻的透光窗口遮住,此时万用表的指针基本保持不动,阻值接近无穷大。此值越大说明光敏电阻性能越好。若此值很小或接近为零,说明光敏电阻已烧穿损坏,不能再继续使用。将一光源对准光敏电阻的透光窗口,此时万用表的指针应有较大幅度的摆动,阻值明显减少,此值越小说明光敏电阻性能越好。若此值很大甚至无穷大,表明光敏电阻内部开路损坏,也不能再继续使用。将光敏电阻透光窗口对准入射光线,用小黑纸片在光敏电阻的遮光窗上部晃动,使其间断受光,此时万用表指针应随黑纸片的晃动而左右摆动。如果万用表指针始终停在某一位置不随纸片晃动而摆动,说明光敏电阻的光敏材料已经损坏。

⑤ 电容的测量:根据电容容量选择适当的量程,并注意测量电解电容时,黑表笔要接电容正极。主要用于以下三种情况:

情况一:估测微法级电容容量的大小。可凭经验或参照相同容量的标准电容,根据指针摆动的最大幅度来判定。所参照的电容不必耐压值也一样,只要容量相同即可,如测一个 100 μF/100 V 的电容可用一个 100 μF/25 V 的电容来参照,只要它们指针摆动最大幅度一样,即可断定容量一样。

情况二:估测皮法级电容容量大小。要用 R×10 kΩ 挡,但只能测到 1 000 pF 以上的电容。对于 1 000 pF 或稍大一点的电容,只要表针稍有摆动,即可认为容量够了。

情况三:检测电容是否漏电。对一千微法以上的电容,可先用 R×10 Ω 挡将其快速充电,并初步估测电容容量;然后改到 R×1 kΩ 挡继续测一会儿,这时指针不应回返,而应停在或十分接近∞处,否则就是有漏电现象。对一些几十微法以下的定时或振荡电容(比如彩电开关电源的振荡电容),对其漏电特性要求非常高,只要稍有漏电就不能用,这时可在 R×1 kΩ 挡充完电后再改用 R×10 kΩ 挡继续测量,同样表针应停在∞处而不应回返。

⑥ 晶体管的测量：在实际电路中，三极管的偏置电阻或二极管、稳压管的周边电阻一般都比较大，大都在几百或几千欧姆以上，这样，就可以用万用表的 R×10 Ω 或 R×1 Ω 挡测量 PN 结的好坏，具体如下：

在电路中测量时，先将电源断开，用 R×10 Ω 挡测 PN 结应有较明显的正反向特性(如果正反向电阻相差不太明显，可改用 R×1 Ω 挡来测)，一般正向电阻在 R×10 Ω 挡测时表针应指示在 200 Ω 左右，在 R×1 Ω 挡测时表针应指示在 30 Ω 左右(根据不同表型可能略有出入)。如果测量结果正向阻值太大或反向阻值太小，都说明这个 PN 结有问题，这个管子也就有问题了。维修时，这种方法可以非常快速地找出坏管，甚至可以测出尚未完全坏掉但特性变坏的管子。

例如，当用小阻值挡测量某个 PN 结正向电阻过大，如果把它焊下来用常用的 R×1 kΩ 挡再测，可能还是正常的，其实这个管子的特性已经变坏了，不能正常工作或不稳定了。

(2) 电压、电流挡的使用

明确一个原则：测量交流时，使用交流挡；测量直流时，使用直流挡。先高挡位，当测量的读数不到满刻度的$\frac{1}{5}$时，改用较低的一个挡位，直到读数在 20%～80%之间时，读出读数即可。但是要注意一点，对于交流信号来说，万用表的测量频率一般只限于工频。当信号源的频率高于 1kHz 时，由于受万用表内部的运算放大器频率限制，测试的电压与电流与实际值相差较大，因此，在测量频率较高的交流信号电压时，应改用交流毫伏表。

2.2.2　直流稳压电源

直流稳压电源是电子设计与制作中不可缺少的重要仪器之一。这里以 JW－2A－2D 型直流稳压电源为例说明直流稳压电源的使用方法。JW－2A－2D 型直流稳压电源是采用硅晶体管的串联型直流稳压电源。具有两路相同的、输出电压分挡连续可调，实现连续可调输出 1～32 V，最大输出电流 3 A 的输出，和一路固定 5 V、电流 3 A 的输出。它的精度高，纹波小，抗干扰能力强，能适应各种类型的负载；并设有过流保护电路，保护动作灵敏、准确、工作稳定可靠，可广泛用于科研、教学和生产等各个领域。下面简介一下其使用方法和注意事项。

1. 使用方法

直流稳压电源如图 2－6 所示。

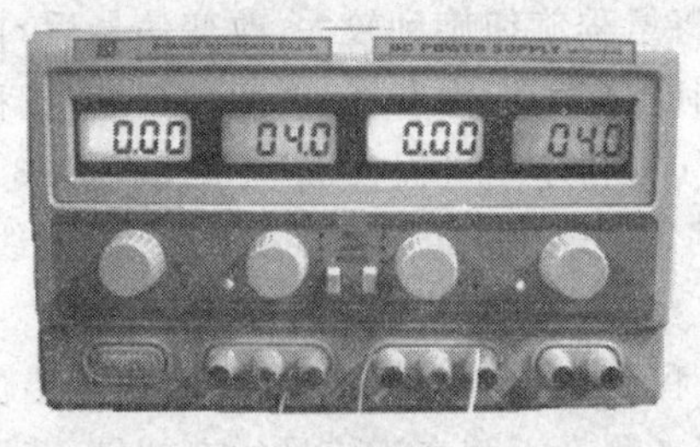

图 2－6　直流稳压电源面板图

① 直流稳压电源有三路电压输出。接通“电源”开关，指示灯亮。这时Ⅰ和Ⅱ两路输出接线柱均有电压输出。调节电压旋钮可以在液晶显示器上观察到输出电压和输出电流的大小，待机器预热 15 min 后再正常使用，以保证其精度。

② 每路输出端均有两个“＋”或“－”的接线柱，电压须从“＋”和“－”端引出，每路输出电压范围均可在1～32 V连续可调，可以使用两路相同的输出电压，使用中间的跟踪按钮即可。

③ 第三个为 5 V 的固定输出，不可调节。

2. 注意事项

① 在工作过程中，因外界强干扰或一时过载均可使本机的保护电路启动。当保护电路启动后，只需将负载卸下，即可恢复。若仍不能恢复工作，则说明电路仍有过载或短路，这时应立即切断电源，待故障排除后再用。

② 本电源电压表头所指的读数有时误差较大，必要时须用电压表或万用表直流电压挡核对。

2.2.3 交流毫伏表

毫伏表是一种用来测量正弦电压的交流电压表。主要用于测量毫伏级以下的毫伏、微伏交流电压。例如电视机和收音机的天线输入的电压，中放级的电压等和这个等级的其他电压。一般万用表的交流电压挡只能测量 1 V 以上的交流电压，而且测量交流电压的频率一般不超过 1 kHz。一般的交流毫伏表，测量的最小量程是几毫伏，测量电压的频率可以由几赫兹到几兆赫兹。下面简介一下交流毫伏表的使用与注意事项。

① 测量前应短路调零。打开电源开关，将测试线（也称开路电缆）的红黑夹子夹在一起，将量程旋钮旋到 1 mV 量程，指针应指在零位（有的毫伏表可通过面板上的调零电位器进行调零，凡面板无调零电位器的，内部设置的调零电位器已调好）。若指针不指在零位，应检查测试线是否断路或接触不良，若是则须更换测试线。

② 交流毫伏表灵敏度较高。打开电源后，在较低量程时由于干扰信号（感应信号）的作用，指针会发生偏转，称为自起现象。所以在不测试信号时应将量程旋钮旋到较高量程挡，以防打弯指针。

③ 交流毫伏表接入被测电路时，其地端（黑夹子）应始终接在电路的地上（成为公共接地），以防干扰。

④ 调整信号时，应先将量程旋钮旋到较大，改变信号后，再逐渐减小。

⑤ 交流毫伏表表盘刻度分为 0～1 和 0～3 两种刻度，量程旋钮切换量程分为逢一量程（1 mV、10 mV、0.1 V…）和逢三量程（3 mV、30 mV、0.3 V…），凡逢一的量程直接在 0～1 刻度线上读取数据，凡逢三的量程直接在 0～3 刻度线上读取数据，单位为该量程的单位，无须换算。

⑥ 使用前应先检查量程旋钮与量程标记是否一致，若错位会产生读数错误。

⑦ 交流毫伏表只能用来测量正弦交流信号的有效值，若测量非正弦交流信号要经过换算。

⑧ 不可用万用表的交流电压挡代替交流毫伏表测量高频交流电压(万用表内阻较低,一般用于测量 50 Hz 左右的工频电压)。

2.2.4 示波器

示波器是电子设计与制作不可缺少的仪器之一,这里以 Tektronix 公司生产的 TDS210 来说明示波器的特点与使用,TDS210 是一种小巧、轻便、便携式的二波道数字示波器。

1. TDS210 数字示波器的主要特点

① 60 MHz 带宽,带 20 MHz 可选带宽限制;

② 每个波道都具有 1 G/s 取样率和 2 500 点记录长度;

③ 光标具有读出功能和五项自动测定功能;

④ 高分辨度、高对比度的液晶显示;

⑤ 波形和设置的储存/调出功能;

⑥ 自动设定功能提供快速设置;

⑦ 波形平均值和峰值检测功能;

⑧ 数字实时采样;

⑨ 双时基;

⑩ 视频触发功能;

⑪ 不同的持续显示时间;

⑫ 具有 RS-232、GPIB 和 Centronics 通信接口(增装扩展模块);

⑬ 配备十种语言的用户接口,由用户自选。

2. TDS210 数字示波器(DSO)与模拟示波器(ART)的主要区别

① 模拟示波器运用传统电路技术在阴极射线管上显示波形,显示的时间是短暂的。当输入信号消失时,显示的波形也消失,因此只能对周期性的重复信号进行测量,且显示的波形会暗淡、闪烁,不能显示波形的重要细节。数字示波器是把模拟信号经 A/D 转换、数据处理后再进行存储和显示,可以保持波形显示。

② 数字示波器的时间基线由晶体振荡器控制,其线性度和精度比模拟示波器好(振荡器频率精度可以达 0.05%)。

③ 模拟示波器的垂直位置没有分度,通过输入端接地设定 0 V 位置;数字示波器的垂直位置有分度,能在屏幕上显示地电位(零电位)的位置。

④ 模拟示波器两波道通过电子开头,采用切换和交替的方式来同时显示两个波道的波形,如图 2-7 所示。交替方式的潜在问题是两个波形进行定时测量时,是在两个不同的时间点上进行的,需要测量两个信号的时间与相位。而数字示波器不存在这个问题,可以进行精确的定时测量。

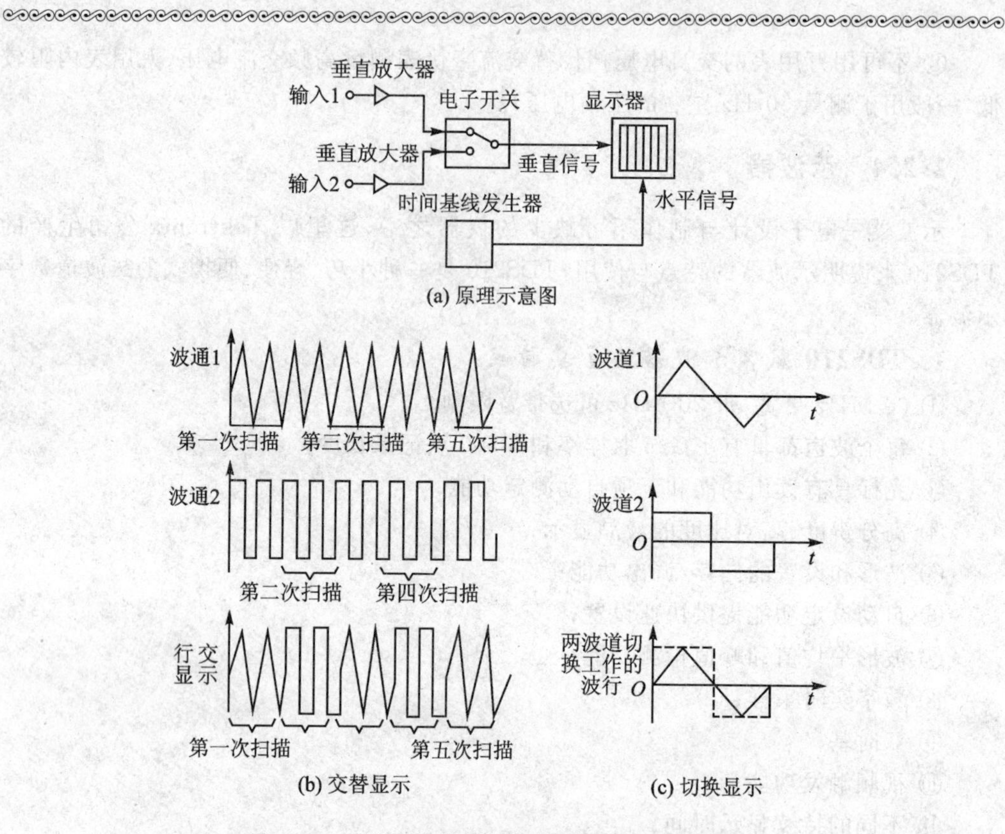

图 2-7 模拟示波器的切换和交替时的波形显示

3. TDS21 数字示波器的主要技术规格

(1) 信号获取

从输入波道进行信号取样,使取样数字化,把各种结果处理成数据点,并把数据点汇集成波形记录的程序,储存在内存中。获取状态有取样、峰值检测和平均值三种;获取率达到每秒 180 个波形;获取顺序可单一获取,也可一个或两个波道同时获取。

(2) 信号输入

信号输入耦合方式有直流、交流或接地三种,输入阻抗为 1MΩ±2%。

(3) 垂直控制模式

数字转换器采用 8 比特分辨度,两个波道同时取样。在输入 BNC 上,达到2 mV/div~5 V/div(伏/格分辨率),同时模拟带宽达到 60 MHz,峰值检测带宽达到 50 MHz,并采用模拟带宽限制在 20 MHz 与满带宽之间进行选择。采用交流耦合的低频限制是在 BNC 上等于 10Hz,使用 10×无源探棒时,小于等于 1Hz。上升时间小于 5.8 ns,值检测响应是获得 50%或更大的脉冲波振幅,大于等于 10 ns 宽度。

(4)水平控制模式

取样率范围为 50 S/s~1 GS/s,记录长度是每个波道为 2 500 个取样点。秒/刻度范围在 5 ns/div~5 ns/div 之间,顺序为 1,2.5,5。取样率和延迟时间精确度为在任何大于或等于 1 ms 的间隔时间为±100 ns。时间测量精确度为±(1 取样间隔时间

＋100 ns×读数＋(0.4～0.6)ns)。

4. 面板结构及说明

示波器前面板结构如图 2－8 所示。按功能可分为显示区、垂直控制区、水平控制区、触发区、功能区五个部分。另有 5 个菜单按钮，3 个输入连接端口。下面将分别介绍各部分的控制钮以及屏幕上显示的信号。

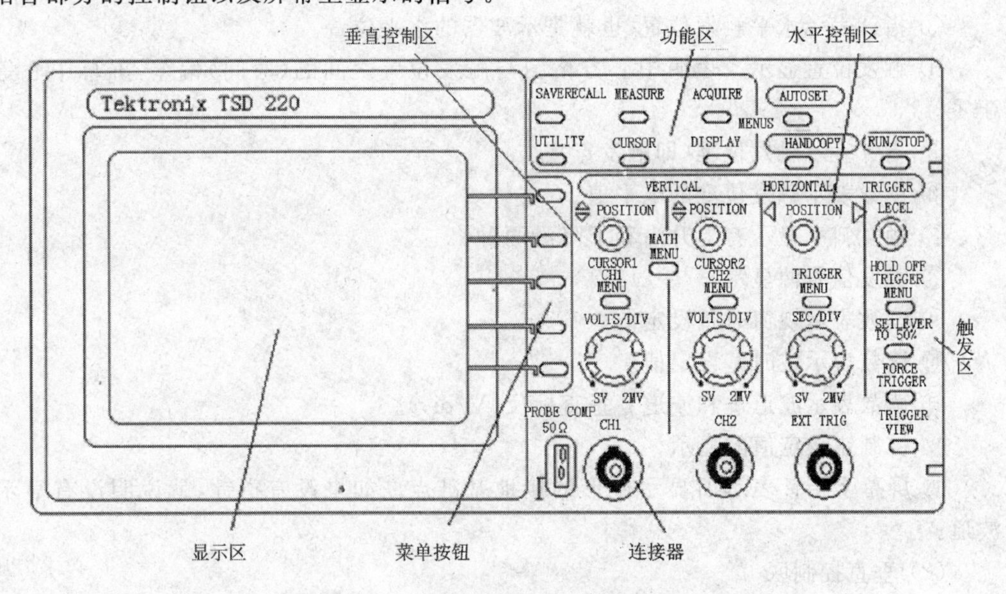

图 2－8　示波器前面板结构示意图

(1) 显示区

显示屏幕为液晶显示，如图 2－9 所示。

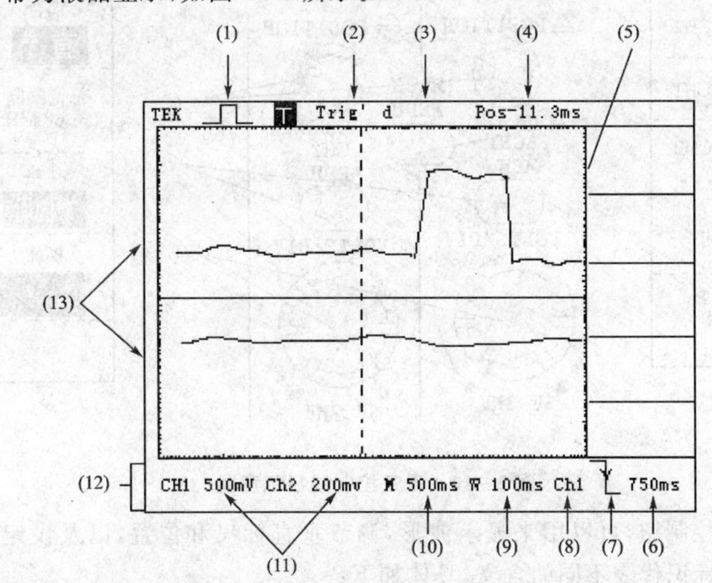

图 2－9　显示屏幕的显示图像

图 2-9 中,显示图像中除了波形外,还显示了许多有关波形和仪器控制值的细节,图中的标识代表不同的含义,具体如下:

① 图标　不同的图标表示不同的获取状态,有平均值状态、取样状态和峰值检测状态。

② 触发状态　触发状态表示是否具有充足的触发信源或获取是否已停止。

③ 指针表示水平触发位置,也就是示波器的水平位置。

④ 触发位置显示　表明中心方格图与触发位置之间的(时间)偏差,屏幕中心等于零。

⑤ 指针表示触发位准(即触发点)。

⑥ 读数表示触发位准的电平值。

⑦ 触发斜率显示有上升沿和下降沿两种。

⑧ 触发信号源显示。

⑨ 读数表示视窗时基设定值。

⑩ 读数表示主时基设定值。

⑪ 读数表示波道 1 和波道 2 垂直标尺(V/div)。

⑫ 控制钮设定值的显示。

⑬ 屏幕上指针表示所显示波形的接地基准点。如果没有指针,就说明没有显示波道。

(2) 垂直控制区

垂直控制区的控制钮如图 2-10 所示。

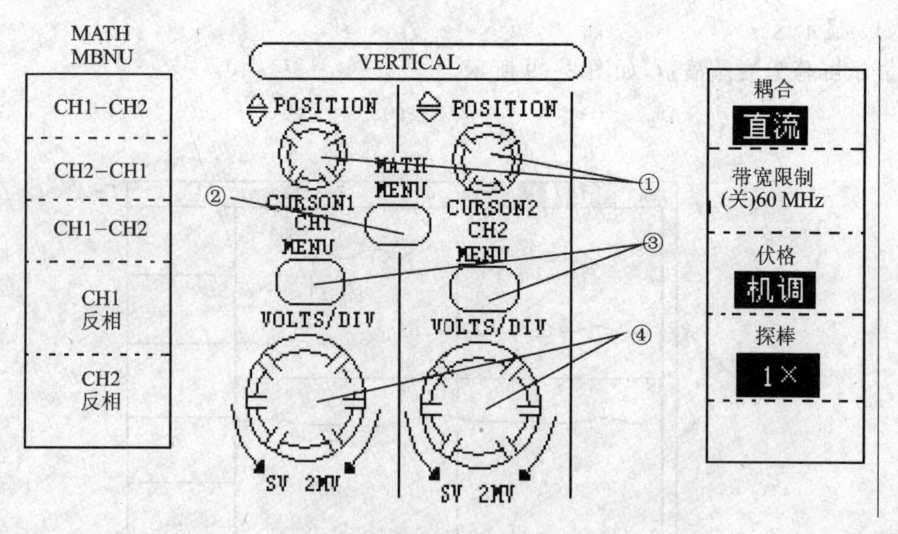

图 2-10　垂直控制按钮示意图

使用垂直控制钮,可以用来显示波形,调节垂直标尺和位置,以及设定输入参数。图 2-10 中的标识代表不同的含义,具体如下:

① CURSOR1(或 CURSOR2)POSITION(光标位置)　调节光标或信号波形在垂

直方向上的位置。

② MATH MENU(数学值)　按 MATH MENU 钮,显示波形的数学操作功能表(加减/反向,如图 2-10 左侧功能表)。再按此钮,则关闭数学值显示。注意每个波形只允许一项数学值操作。

③ CH1 MENU 和 CH2 MENU(波道 1 和波道 2 功能表)　按 CH2(或 CH1) MENU 钮显示波道输入垂直控制的功能表(如图 2-10 中右侧功能表)。

功能表中包括的功能如下:

耦合:即被测信号的输入耦合方式。耦合方式分直流耦合、交流耦合、接地耦合三种。交流耦合,将隔断输入信号中的直流分量,使显示的信号波形位置不受直流电平的影响;直流耦合,将通过输入信号中的交直流分量,适用于观察各种变化缓慢的信号;接地耦合,表明输入信号与内部电路断开,用于显示 OV 基准电平。

带宽限制:分为 20 MHz 和 60 MHz 两挡。限制带宽可以减小显示的噪音。

伏/格:用以选择垂直分辨度。垂直分辨度分粗调与微调两种。粗调表明在伏/格钮上按 1～5 顺序限定分辨度范围;微调则在粗调设置范围内进一步细分,以改善分辨度。

探棒:用以选择探棒的衰减系数。探棒衰减系数一共分四挡。测量时,可根据被测信号的幅值选取其中一个值,以保证垂直标尺读数准确。

波形显示的接通和关闭:要使显示的波形消失,可按 CH1(或 CH2)MENU 钮,显示 CH1(或 CH2)垂直功能表。再按一次 MENU 钮,则波形消失。在波形关闭后,仍可使用输入波道作为触发信号或进行数字值显示。

④ VOLTS/DIV(伏/格)　垂直刻度的选择钮。调节范围自 2 mV/div～5V/div。测量时,应根据被测信号的电压幅度选择合适的位置,以利观察。

(3) 水平控制区

水平控制钮的示意图如图 2-11 所示。水平控制钮可用来改变时基、水平位置及波形的水平放大。图 2-11 中的标识代表不同的含义,具体如下:

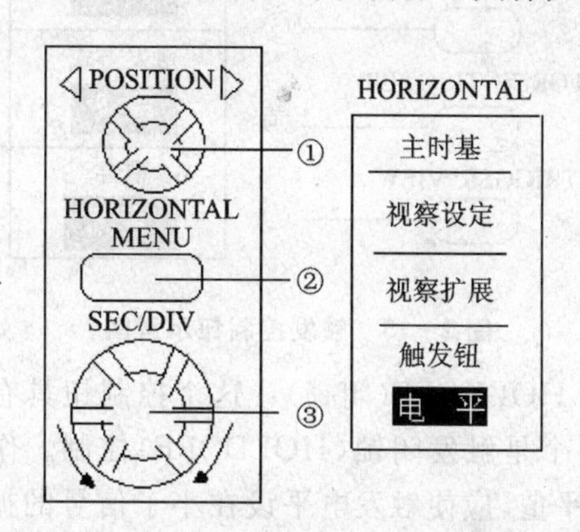

图 2-11　水平控制按钮示意图

① POSITION(位置)　水平位置调整。用以调整屏幕上所有光标或信号波形在

水平方向上的位置。

② HORIZONTAL MENU(水平功能表) 按此钮,显示水平功能表(见图 2-11 中右侧功能表)。水平功能表包括的功能有:主时基,设定水平主时基用以显示波形;视窗设定,视窗指两个光标之间所确定的区域,如图 2-12(a)所示。

③ 用来扩大或缩小视窗区域 视窗扩展,放大视窗区域中的一段波形。以便观测此段波形的图像细节(放大至屏幕宽度),如图 2-12(b)所示。触发钮用于调节两种控制值,触发电平(V)和释抑时间(s),并能显示释抑值,触发电平或释抑时间的调节可使用触发控制钮“LEVEL”来进行(见 LEVEL 钮说明)。

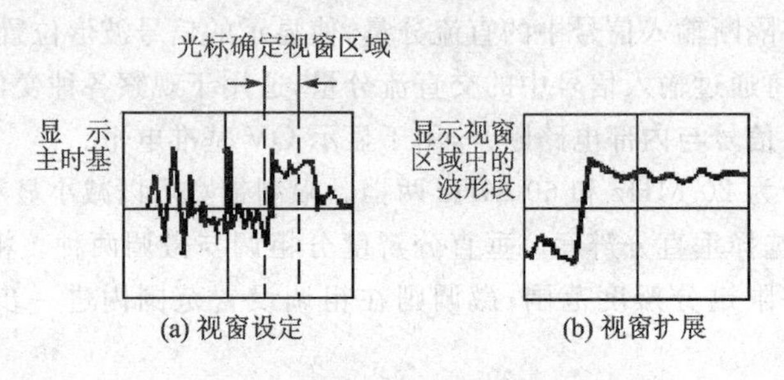

图 2-12 视窗设定与扩展

(4) 触发控制区

触发控制钮如图 2-13 所示,图中各标识代表不同含义,具体如下:

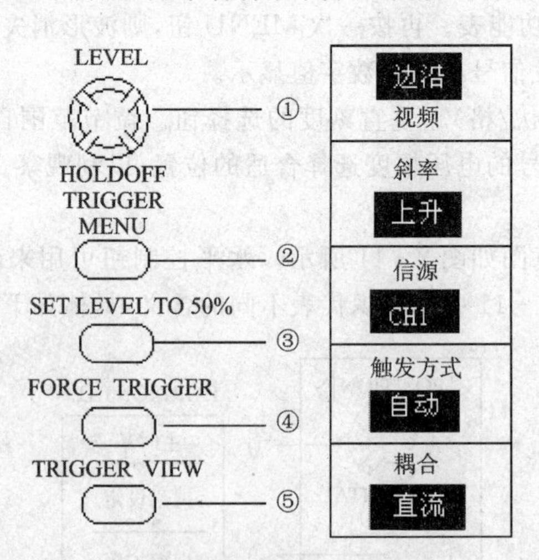

图 2-13 触发控制钮示意图

① LEVEL(位准)和 HOLDOFF(闭锁) 这个控制钮具有双重作用,一个是触发位准(LEVEL)控制,另一个是触发闭锁(HOLDOFF)控制。作为触发位准控制时,调节此钮,用以改变触发电平值,应使触发电平设在小于信号的振幅范围以内,以便进行获取(出现图标:Trig)。作为闭锁(释抑)控制时,它设定接受下一个触发事件之前的时间,调节此钮,显示释抑时间,注意在释抑期间不能识别触发。

② TRIGGER MENU(触发功能表)　按此钮,显示触发功能表(见图 2-13 右侧功能表)。功能表中显示的触发功能有:触发类型分边沿触发与视频触发两种。边沿触发方式是对输入信号的上升或下降边沿进行触发。斜率触发是指触发极性选择,可选择在信号上升沿或下降沿进行触发。信源触发是触发信号的选择。触发信号源有CH1、CH2(内触发)、EXT、EXT/5(外触发)与行触发五种。触发方式是触发方式选择,分正常、自动、单次触发三种。"正常"触发状态只执行有效触发,"自动"触发状态则允许在缺少有效触发时,获取功能自由运行,"自动"状态允许没有触发的扫描波形设定在 100 mV/div 或更慢的时基上,"单次"触发状态只对一个事件进行单次获取发,单次获取顺序的内容取决于获取状态。

③ SET LEVEL TO 50%(中点设定)　触发位准设定在信号位准的中点。

④ FORCE TRIGGER(强行触发)　不管是否有足够的触发信号,都会自动启动获取。

⑤ TRIGGER VIEW(触发视图)　按住触发视图钮后,显示触发波形,取代波道波形。

(5) 功能区

功能区的功能钮一共有九个。这九个功能钮的名称以及它们所显示的功能表的内容如图 2-14 所示,下面分别介绍各个功能钮的操作要求。

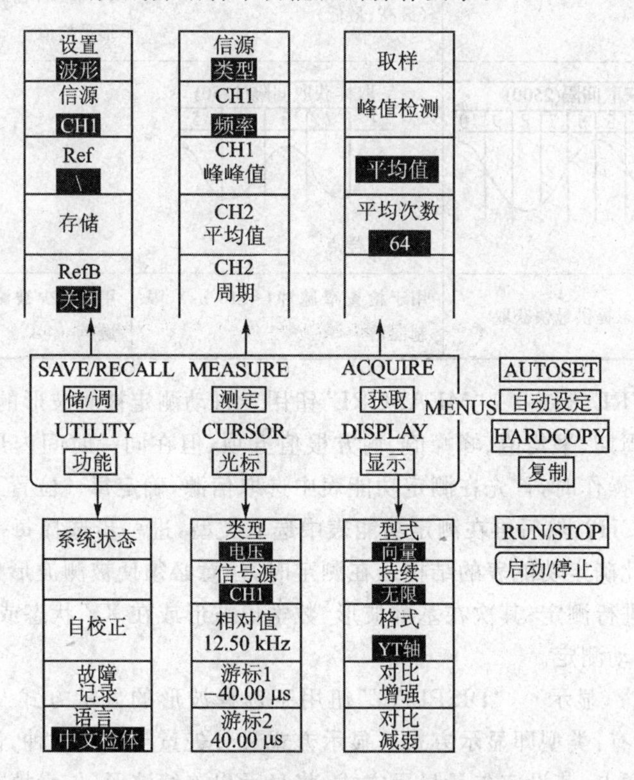

图 2-14　功能钮及显示功能表示意图

① AUTOSET(自动设定)　自动设定功能用于自动调节仪器的各项控制值，以产生可使用的输入信号显示。调节或设定的控制值为：获取状态(取样)；垂直耦合(直流(如选择 GND 的话))；垂直“伏/格”(已调节)；带宽(满)；水平位置(居中)；水平“秒/刻度”(已调节)；触发类型(边沿)；触发信源(显示最低数字波道)；触发耦合(调节到直流，噪声抑制或高频抑制；触发斜率(上升)；触发闭锁(最低)；触发位准(中点设定)；显示格式(YT)：触发状态(自动)。

② ACQUIRE(获取)　获取功能用于设定获取参数。而获取参数又与不同的获取状态有关，获取状态分为取样、峰值检测与平均值三种。当选择不同的获取状态时，波形显示效果有所区别，如表 2-1 所列。

表 2-1　不同获取状态所显示的波形

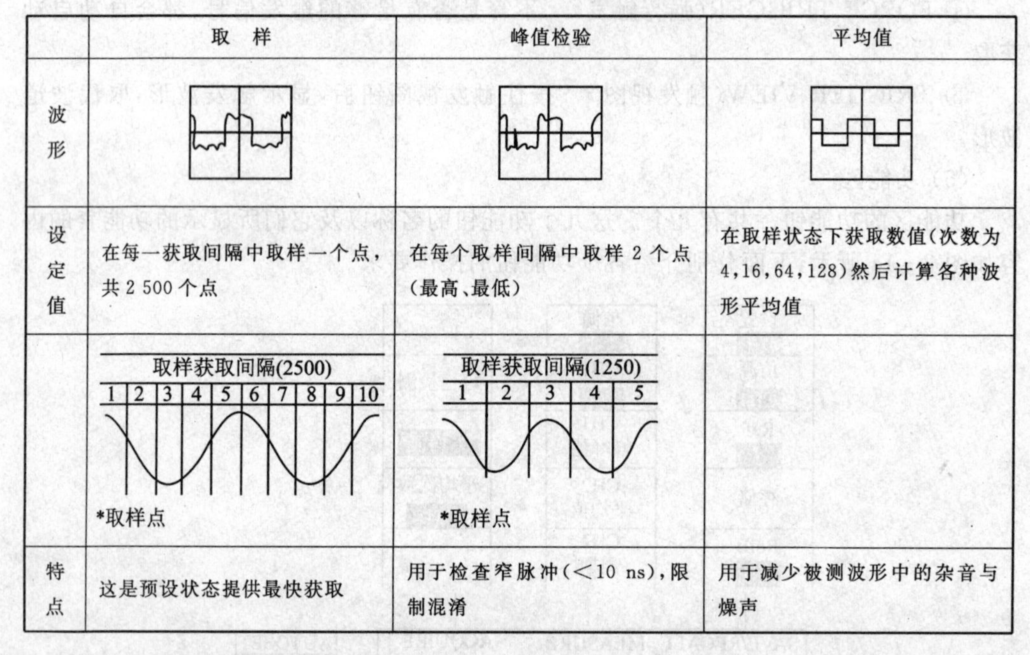

	取　样	峰值检验	平均值
波形			
设定值	在每一获取间隔中取样一个点，共 2 500 个点	在每个取样间隔中取样 2 个点(最高、最低)	在取样状态下获取数值(次数为 4,16,64,128)然后计算各种波形平均值
	取样获取间隔(2500) 1 2 3 4 5 6 7 8 9 10 *取样点	取样获取间隔(1250) 1 2 3 4 5 *取样点	
特点	这是预设状态提供最快获取	用于检查窄脉冲(<10 ns)，限制混淆	用于减少被测波形中的杂音与燥声

③ MEASURE(测定)　“MEASURE”钮用于自动测定被测波形的参数，自动测定的参数有频率、周期、平均值、峰峰值、均方根值五项，但在同一时间内最多只能显示四个被测值。测定操作时，首先在测定功能表中选取信源，确定每一位置上想要测定的输入波道 CH1 或 CH2；然后再在测定功能表中选取类型，进一步选择每一位置上显示的被测定参数，以此确定功能表的结构。在测定时，注意必须使被测波形处于开启(显示)状态，否则不能进行测定；其次在基准波形、数学值波形或在 XY 状态或在扫描状态时，也都不能进行自动测定。

④ DISPLAY(显示)　“DISPLAY”钮用于选择波形的显示方式及改变波形的显示外观。它包括有：类型即显示方式。显示方式又分矢量与光点两种，设定光点显示方式时，只显示取样点，若设定矢量显示方式，将显示出连续波形(矢量填补取样点之间的空间)。持续时间：指设定显示的取样点保留显示的一段时间。设定值分 1、2、5、无限

和关闭五种。当持续时间功能设为“无限”时,记录点一直积累,直至控制值被改变为止。当使用持续时间功能时,保留的旧数据呈灰色显示,新数据则呈黑色显示。

格式:显示格式分为YT与XY两种。YT格式是示波器的常规显示格式,用来表示被显波形的电压(垂直标尺)随时间(水平标尺)变化而变化的相对关系;XY格式用来逐点比较两个波形间的相对相位关系(水平轴线上显示波道1,垂直轴线上显示波道2)。在选择XY显示格式以后,使用取样获取状态,数据成光点显示,取样率为1ns/s。另外在选择XY显示格式以后,使用波道1、波道2的伏/格钮和POSITION(位置)钮同样可以改变水平与垂直标尺的设定值和位置。但有些功能在XY显示格式中将不起作用。如:基准或数学值波形、光标、自动设定(重新设定到YT显示格式)、时基控制、触发控制。

⑤ CURSOR(光标) 所谓“光标”是用来测定两个波形之间的设置(电压或时间)的两个标记,如图2-15所示。

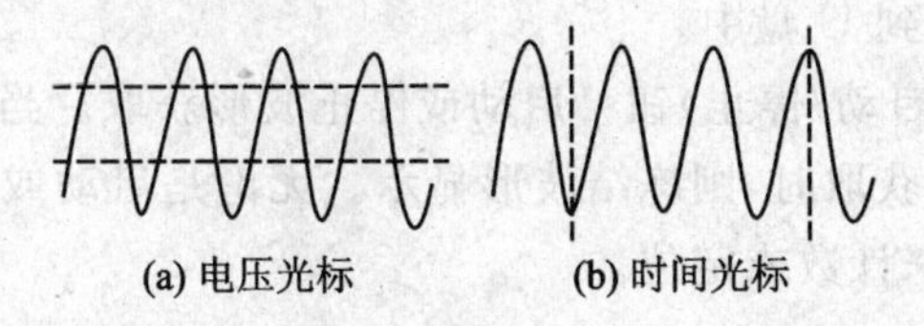

图2-15 光 标

按“CURSOR”钮,出现测定光标和光标的功能表。在光标的功能表中:类型,可选择电压或时间。电压用来测定两水平光标之间的电压值;时间用来测定两垂直光标之间的时间值或频率。

信号源:光标所指的信号源,如:波道1、波道2、Math(数学值)、RefA(基准A)、RefB(基准B)。

相对值:表示两光标间的差值,并有显示。

游标1:表示光标1的位置。游标2,表示光标2的位置(时间以触发位置为基准,电压以接地点为基准)。光标移动是通过“POSITION”位置钮来移动光标1、光标2和改变相对值来实现。但要注意,只有在光标功能表示显示时,光标才能移动。

⑥ SAVE/RECALL(储存/调出)钮 “SAVE/RECALL”钮的作用有两个,一个是储存/调出仪器的设置,另一个是储存/调出波形。若要储存设置,可在“SAVE/RECALL”功能表中先选取设置,即出现用于储存或调出仪器设置的功能表,然后设置记忆,本仪器设置区共有1~5个内存位置,用来储存仪器当前控制钮的设定值,可选择其中任意一个,按副菜单第4键,即完成储存操作。要从设置区所选的内存位置上调出储存的仪器设定值,按副菜单第5键,即可调出。当调出设置时,仪器处于储存设置时的同一状态。在接通仪器时,所有设定值恢复到仪器关闭时所处的设定值上。若要储存波形,先在“SAVE/RECALL”功能表中选取波形,即出现用于储存或调出波形的功能表;选择需要储存的信源波形(波道1或波道2);选择基准位置(RefA,RefB)以便储存或调出某一波形;然后把信源波形储存到所选择的基准位置。本仪器最多只能储存两

个基准波形，这两个基准波形可以与当前获取波形同时显示（基准波形以灰色线条显示，当前获取波形以黑色实线条显示）。

⑦ UTILITY（辅助功能） 按“UTILITY”钮，显示辅助功能表。辅助功能表显示的内容随扩展模块的增加而改变（本仪器未安装任何扩展模块）。

功能表中设定的内容有：

系统状态：水平系统、波形（垂直）系统与触发系统的参数设定值；

自核正：当环境湿度变化范围达到或超过 5℃时，可执行自校正程序，以提高示波器的精确度；

故障记录：记录故障情况，将对仪器维修有利；

语言：可选择操作系统的显示语音（英、法、德、日、意大利、西班牙、葡萄牙、朝鲜、中文（简）、中文（繁））。

⑧ HARDCOPY（硬复制）钮 用于把示波器屏幕截图发送到连接示波器 USB 端口的打印机上，或保存到 U 盘中。

⑨ RUN/STOP（启动/停止）钮 启动或停止波形获取。当启动获取功能时，波形显示为活动状态；停止获取时，则冻结波形显示。无论是启动或停止，波形显示都可用垂直控制和水平控制来计数或定位。

第 3 章　部分常用电路介绍

3.1 直流电源电路

在电子设备系统中，直流电源是非常重要的一部分。直流电源通常是利用半导体二极管的单向导电作用，将市电 220 V、50 Hz 的交流电变为单方向流动的脉动电压，经过电源滤波器滤掉其中的脉动成分，使之成为较为平滑的直流电压，再经稳压电路稳压（或稳流电路稳流）输出较为稳定的直流电压（或直流电流）。可见，对直流电源的主要要求是：当电网电压或负载电流波动时，能保持输出电压幅值的稳定，输出电压平滑且脉动成分较小，交流电转换为直流电时的效率应高。

小功率稳压电源的组成通常可用图 3－1 所示的方框图表示，从图中可见，它是由电源变压器、整流电路、滤波电路、稳压电路四个部分组成。

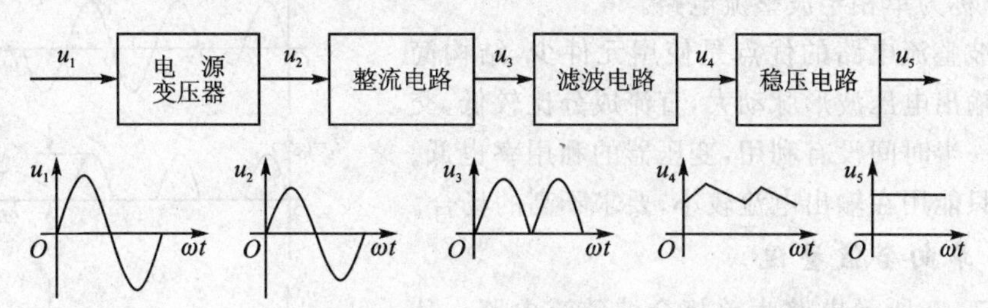

图 3－1　直流稳压电源组成的方框图

电源变压器：它的任务是将较高的市电电压 u_1（变压器初级电压）降低到符合整流电路所需要的交流电压（变压器次级）u_2。根据 u_1、u_2 的大小可确定电源变压器初、次级的匝数比；次级电流 i_2 的有效值 I_2 与负载电流平均值 I_L 之间的关系大致为 $I_2 \approx 1.6I_L$，则次级电压的有效值 U_2 及电流 I_2 的乘积是选择电源变压器额定功率的重要依据。

整流电路：利用整流元件的单向导电性，将交流电压 u_2 整流为单方向的脉动电压。整流电路有：半波整流电路、全波整流以及桥式整流电路。

滤波电路：通常由 L、C 等储能元件组成，其作用是滤除单向脉冲电压中的交流分量，使输出电压更接近直流电压。滤波电路常用的结构形式有电容型滤波电路、电感型滤波电路及混合型滤波电路。

稳压电路：稳压电路的作用在于当交流电和负载波动时，能自动保持负载电压（输出电压）稳定。即由它向负载提供相应功率时，输出电压稳定的直流电源。

3.1.1 整流电路

1. 单向半波整流

图 3-2(a)是由一个二极管组成的单相半波整流电路。从图中可见,变压器次级电压 u_2 作用在整流电路的输入端,D 为整流二极管,R_L 为整流电路的负载。设 D 为理想二极管,在 u_2 的作用下,整流电路的工作原理如下:

在 u_2 的正半周,D 导通($u_D=0$),流过负载 R_L 的电流 $i_L=i_D=u_2/R_L$,R_L 两端的电压 u_L 为正半周电压 u_2,其最大值为 u_2 的峰值电压 $\sqrt{2}u_2$ 。

在 u_2 的负半周,D 截止($u_D=-u_2$),$i_L=i_D=0$,R_L 两端的电压 $u_L=0$,此时二极管承受一反偏电压,即 $u_D=-u_2$,其反偏电压 $u_{RM}=\sqrt{2}u_2$ 。

根据以上分析,整流电路中各处波形如图 3-2(b)所示。由于二极管的单向导电作用,使变压器次级的交流电压变换成负载两端的单向脉冲电压,从而达到了整流的目的。因为这种电路只在交流电压的半个周期内才有电流流过负载,所以称为单相半波整流电路。

半波整流电路的优点是使用元件少,结构简单。但输出电压波形脉动大,直流成分比较低,交流电有一半时间没有利用,变压器的利用率也低。所以它只能用在输出电流较小,要求不高的场合。

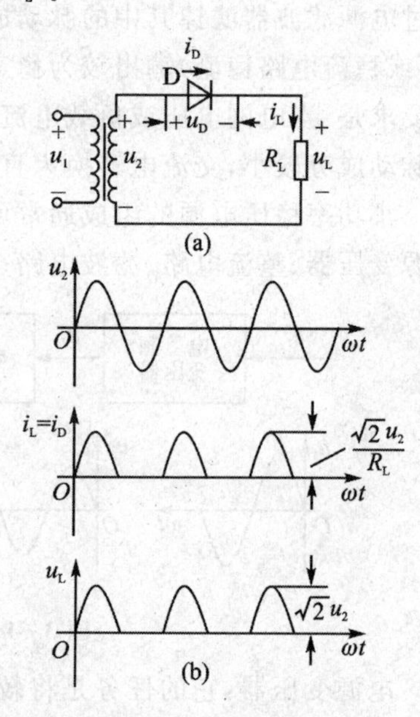

图 3-2 半波整流电路的工作原理

2. 单向全波整流

图 3-3 所示电路为单相全波整流电路。从图中可见,变压器的次级具有中心抽头,它将次级分为上、下两个绕组,两个绕组上的电压为幅度相同、相位相反的 u_2,该电压作用在整流电路的输入端,D_1、D_2 为整流二极管,R_L 为整流电路的负载。设 D_1、D_2 为理想二极管,在 u_2 的作用下,整流电路的工作过程为:

在 u_1 的正半周,u_2 的极性如图中所示为上正下负时,D_1 导通、D_2 截止,流过负载的电流 $i_L=i_{D1}$,因而在 R_L 上得到相应相位的输出电压。在 u_1 的负半周,u_2 的极性与图示相反为上负下正时,D_1 截止、D_2 导通,流过负载的电流 $i_L=i_{D2}$,且 i_{D2} 与 i_{D1} 的流动方向相同,因此,在负载上得到一个单方向的脉动电压 u_L。

全波整流电路各处的波形如图 3-4 所示。由图可见,全波整流电路的输出电压 u_L 的波形所包围的面积是半波整流电路的两倍,显然其平均值应是半波整流电路的两倍。全波整流输出波形的脉动成分较半波整流时有所下降。在全波整流电路中,一管导通而另一管截止,加在截止管上的反向电压为 $2u_2$,其最大值等于 $2\sqrt{2}u_2$ 。这种整流电路的缺点是每个绕组只有一半的时间通过电流,变压器的利用率不高。

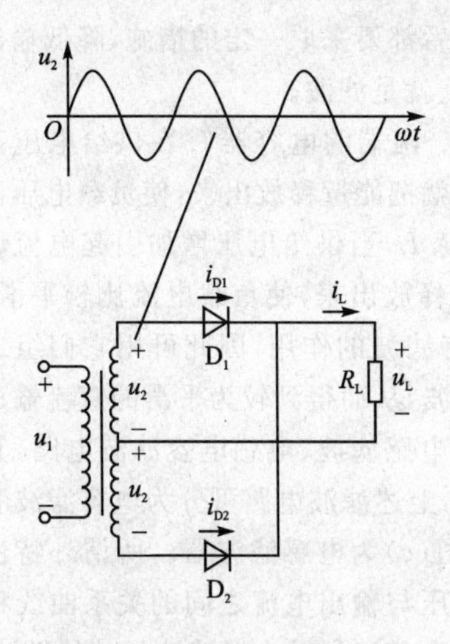

图 3-3 单相全波整流电路

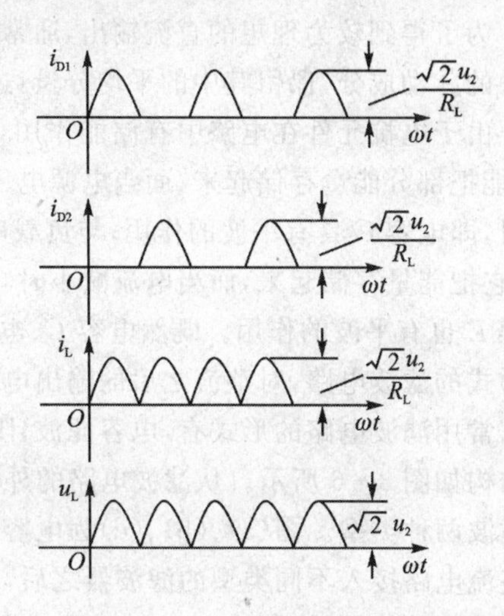

图 3-4 全波整流电路波形图

3. 单相桥式整流电路

图 3-5(a)所示电路为单相桥式整流电路，图(b)为单相桥式整流电路的简单画法，其中，四只二极管接成电桥的形式，故为桥式整流电路。次级电压 u_2 作用在桥式整流电路的输入端。在 u_2 的作用下，整流电路的工作过程为：(仍假设四只二极管为理想二极管)在 u_2 的正半周，D_1、D_3 导通 D_2、D_4 截止，负载电流 $i_L = i_{D1} = i_{D3}$ 并在 R_L 两端产生半个周期的电压。在 u_2 的负半周，D_1、D_3 截止，D_2、D_4 导通，负载电流 $i_L = i_{D2} = i_{D4}$，且通过 R_L 电流的方向与 i_{D1}(或 i_{D3})相同，它们产生另外半个周期的电压。

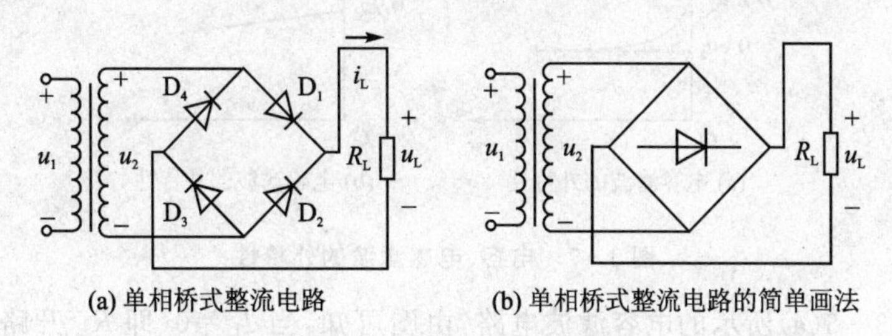

(a) 单相桥式整流电路　　(b) 单相桥式整流电路的简单画法

图 3-5 单相桥式整流电路

在桥式整流电路中，R_L 两端的电压波形与全波整流电路完全相同。可见，桥式整流电路无需采用具有中心抽头的变压器仍能达到全波整流的目的。在桥式整流电路中，每个二极管的反向偏压的最大值为 $\sqrt{2}u_2$。该电路主要缺点是二极管用得较多，但目前市场上已有整流桥堆出售，如 QL51A～G、QL62A～L 等，其中 QL62A～L 的额定电流为 2 A，最大反向电压为 25～1 000 V。

3.1.2 滤波电路滤波

不论是半波整流、还是全波和桥式整流电路，在输出电压中均含有较大的脉动成分。为了得到较为理想的直流输出，通常在整流之后都要采取一定的措施，降低输出电压中的脉动成分，保留其中的平均分量，这样的措施就是滤波。

由于电抗元件在电路中有储能作用，并联在 R_L 两端的电容器 C 在供给电压升高时，能把部分能量存储起来，而当电源电压降低时，就把能量释放出来，使负载电压比较平滑，即电容 C 具有平波的作用；与负载串联的电感 L，当供给电压增加引起电流增大时，它把能量存储起来，而当电流减小时，又把能量释放出来，使负载电流比较平滑，即电感 L 也有平波的作用。既然电容 C、电感 L 具有滤波的作用，因此可用它们组成各种形式的滤波电路，对整流之后的输出电压进行滤波，从而得到较为平滑的直流输出。

常用滤波电路的形式有，电容滤波、阻容滤波、电感滤波、电感电容滤波电路，其电路结构如图 3－6 所示。从滤波电路的外特性来看，上述滤波电路可分为电容滤波和电感滤波两种类型。图(a)、(b)、(d)为电容滤波器，图(c)为电感滤波器。所谓外特性是指整流电路接入不同类型的滤波器之后，其输出电压与输出电流之间的关系曲线称为滤波器的外特性。图 3－7(a)、(b)所示曲线分别为电容滤波及电感滤波的外特性。

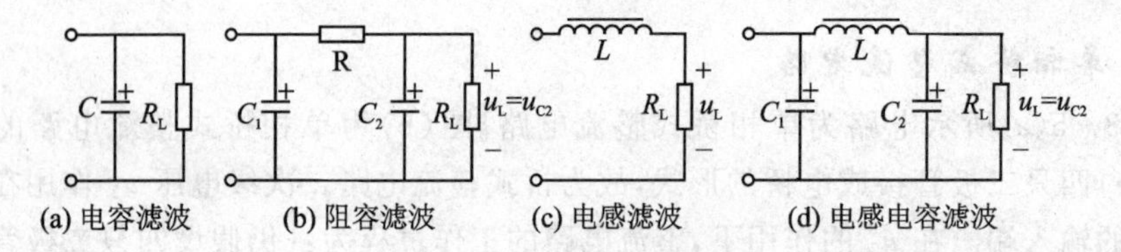

图 3－6　各种形式的滤波电路

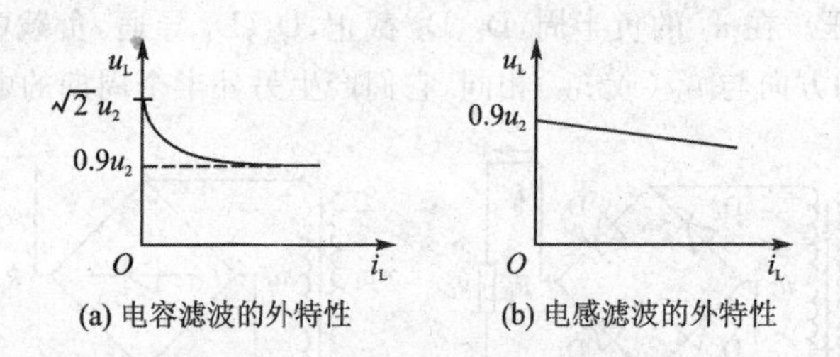

图 3－7　电容、电感滤波的外特性

对于图 3－6(a)所示的电容滤波电路，由图可知，当 $I_L=0$(即 R_L 开路)时，滤波电容 C 上的电压为 u_2 的峰值 $\sqrt{2}u_2$，随着 I_L 的增大(或 R_L 减小)，滤波电容 C 上的电压呈指数下降，这反映了因 C 的放电加速，使 u_L 的平均值 u_L 明显减小。当 I_L 较大时(相当于 R_{LC}很小)，如电容 C 上的电压在一个周期内已无法积累，则 u_L 的波形将和没有滤波电容 C 时的情况差不多，对于全波整流电路，其输出电压的平均值 $V_L\approx0.9u_2$，如图 3－7(a)所示。可见电容滤波器适用于负载电流较小且变化不大的场合。对于图 3－6(c)所示的电感滤波电路，由于电感的直流电阻很小，交流阻抗很大，因此直流分量经过电感后基本上没有损失，而对于基波和谐波分量基本都是降落在电感上，因而降低了输出电压中的脉动成分。电感 L 及 I_L 愈大(R_L 愈小)，则滤波效果愈好，从图 3－7(b)中可见，I_L 很大时，输出电压的变化仍然比较平滑，即它的外特性下降较缓慢，所以电感滤波适用于负载电流比较大的场合。

3.1.3　稳压电路

1. 串联型稳压电路

图3-8所示为串联型稳压电路的原理框图。从图中可见，它是由调整环节、基准电压、反馈网络、比较放大等部分组成。通常反馈网络所吸取的电流比负载电流小得多，所以通过调整环节的电流近似等于负载 R_L 中的输出电流 I_O，故调整环节与负载 R_L 相串联，所以该稳压电路称为串联型稳压电路。

稳压电路的一般工作原理是：由反馈网络取出输出电压 V_O 的一部分，送到比较放大器与基准电压进行比较，比较的差值信号经比较放大器放大后送到调整环节，使调整环节产生相反的变化来抵消输出电压的改变，从而维持输出电压的稳定。

(1) 基准电压

基准电压是一个稳定性较高的直流电压。否则，由于基准电压值改变了，即使 V_I 和 R_L 均不变，也会引起稳压电路直流输出电压的变化，破坏输出电压的稳定性。在分立元件电路中，基准电压通常用半导体稳压管来实现。在集成稳压器中，均采用能带间隙式基准电压源电路。图3-9所示为能隙基准电压源电路。图中，T_1、T_2 和 R_3 构成微电流源电路，输出电流

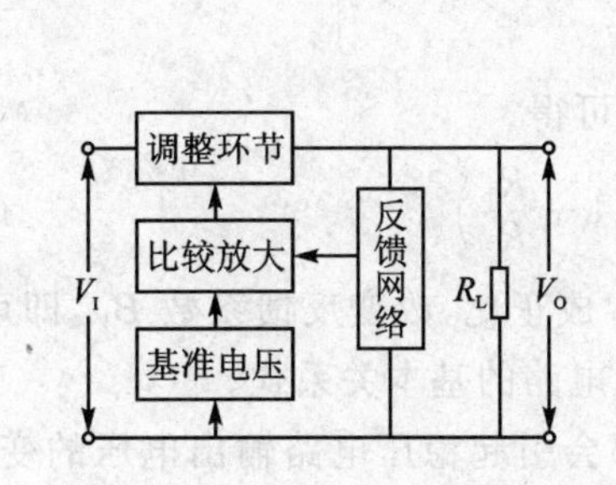

图3-8　串联型稳压电路原理框图

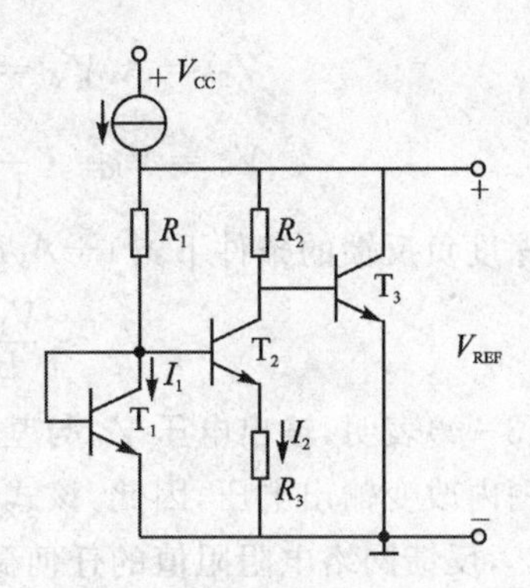

图3-9　能隙基准电压源电路

$$I_2 = \frac{V_T}{R_3}\ln\left(\frac{I_1}{I_2}\right) \tag{3-1}$$

若忽略 T_3 管的基极电流，则输出基准电压为

$$V_{REF} \approx I_2R_2 + V_{BE(on)3} = V_T\frac{R_2}{R_3}\ln\left(\frac{I_1}{I_2}\right) + V_{BE(on)3} \tag{3-2}$$

式中，$V_T = kT/q$ 为发射结热电压，具有正温度系数，而 $V_{BE(on)}$ 具有负温度系数，因而，选择合适的电阻比值 R_2/R_3，就可使 V_{REF} 的温系数为零。在实际应用中，当需要 V_{REF} 为1 V左右时，一般都选用图3-9所示的电路。

(2) 反馈网络

从反馈的角度来看，取样网络实则为负反馈网络。在图 3-10 所示的电路中，T 为调整管构成的射极跟随器，其基极电压为 V_B；稳压管 D_Z 和限流电阻 R 组成基准电压 V_{REF}，该电压(可视为反馈放大器的输入信号电压)加在运放的同相端；反馈网络由 R_1 和 R_2 组成，反馈电压 $V_F = V_o R_2/(R_1+R_2) = B_V V_o$ 加在运放的反相端。因而净输入信号 $V_{id} = V_{REF} - B_V V_o$，很显然，该稳压电路为电压串联负反馈。设比较放大器的增益为 A_V，则

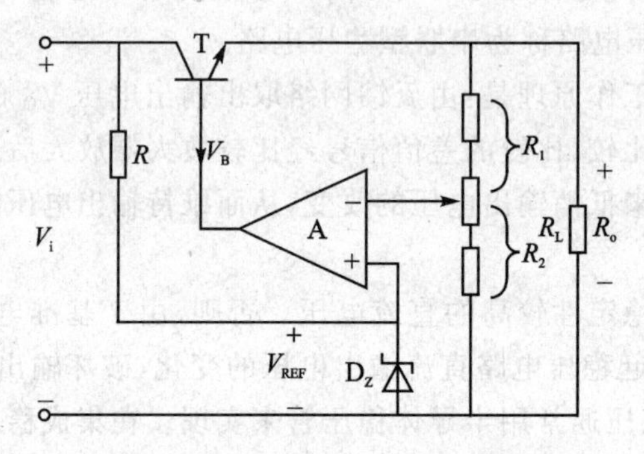

图 3-10 串联型稳压电路的原理图

$$\left.\begin{aligned} V_B &= A_V V_{id} = A_V(V_{REF} - B_V V_o) \approx V_o \\ V_o &= V_{REF} \cdot \frac{A_V}{1 + A_V B_V} \end{aligned}\right\} \tag{3-3}$$

在深度负反馈的条件下，$|1+A_V B_V| \gg 1$ 时，可得

$$V_o \approx \frac{V_{REF}}{B_V} = V_{REF}\left(1 + \frac{R_1}{R_2}\right) \tag{3-4}$$

式(3-4)表明，输出电压 V_o 与基准电压 V_{REF} 成正比，改变反馈系数 B_V，即可在一定的范围内改变输出电压，因此，该式是设计稳压电路的基本关系式。

显然，反馈网络电阻阻值的任何微小变化，都会引起稳压电路输出电压的变动，而且这种影响是电路本身所无法克服的。因此对反馈网络的基本要求是反馈系数 B_V 要稳定，它不能随温度而变化。

(3) 比较放大器

比较放大器是一个直流放大器，它将反馈网络得到的反馈电压 V_F 与基准电压 V_{REF} 进行比较，并将二者的差值进行放大再去控制调整管，使输出电压保持稳定。应该指出的是，放大器的增益将直接影响稳压电路的质量指标，增益愈高，输出电压就愈稳定。

(4) 调整环节

调整环节是稳压电路的核心环节，因为输出电压最后要依赖调整环节的调节作用才能达到稳定。而且稳定电路能输出的最大电流也主要取决于调整环节。从图 3-10 中可见，调整环节是由一个工作在线性区的功率管组成，它的基极输入电流受比较放大器输出的控制。由于整个稳压电路的输出电流全部要经过调整管，因此应保证所选用

的调整管具有足够的功耗和集电极电流 I_{CM}。调整管的电流增益 β 越大，输出电阻愈小，则稳压电路的稳压系数和动态内阻都将得到改善。

2. 串联型稳压电源举例

图 3-11 是一个实际的串联型稳压电源电路。220 V 交流电经变压器、整流和滤波，形成比较平滑不稳定的直流电压，作为稳压电路的输入电压。

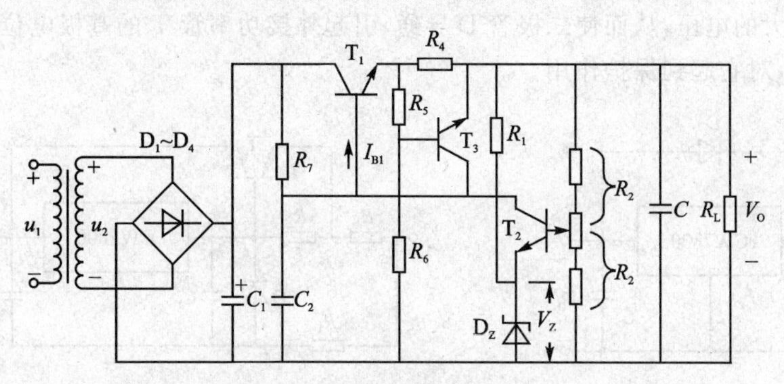

图 3-11 串联型稳压电源电路图

本电源由外接变压器、桥式整流器 $D_1 \sim D_4$、调整管 T_1、误差放大管 T_2 及负载电阻 R_7 组成比较放大器、R_3 和 D_Z 组成基准电压电路、R_1 和 R_2 组成取样网络（或反馈网络）、R_4、R_5、R_6 及 T_3 组成减流型保护电路，输出端电容 C 的接入主要是为了改善稳压电路对脉冲电流的负载能力。

当输出电压由于负载变化或电网电压变化引起变动时，取样电路 R_1、R_2 取出反馈电压 V_F 加到比较放大管 T_2 的基极，与 D_Z 上的基准电压 V_Z 进行比较，其误差信号经比较放大器放大后，加到调整管 T_1 的基极，通过改变 T_1 的基极电流 I_{B1}，控制调整管的管压降，以保持输出电压 V_o 的稳定。输出电压 V_o 为

$$V_o = \left(1 + \frac{R_1}{R_2}\right)(V_Z + V_{BE2}) \tag{3-5}$$

在稳压电路正常工作时，减流型保护电路不起作用。当输出过载时，检测电阻 R_4 两端的压降增大，保护管 T_3 导通，从而限制了调整管的基极电流，使输出电流减小，保护了调整管的安全。

3. CW7800 的基本应用电路

图 3-12 所示电路为 CW7800 的基本应用电路。

图中 V_I 为整流滤波后的不稳定直流电压，V_o 为稳压器的输出电压。正常工作时，输入、输出之间的电压差不能低于 2 V。电容 C_1 用于抵消输入线较长时的电感效应，以防止电路产生自激振荡，其容量较小，一般小于 1 μF。电容 C_2 用于消除输出电压中的高频噪声，改善负载的瞬态响应。当电容 C_2 较大时，一旦输入端断开，C_2 将从稳压器内部放电，易造成稳压器内部调整管发射结的击穿。为了保护调整管，可在稳压器输入端和输出端之间跨接一个二极管 D，如图中虚线所示。

扩展负载电流的电路，若所需负载电流大于稳压器标称值时，可采用外接功率管的

方法。图 3-13 所示电路为实现电流扩展的一种电路。外接功率管 T 为 PNP 型晶体管，它和 CW7800 内部的 NPN 型调整管组成复合管。电路正常工作时，通过 R_2 的电流产生的电压不能使外接功率管导通，负载电流由稳压器单独提供；当负载电流 I_L 大于稳压器额定输出电流 I_{OM} 时，此时通过 R_2 的电流产生电压 V_{R2} 使外接功率管导通，提供电流 I_C，因而使得负载电流增加（$I_L = I_O + I_C$）。若负载电流过大时，在电阻 R_1、R_2 两端产生较大的电压，从而使二极管 D 导通，引起外接功率管 T 的基极电位升高，限制电流的增加，对它起到保护作用。

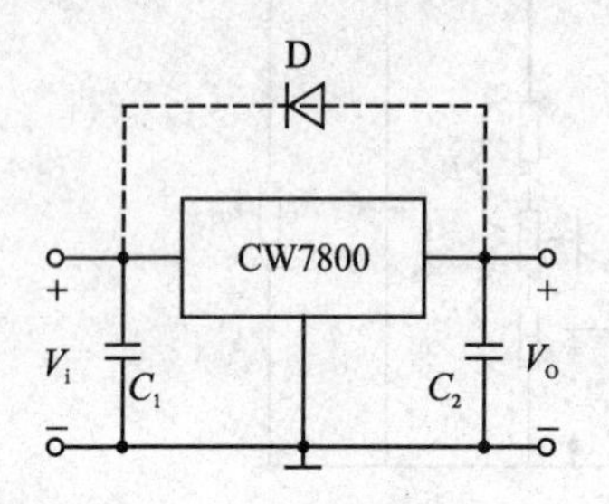

图 3-12 CW7800 的基本应用电路

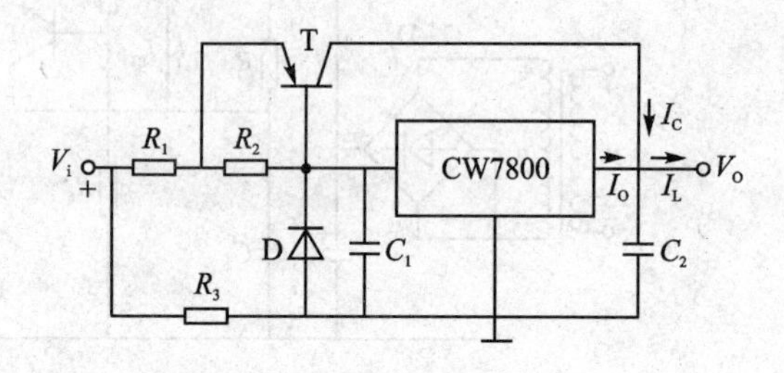

图 3-13 一种输出电流扩展的电路

图 3-14 所示电路为输出电压可调的稳压电路。

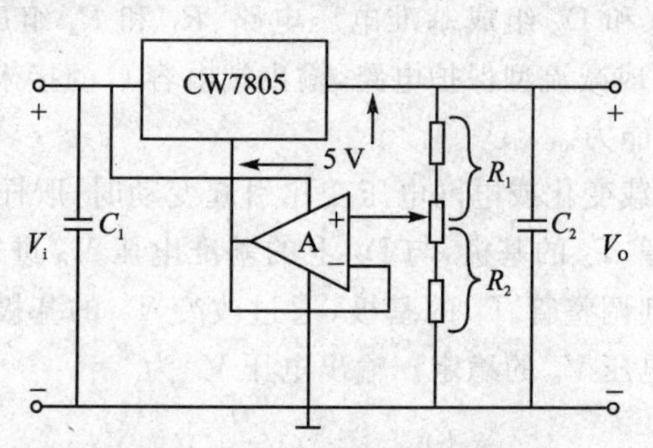

图 3-14 输出电压可调的稳压电路

从图中可见，CW7805 的公共端与运放 A 的输出端、反相端相连接，而运放本身为电压跟随器，因而 $V_+ = V_-$，所以取样网络的电压为

$$V_F = V_o R_2 / (R_1 + R_2) \tag{3-6}$$

就是 7805 公共端点的电压，从而输出端电压 V_o 为

$V_o = V_F + 5$，进一步化简有

$$V_o = 5\left(1 + \frac{R_2}{R_1}\right) \tag{3-7}$$

设取样网络中的电阻为 $R = R_P = 300\ \Omega$，则输出电压的调节范围为 7.5～15 V。可根据输出电压的调节范围及输出电流的大小选择三端稳压器和取样电阻。

4. CW317 的应用

图 3-15、图 3-16 为可调式三端集成稳压器的实际应用电路。

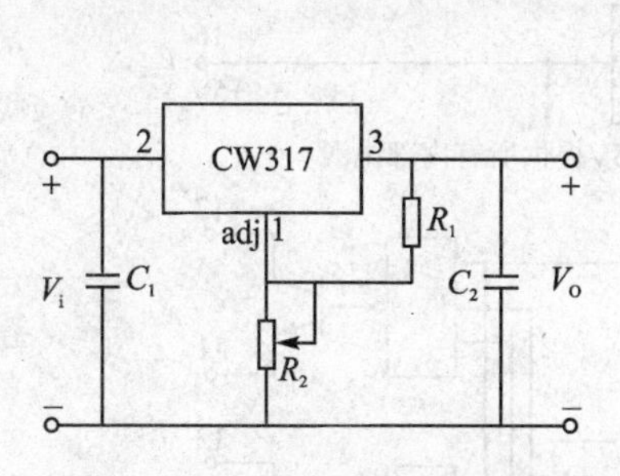

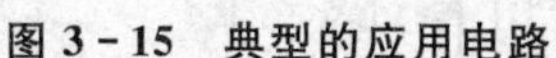
图 3-15　典型的应用电路

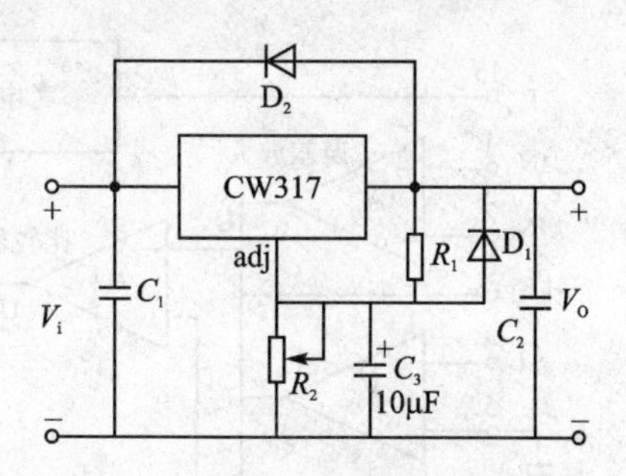

图 3-16　CW317 的外加保护电路

图 3-15 中,CW317 的特性参数为 $V_o=1.2\sim37$ V,$I_{o,max}=1.5$ A,最小输入、输出电压差$(V_i-V_o)_{min}=3$ V,最大输入、输出电压差$(V_i-V_o)_{max}=40$ V。取样电阻为 R_1、R_2,调节 R_2 可调节输出电压,则 V_o 为

$$V_o=\frac{1.25}{R_1}(R_1+R_2)=1.25\left(1+\frac{R_2}{R_1}\right) \tag{3-8}$$

其中 R_1 的值为 120～240 Ω,流经 R_1 的泄放电流为 5～10 mA,R_2 为精密可调电位器。

为了减小 R_2 上的纹波电压,可在其上并联一个 10 μF 的电容 C_3。但是,在输出短路时,C_3 将向 adj 端放电,并使调整端三极管的发射结反偏。为了保护稳压器,可加二极管 D_1 为 C_3 提供一个放电回路,如图 3-16 所示。而 D_2 的作用与图 3-12 中的 D 相同。

5. 开关稳压电源

由 CW1524 构成的开关稳压电源如图 3-17 所示。

该电路为推挽式开关稳压电源,其输出电压为 5 V,输出电流为 5 A。CW1524 分别从 11 脚和 14 脚输出两路且在时间上互相错开的控制信号,其开关频率由 6 脚和 7 脚外接的 R_5 和 C_2 决定。1 脚和 2 脚为片内误差放大器的输入端,R_1 和 R_2 组成取样网络,反馈电压 V_F 加在误差放大器的反相输入端(1 脚);16 脚为基准源 V_{REF},经 R_3 和 R_4 的分压为误差放大器提供了一个与反馈信号进行比较的参考电压,该电压加在误差放大器的同相端(2 脚)。

从图 3-17 中可见,u_3 和 u_4 是或非门的输出,只要或非门的输入端有高电平,它的输出即为低电平。u_3 和 u_4 的输出由电压比较器的输出 u_2、振荡器的输出 CP、T′触发器的输出 Q 和 $\bar{Q}$ 共同决定。因为触发器的输出 Q 和 $\bar{Q}$ 只能有一个是高电平,所以 CW1524 的推动输出管不可能同时导通,即外接开关功率管 T_1 和 T_2 只能按推挽方式工作,轮流交替导通。CW1524 内部电路控制过程的波形如图 3-18 所示。

锯齿波由振荡器提供,u_1 是误差放大器的输出,它们一起加到电压比较器上,u_2 是电压比较器的输出。振荡器输出的时钟驱动 T触发器,CP、Q 和 u_2 组成的或非逻辑输出为 u_3,决定了外接功率管 I1 的通断;CP、$\bar{Q}$ 和 u_2 的或非逻辑输出为 u_4,决定外接功率管 T_2 的通断。由于 Q 和 $\bar{Q}$ 等宽,加上 u_2 的存在,所以 u_3 和 u_4 这两路信号之间有一定的死区,以保证 T_1 和 T_2 管在开与关的交替时不会同时导通。当 u_1 降低时,u_2 加

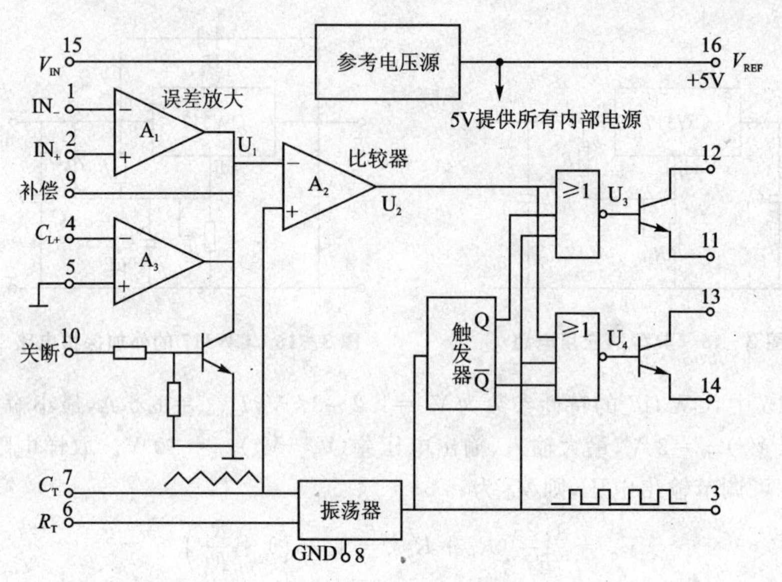

(a) CW1524内部方框图

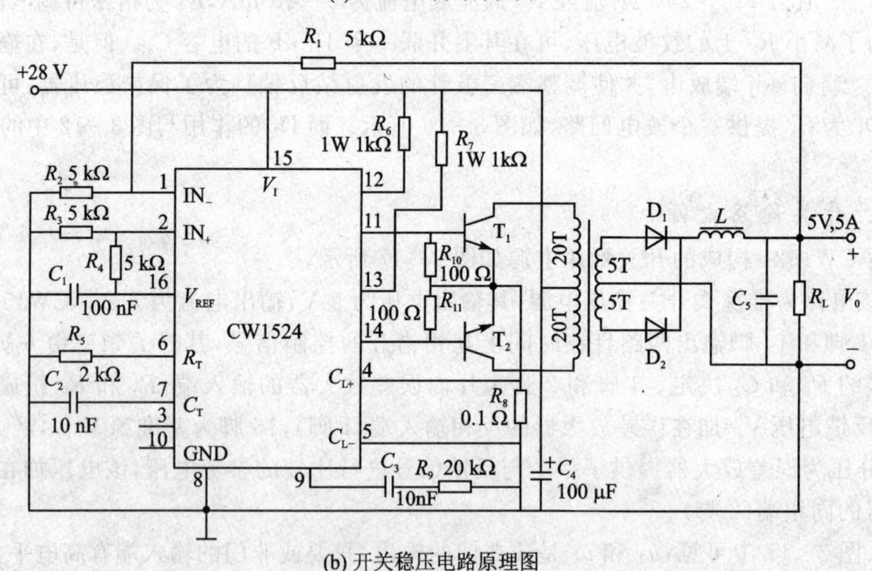

(b) 开关稳压电路原理图

图 3-17　由 CW1524 组成的推挽式开关稳压电路

宽，u 变窄，T_1 和 T_2 的导通时间减小。反之，当 u_1 增加时，T_1 和 T_2 的导通时间增加。在对图中波形进行分析时，需要注意的两点是：

① 锯齿波电压与 CP 脉冲周期相同，且 CP 脉冲高电平的时间对应锯齿波下降的时间段。

② u_1 为误差放大器的输出，它与反馈电压 V_F 的值相反。

CW1524 应用电路的稳压过程如下：设负载电流减小，V_o 上升，反馈电压增加，误差放大器的输出 u_1 减小，u_2 加宽，T_1 和 T_2 的导通时间减小，输出电压 V_o 降低；反之，

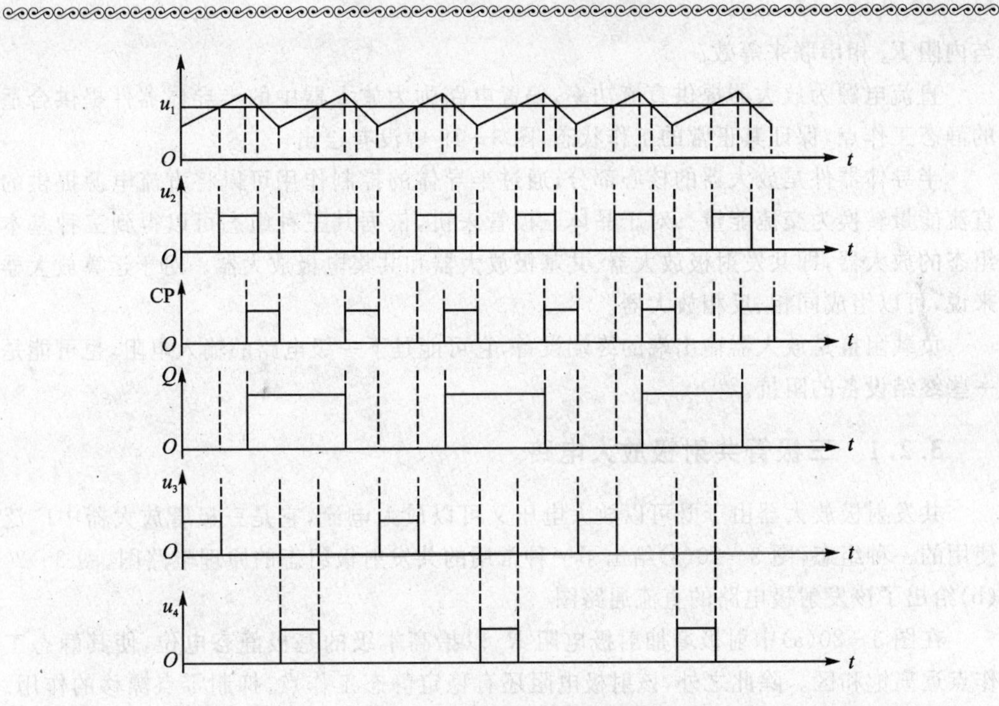

图 3-18 CW1524 的波形图

当 V_o 下降时，反馈电压减小，T_1 和 T_2 的导通时间增加，输出电压 V_o 上升。

当 T_1、T_2 的电流过大时，电阻 R_8 上的压降增加到使电流限制放大器的输出为低电平，即 u_1 大大下降，使 T_1 和 T_2 关断。CW1524 的 10 脚也有保护功能，当 10 脚加高电平时，可以迫使 T_1 和 T_2 关断。10 脚与 4 脚可实现双重保护。由于 CW1524 可在较高频率下工作，T_1 和 T_2 应选用高频开关管。变压器应采用高频变压器，因工作频率高，滤波电感和滤波电容都可选用较小的数值。

3.2 基本放大器电路

放大器是电子设备中不可缺少的组成部分，它的主要功能是放大电信号，即把微弱的输入信号（电流、电压或功率）通过电子器件的控制作用，将直流功率转换成一定强度的、随输入信号变化的输出信号。放大器的基本组成框图如图 3-19 所示，主要由输入信号源、直流电源及相应的偏置电路、半导体器件、输出负载四个部分组成。

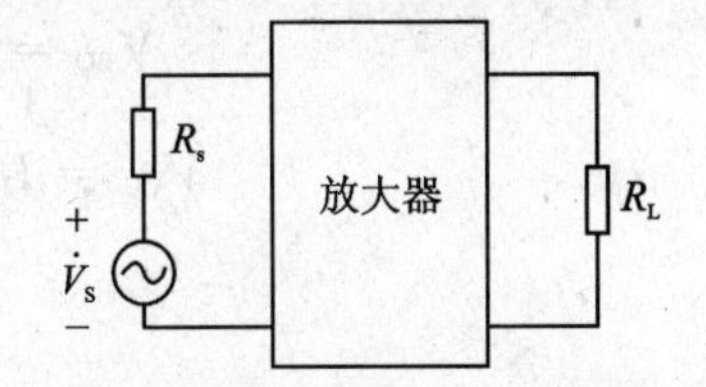

图 3-19 放大器的基本组成框图

输入信号源为放大器提供输入信号，它既可以是前一级电路的输出，也可以是将非电量变换成电量的换能器。例如，将声音变换为电信号的话筒，将图像变换为电信号的摄像管，将非电量变成电量的各种传感器等。它们均可以用信号源的电压 V_S

与内阻 R_S 相串联来等效。

直流电源为放大器提供直流功率,偏置电路则为放大器中的半导体器件提供合适的静态工作点,保证其正常的工作状态,图 3-19 中没有绘出。

半导体器件是放大器的核心部分,通过半导体的控制作用可以将直流电源提供的直流能量转换为交流能量。对于晶体三极管来讲,依据其三种组态可以得到三种基本组态的放大器,即共发射极放大器、共基极放大器和共集电极放大器。对于运算放大器来说,可以组成同相、反相放大器。

负载阻抗是放大器输出端的终端设备,它可能是下一级电路的输入电阻,也可能是一些终结设备的阻抗。

3.2.1 三极管共射极放大电路

共发射极放大器由于既可以放大电压又可以放大电流,它是三极管放大器中广泛使用的一种组态,图 3-20(a)给出了一种常用的共发射极组态的原理电路图,图 3-20(b)给出了该发射极电路的直流通路图。

在图 3-20(a)中射极增加射极电阻 R_e 以抬高本级的基极静态电位,使其静态工作点远离饱和区。除此之外,该射极电阻还有稳定静态工作点,抑制零点漂移的作用。发射极同时接有大电容 C_e,使其交流放大倍数不至于因为接有发射极电阻 R_e 而改变。下面给出基本的分析与设计过程。

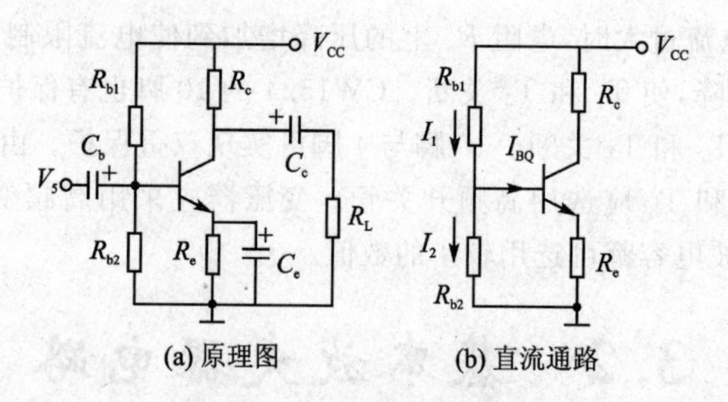

图 3-20 共发射极放大器

1. 静 态

从图 3-20(b)可知,该静态电路是分压式偏置电路,当 $I_1 \gg I_{BQ}$时,有

$$V_{BQ} = I_2 \cdot R_{b2} \approx V_{CC} \cdot \frac{R_{b2}}{R_{b1} + R_{b2}} \tag{3-9}$$

$$V_{CC} = I_1 R_{b1} + I_2 R_{b2} \approx I_2 (R_{b1} + R_{b2}) \tag{3-10}$$

$$I_2 \approx \frac{V_{CC}}{R_{b1} + R_{b2}} \tag{3-11}$$

式(3-9)表明,当满足 $I_1 \gg I_{BQ}$时,V_{BQ}与晶体管的参数无关。这主要是当温度变化引起 I_{CQ}变化时,由于 R_e 的自动调节作用可以牵制 I_{CQ}的变化,达到稳定静态工作点的目的。这种利用静态工作点电流变化的物理量 I_{CQ}(或 I_{EQ})通过 R_e 的作用,返回控制

V_{BEQ}的自动调节作用称为直流电流负反馈。R_e越大，反馈作用越强，温度性就越好。

当再满足$V_{BQ} \gg V_{BEQ}$时

$$V_{EQ} = V_{BQ} - V_{BEQ} \approx V_{BQ}$$

$$I_{EQ} = \frac{V_{EQ}}{R_e} \approx \frac{V_{BQ}}{R_e} \approx \frac{R_{b2}}{R_e(R_{b1}+R_{b2})} \cdot V_{CC} \tag{3-12}$$

由式(3-12)可见，I_{EQ}也与晶体管参数无关。当然，$I_1 \gg I_{BQ}$，$V_{BQ} \gg V_{BEQ}$只是简化分析的二个近似条件，稳定静态工作点的主要因素是R_e上的直流反馈。

实际应用中I_1也不是越大越好，因为I_1太大就必须减小R_{b1}、R_{b2}，使输入电阻和输入信号v_i减小，造成增益下降；V_{BQ}也不是越高越好，在V_{CC}不变的情况下，V_{BQ}太高会使V_{EQ}太高，而使$V_{CEQ}=V_{CC}-V_{EQ}$减小，使放大器工作不正常，或者是减小R_C，又会影响增益。为了兼顾这几个方面的影响，在实际应用中选取：$I_1 \geqslant (5\sim10)I_{BQ}$，$V_{BQ} \geqslant (5\sim10)V_{BEQ}$，或者

$$V_{EQ} = \left(\frac{1}{3}\sim\frac{1}{5}\right)V_{CC} = \begin{cases}(3\sim5)\text{V} & \text{（硅管）} \\ (1\sim3)\text{V} & \text{（锗管，取绝对值）}\end{cases}$$

由$V_{BQ}=V_{EQ}+V_{BEQ}$可得

$$V_{BEQ} = \begin{cases}0.7\text{V} & \text{左右（硅管）} \\ 0.15\text{V} & \text{左右（锗管，取绝对值）}\end{cases}$$

2. 交流状态

(1) 输入电阻

放大器的输入电阻是反映放大器对信号源衰减能力的一个基本的物理量。对于电压放大器来说，希望其越大越好，对于功率放大器来说，希望其与信号源的内阻相互匹配。该放大器的输入电阻为

$$R_i = \frac{u_i}{i_i} = r_{be} = r'_{bb} + (1+\beta)\frac{26\ \text{mV}}{I_{EQ}}$$

这里的r'_{bb}为三极管的基区的体电阻，I_{EQ}是发射极的静态电流。

(2)输出电阻

R_o反映放大器带负载能力的一个基本的物理量。对于电压放大器来说，希望其越小越好；对于功率放大器来说，希望其与负载阻抗相匹配。该放大器的输出电阻为：$R_o = R_c$。

(3) 电压放大倍数

体现了放大器的放大能力。该放大器的放大倍数为

$$A_V = -\frac{\beta(R_C//R_L)}{r_{be}} = -\frac{\beta R_L}{r_{be}}$$

还有其他一些参数，可以根据实际的元件参数进行合理的设计。

3.2.2　运算放大器组成的放大电路

1. 反相放大器

集成运算放大器组成的反相放大器如图3-21所示，它是由集成运算放大器、外接

的反馈元件，以及外加的供电电源组成。图 3－22 为常用的 T 型网络反相放大器。实际的运算放大器的供电电源可能是双电源（正电源和负电源），也可能是单电源（正电源）。图 3－21 给出了双电源反相放大器的信号端连接模式。电源端直接连入到电源的接口，图中没有画出。

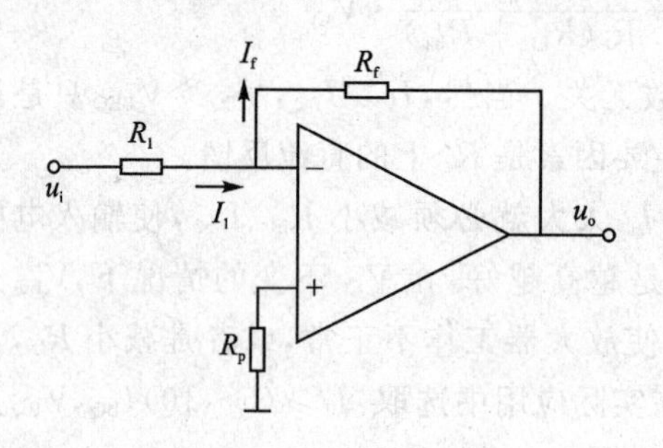

图 3－21 反相放大器

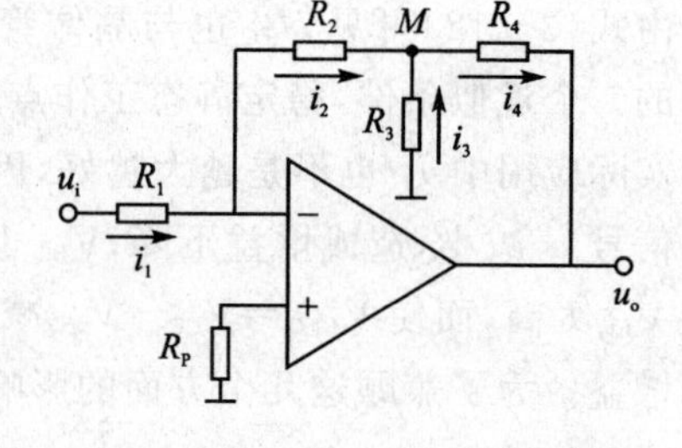

图 3－22 T 型网络反相放大器

由理想放大器的理想化的模型“虚短”与“虚断”的概念进行分析。图 3－21 中，有

$$I_f = \frac{v_- - v_0}{R_f} \qquad I_1 = \frac{v_i - v_-}{R_1}$$

所谓“虚短”，就是放大器的同相端电压与反相端的电位相等，即有 $v_+ = v_- = 0$；所谓“虚断”，就是流进输入端的电流为 0，即电流 $I_+ = I_- = 0$；如图 3－21 所示，由基尔霍夫定律可得

$$v_o = -\frac{R_f}{R_1} v_i \quad \text{或者} \ A_v = \frac{v_o}{v_i} = -\frac{R_f}{R_1} \tag{3-13}$$

输入电阻：

$$R_i = \frac{v_i}{i_i} = \frac{v_i}{I_1} = R_1 \tag{3-14}$$

输出电阻：

$$R_O = R_{od}/(1 + A_{Rf} B_g) \approx 0 \tag{3-15}$$

式(3－15)中，A_{Rf}是基本放大器的互阻增益，B_g 是互导反馈系数。由上面的分析可见，反馈放大器的输出电压与输入电压反相，放大器的电压增益只与运算放大器的外界电阻 R_f、R_1 有关而与运算放大器无关。特别地，当 $R_f = R_1$ 时，此时运放相当于变符号运算，同时反相放大器的输入电阻为 R_1，其值较小。同相端通过 R_p 接地，以保证运放工作于对称状态，即 $R_p = R_f // R_1$；减小输入失调电压和输入失调电流对电路的影响，提高反相放大器的抗干扰能力。因 R_p 中无电流，故 $U_+ = 0$，相当于同相端接地；另一方面，在理想情况下，$U_+ = U_-$，所以，$U_- = 0$。虽然反相端的电位等于地电位，但没有电流流入该点，这种现象称为“虚地”。

反相放大器的输入电阻较小，在实际应用中，当信号源的内阻比较大，要求的放大倍数较大，同时又希望连接成反相放大器时，按照图 3－21 的连接方式，反馈电阻 R_f 一定也较大；当电阻的值太大时，电路的实现较为困难，故实际电路经常连接成图 3－22 所示的 T 型网络反相放大器。图中电阻 R_2、R_3、R_4 构成 T 型，故称为 T 型网络反相放大器。下面用“虚断”和“虚短”的概念对电路进行分析。

对于反相端的电流方程为：$\frac{v_i}{R_1}=-\frac{v_M}{R_2}=i_2$

R_3、R_4 的电流为：$i_3=\frac{-v_M}{R_3}$，$i_4=\frac{v_M-v_o}{R_4}$

由节点 M 的电流方程 $i_2+i_3=i_4$ 可得

$$\frac{-v_M}{R_2}+\frac{-v_M}{R_3}=\frac{v_M-v_0}{R_4}$$

$$v_o=R_4\left(\frac{1}{R_2}+\frac{1}{R_3}+\frac{1}{R_4}\right)v_M=-\frac{R_2R_4}{R_1}\left(\frac{1}{R_2}+\frac{1}{R_3}+\frac{1}{R_4}\right)v_i$$

即 $A_V=-\frac{R_2R_4}{R_1}\left(\frac{1}{R_2}+\frac{1}{R_3}+\frac{1}{R_4}\right)$

2. 同相放大器

由集成运算放大器组成的同相放大器的实际电路如图 3－23 所示，它是由集成运算放大器、外接的反馈元件和供电电源组成。供电电源同反相放大器一样，图中也没有画出其供电的电源。

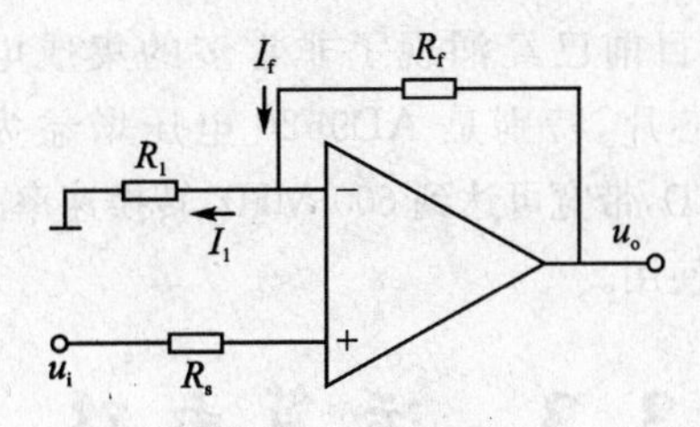

图 3－23　同相放大器

用“虚短”与“虚断”的概念进行分析可得

由于输入端“虚短”，故有

$$v_+=v_-$$

由于输入端“虚断”，故有

$$I_+=I_-=0$$

因此，R_S 上没有电流流过，其不产生电压，故有

$$v_+=v_-=v_i\,;I_1=I_f$$

由基尔霍夫定律

$$I_1=\frac{v_-}{R_1}=\frac{v_i}{R_1},\qquad I_f=\frac{v_o-v_-}{R_f}=\frac{v_o-v_i}{R_f}=\frac{v_i}{R_1}$$

可得输出电压

$$v_o=\left(1+\frac{R_f}{R_1}\right)v_i \tag{3-16}$$

或者

$$A_V=\frac{v_o}{v_i}=\left(1+\frac{R_f}{R_1}\right) \tag{3-17}$$

输入电阻：

$$R_{if} = R_{id}(1 + A_V B_V) \tag{3-18}$$

由于差模输入电阻很大，在深度负反馈的条件下，$1+A_V B_V \gg 1$，故同相放大器的输入电阻更大，一般可以认为同相放大器的输入电阻无穷大。

输出电阻：
$$R_O = R_{od}/(1 + A_V B_V) \approx 0$$

从式(3－17)可以看出，当 R_f 等于 0 或者 R_1 等于无穷大时，输出电压与输入电压相等，由此组成电压跟随器如图 3－24 所示。

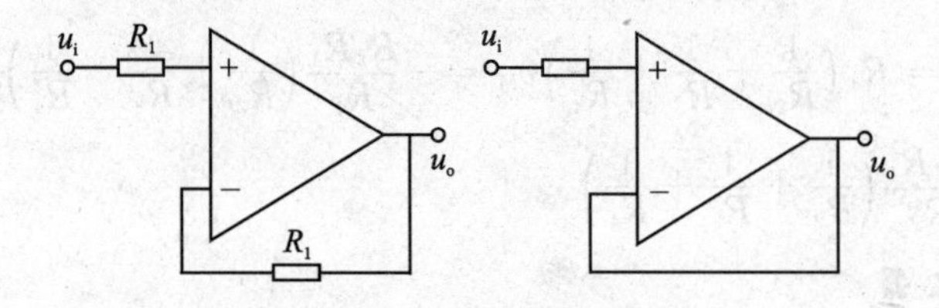

图 3－24 电压跟随器

理想运算放大器的开环电压增益为无穷大，因而电压跟随器具有比射极输出器好得多的跟随特性。

随着集成电路的发展，目前已经涌现了非常多的集成电压跟随器，例如 LM310、F102、AD8022、AD9620 等芯片，特别是 AD9620 电压增益为 0.994，输入电阻大约为 0.8 MΩ，输出电阻小仅为 40 Ω，带宽可达到 600 MHz，转换速率高，大约为 2 000 V/us，在高速电子线路中得到了广泛的使用。

3.3 运算电路

3.3.1 积分运算电路

积分运算电路在自动控制系统中作为调整环节，实现波形变换、滤波等信号处理功能。利用集成运算放大器和 RC 元件可以构成基本的积分运算电路，如图 3－25 所示。在图中，同相输入端通过电阻接地，由于输入端不取电流，同相端与反相端的电位为 0，故同相和反相端为“虚地”，电路中流过电容的电流与流过电阻的电流相等，即

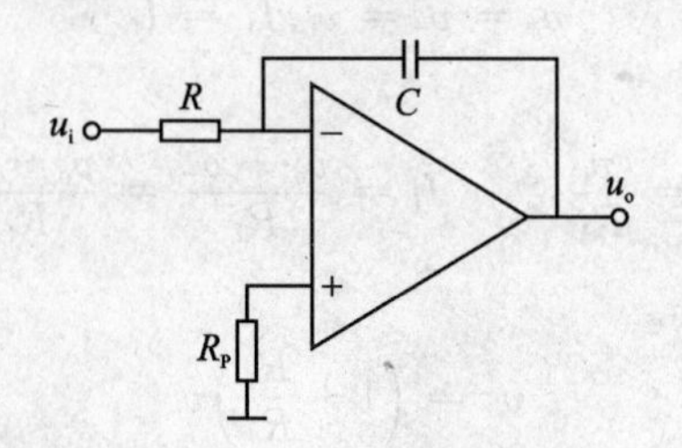

图 3－25 积分运算电路

$$i_C = i_R = \frac{v_i}{R} \tag{3-19}$$

输出电压与电容上的关系为：$v_o = -v_C$。

而电容上的电压与其电流的关系为积分关系，即

$$v_o = -\frac{1}{C}\int i_C \, dt = -\frac{1}{RC}\int v_i \, dt \tag{3-20}$$

在求解 $t_1 \sim t_2$ 时间段的积分值时

$$v_o = -\frac{1}{RC}\int_{t_1}^{t_2} v_i dt + v_o(t_1) \tag{3-21}$$

式中：$v_o(t_1)$ 为积分起始时刻的输出电压，即积分运算的起始值，v_o 是 t_2 时刻的输出电压，当输入为常数时

$$v_o = -\frac{1}{RC}\int_{t_1}^{t_2} v_i dt + v_o(t_1) = -\frac{V_i}{RC}(t_2 - t_1) + v_o(t_1) \tag{3-22}$$

当输入为阶跃信号时，若初始时刻的电压为 0，则输出的波形如图 3-26(a)所示；当输入为方波和正弦波时，输出的波形如图(b)和(c)所示。

特别地，在图 3-26(a)中的输出电压不可能达到负电源的值，随着时间的增加，输出电压将趋于负电源的电压而饱和，在下端会弯曲，实际电路中，为了防止在低频时信号增益过大，一般在电容上并接一个电阻加以限制。

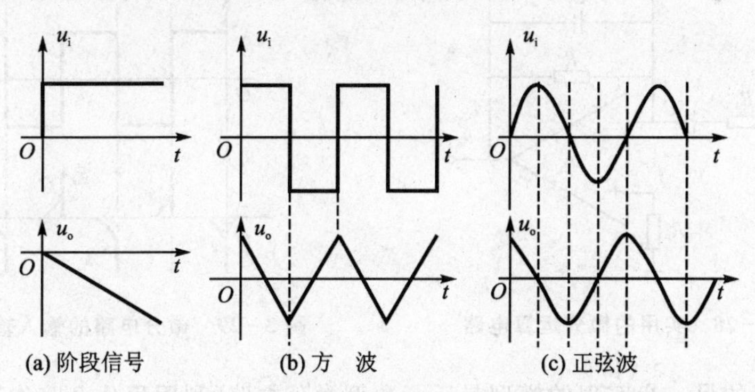

图 3-26　积分电路在不同输入下的波形

3.3.2　微分运算电路

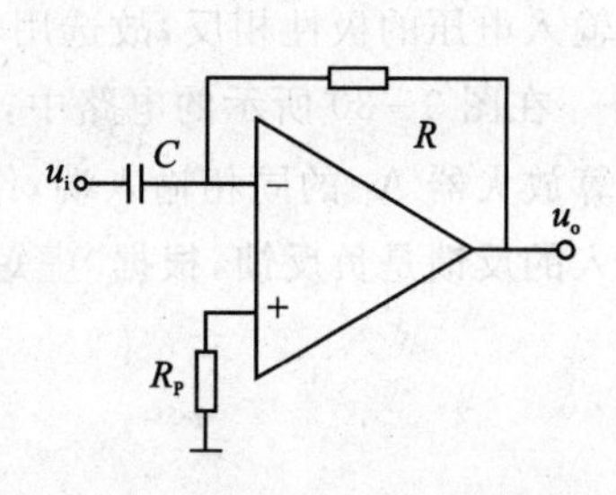

图 3-27　微分运算电路

将基本积分电路中的电阻和电容的位置互换，就可以得到基本的微分运算电路，如图 3-27 所示。根据“虚短”与“虚断”的原则，同相端与反相端的电压相等，输入端不取电流，故同相端与反相端均为“虚地”，电容两端的电压为输入电压，流过电容的电流和流过电阻的电流相等，故

$$i_C = i_R = C\frac{dv_i}{dt}$$

输出电压为：

$$v_o = -i_R R = -RC\frac{dv_i}{dt} \tag{3-23}$$

输出电压与输出电压的变化率成比例关系，在图 3－27 中 $R_P=R$，是在输入端引入的平衡电阻。图 3－27 所示的电路中，当输入端电压为阶跃变化或者输入信号中有脉冲式大幅度干扰时，都会使集成运放内部的放大器进入饱和或截止状态，以至使信号消失，导致使放大器不能脱离原状态回到放大区，出现阻塞现象，电路不能正常工作，同时由于反馈网络为滞后环节，它与集成运算放大器的内部环节相加，易于满足自激振荡的条件，从而使电路不稳定的工作。

为了解决上述问题，可以在输入端串接一个小电阻，限制输入电流，同时也限制了反馈电阻中的电流；在反馈电阻上并联稳压二极管，以限制输出电压，保证放大器工作在放大状态，避免出现阻塞现象；在反馈电阻上并联一个小电容，起相位补偿作用，提高电路的稳定性，如图 3－28 所示。这样，当输入电压为方波信号时输出的波形如图 3－29 所示。

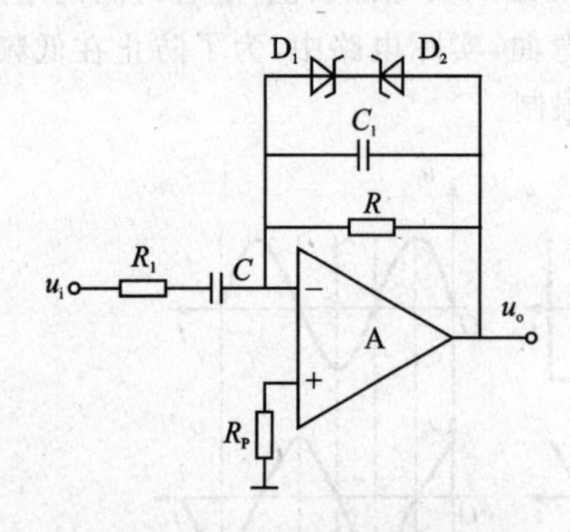

图 3－28　实用的微分运算电路

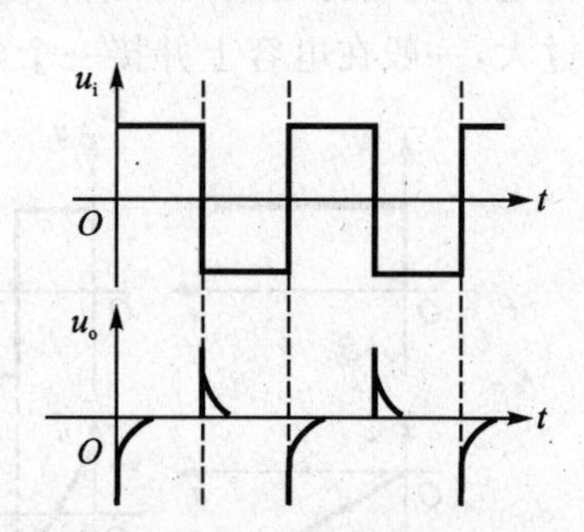

图 3－29　微分电路的输入输出波形

微分电路的另一个实现的模型是反函数型微分电路，利用积分电路作为反馈网络，为了保证电路引入的是负反馈，使反馈网络中的运算放大器的输出电压与基本放大器的输入电压的极性相反，故选用输入信号从同相端加入，满足负反馈，如图 3－30 所示。

在图 3－30 所示的电路中，运算放大器 A_1 的输出经过 A_2 组成的积分电路反馈到运算放大器 A_1 的同相输入端，作为运算放大器 A_1 的反馈网路，A_2 组成反相积分保证引入的反馈是负反馈，根据“虚短”与“虚断”的原理有

$$\frac{v_i}{R_1} = -\frac{v_{o2}}{R_2}$$

故

$$v_{o2} = -\frac{R_2}{R_1}v_i$$

由积分运算关系可得

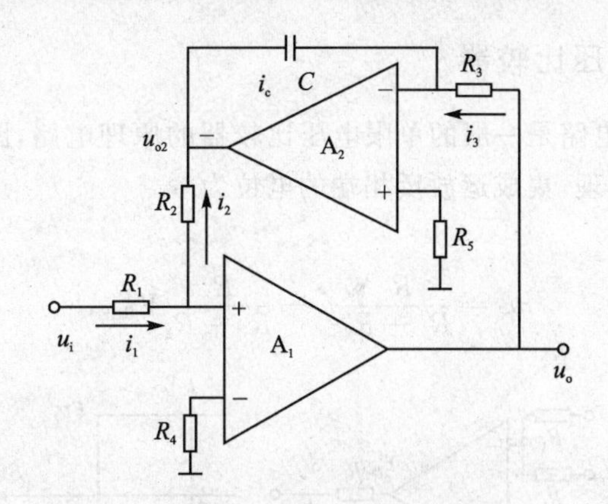

图 3-30 反函数型微分运算电路

$$v_{o2} = -\frac{1}{R_3 C}\int v_o \mathrm{d}t \quad 故有\ v_o = \frac{R_2 R_3 C}{R_1} \cdot \frac{\mathrm{d}v_i}{\mathrm{d}t} \tag{3-24}$$

利用积分运算来求微分运算的方法具有普遍的意义，它提供了一种反函数之间进行转换的电路设计方法，如图 3-30 所示为反函数型微分运算电路。

3.4 电压比较器

电压比较器可以将模拟信号转换成二值的信号，即只有高电平和低电平两种状态的离散信号，因而电压比较器通常作为模拟电路和数字电路的接口电路。集成电压比较器比集成运算放大器的开环增益低，失调电压大，共模抑制比小；但是响应速度快，传输的延迟时间短，而且一般不需要增加限幅电路就可以直接驱动 TTL、CMOS 和 ECL 等数字集成电路，有些芯片的驱动能力很强，还可以直接驱动继电器和指示灯等。电压比较器是对输入信号进行鉴幅与比较的电路，是组成非正弦波发生电路的基本单元，在测量和控制电路中有着相当广泛的应用。

按照器件上所含有的电压比较器的个数，可以分为单、双和四电压比较器；按照功能可以分为通用型、高速型、低功耗型、低电压型、高精度型等；按照输出的方式可以分为普通型、集电极（漏极）开路型和互补输出型。对于集电极（漏极）开路型的输出电路必须在输出端接一个电阻至电源。互补输出电路含有两个输出端，若一个输出为高电平，另一个一定输出为低电平。此外，还有集成电压比较器带有选通端，以控制电路是处于工作状态还是禁止状态。在禁止状态时，集成电压比较器不工作，输出端处于高阻状态，相当于开路。

集成电压比较器的种类很多，通用型集成电压比较器有 AD790、max900、max903 等；集电极（漏极）开路输出的电压比较器有 LM119、LM193、LM311、LM339、TCL374 等；互补输出的有 AD9696、TA8504、AD96685、AD96687 等，带选通输出有 MC1414 等；高速型电压比较器有 LT1016、LT1015、TL685、AD96687、AD1317 等。实际选择时可以根据用户的不同功能进行合理的选择。

3.4.1 单限电压比较器

图 3-31 所示的电路是一般的单限电压比较器的原理电路，图中的 V_{REF} 为外加的参考电压，根据叠加定理，集成运放反相端的电位为

$$v_{-}=\frac{R_1}{R_1+R_2}v_i+\frac{R_2}{R_1+R_2}V_{REF} \tag{3-25}$$

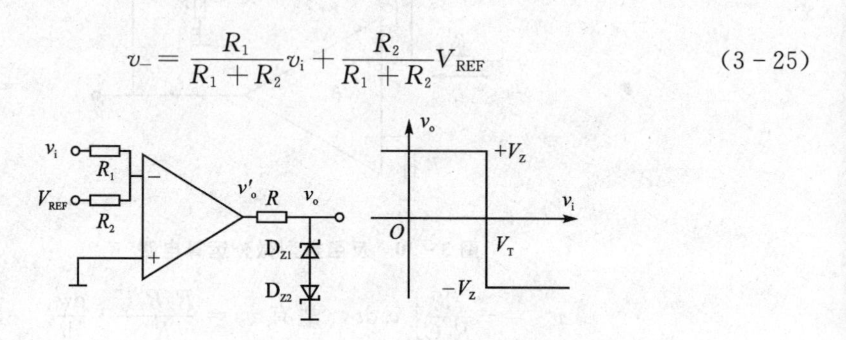

图 3-31 一般的单限电压比较器以及电压传输特性

通过反相端的电压可以求出阈值电压

$$V_T=-\frac{R_2}{R_1}V_{REF} \tag{3-26}$$

当输入电压小于阈值电压 V_T 时，比较器的输出为 $V_{OH}=V_{DZ1}+V_{D2}$，大于阈值 V_T 时，比较器的输出 $V_{OL}=-(V_{DZ2}+V_{D1})$。当两个稳压管的稳压电压相等，可以忽略稳压管的正向导通电压时，可得 $V_{OH}\approx V_Z$，$V_{OL}\approx -V_Z$，如图 3-31 所示。

3.4.2 滞回电压比较器

滞回电压比较器是输入电压从小到大的过程中，使输出电压产生跃变的阈值电压和从大到小产生的阈值电压不相等的电压比较器，具体电路如图 3-32 所示。

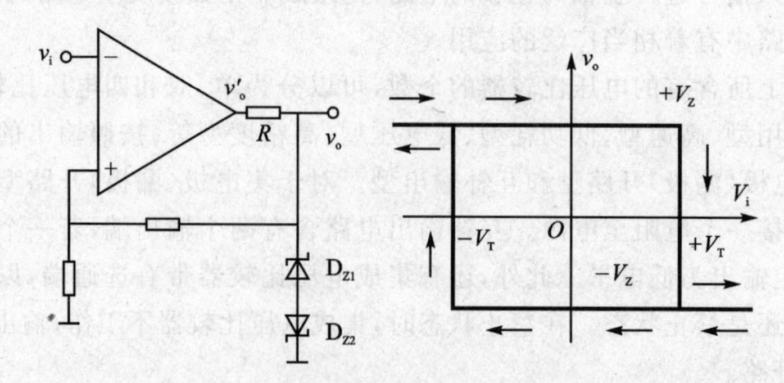

图 3-32 滞回电压比较器以及电压传输特性

滞回电压比较器与单限电压比较器的区别在于它有两个阈值，相同之处在于当输入电压单向变化时，输出电压只跃变一次。滞回电压比较器的滞回特性使得滞回电压比较器具有一定的抗干扰能力。在图 3-32 所示的滞回电压比较器电路中，从集成运放的电路可得输出电压有两种可能：即输出 $u_o=\pm V_Z$，集成运算放大器的反相端输入

电位也可能有两种：

$$\pm V_{T} = v_{+} = \pm \frac{R_1}{R_1 + R_2} V_{Z} \tag{3-27}$$

当输入信号从小逐渐增大的过程中，若输入信号小于$-V_T$时，同相端的电压总是大于反相端的电压，输出电压为$V_{OH}\approx V_Z$，这时同相端的阈值为V_Z，故当输入电压逐渐增加到V_Z时输出电压发生跃变，输出为$V_{OL}\approx V_Z$，这时的阈值改变为$-V_T$，如果电压继续增大，输出电压不变；如果输入电压从一个大于V_T的电压开始下降，当到达V_T时，电路的输出并不发生跃变，继续下降到$-V_T$时，输出电压才发生跃变，其电压的传输特性如图3-32所示。

3.4.3 窗口电压比较器

窗口电压比较器是指在输入电压从小到大和从大到小的过程中，输出电压产生两次跃变的电压比较器，能够检测出输入电压是否在给定的两个输入电压之间的电压比较器。图3-33给出一个窗口电压比较器的原理电路，图中有两个外加的参考电压，其中$V_H > V_L$。下面来分析其工作原理：

当输入电压大于V_H时，必然大于V_L，集成运放A_1的输出为V_{OH}，A_2的输出为V_{OL}，使得D_1导通，D_2截止，电路通过R_1、R_2和稳压管稳压输出电压为V_Z；当输入电压小于V_L，必然小于V_H时，集成运放A_2的输出为V_{OH}，A_1的输出为V_{OL}，使得D_2导通，D_1截止，电路通过R_1、R_2和稳压管稳压输出电压为V_Z；当输入电压大于V_{OL}，而小于V_{OH}时，集成运放的输出均为V_{OL}，D_1、D_2均截止，稳压管也截止，输出电压为0。窗口电压比较器的电压传输特性如图3-33所示。实际的输出可以通过加入反相器的方式，使输入在窗口范围内时，输出电压为高电平，在窗口范围外时，输出为低电平。

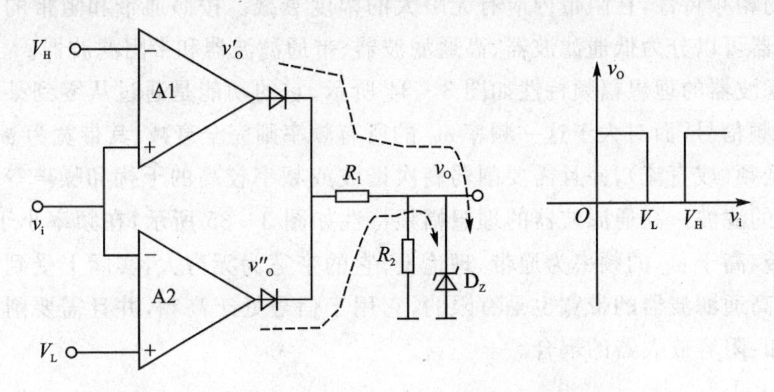

图3-33　窗口电压比较器以及电压传输特性

上面讨论了三种电压比较器，通过上面的分析可得：

① 在电压比较器中，集成运算放大器多工作在非线性区，输出的电平只能出现高电平和低电平两种可能的状态。

② 一般用电压的传输特性来描述输出电压与输入电压的函数关系。

③ 电压传输特性的三个要素是：输出电压的高低电平、阈值电压和输出电压的跃

变方向。输出电压的高、低电平决定于限幅电路，令同相输入端的电压和反相输入端的电压相等求出的输入电压是阈值电压，输入电压等于阈值电压时，输出电压的跃变方向决定于输入电压作用于同相输入端还是反相输入端。

3.5 有源滤波器电路

滤波器是一种能使有用频率信号通过而同时抑制或衰减无用频率信号的电子装置，是电子线路中不可缺少的组成部分。根据电路中是否含有有源器件可以将滤波器分为有源滤波器电路和无源滤波器电路。无源滤波器主要采用无源的元件 R、L 和 C 组成，模拟集成运放问世以来，由它和 R、C 组成的有源滤波器电路具有不用电感、体积小、重量轻、输入阻抗很高、输出阻抗很低、又具有一定的电压放大倍数等优点，因此得到了广泛的应用。但是集成运算放大器的带宽有限，电路的工作频率不易做得很高，这是其不足之处。

3.5.1 有源滤波电路的基本概念

有源滤波电路是由有源器件和无源的 R、C 网络组成的滤波电路。根据其传递函数的阶数分成一阶、二阶和多阶滤波器。这里主要以集成运算放大器为例，讨论集成运算放大器和 RC 网络组成的一阶和二阶有源滤波器。集成运算放大器作为有源器件工作在线性工作区。幅频特性是表征一个滤波器电路的特性的重要参数，对于幅频响应，通常把能够通过的信号频率范围称为通带，而把受阻或衰减的信号频率范围称为阻带，通带和阻带的界限频率称为截止频率。理想的滤波电路在通带内具有零衰减的幅频特性和线性的相频特性，在阻带内应有无限大的幅度衰减。按照通带和阻带的相互位置不同，滤波器可以分为低通滤波器、高通滤波器、带通滤波器和带阻滤波器。

低通滤波器的理想幅频特性如图 3－34 所示，它的功能是通过从零到某一截止频率 ω_H 的低频信号，而对大于这一频率 ω_H 的所有频率则完全衰减，其带宽为 ω_H，用于工作信号为低频（或直流），并且需要削弱高次谐波或频率较高的干扰和噪声等场合。例如：整流后的滤波。高通滤波器的理想幅频特性如图 3－35 所示，在频率小于 ω_L 的范围内为阻带，高于 ω_L 的频率为通带，理论上，它的带宽为无穷大，实际上受到器件的带宽的限制，高通滤波器的带宽也是有限的，它用于信号处于高频，并且需要削弱低频的场合。例如：阻容放大器的耦合。

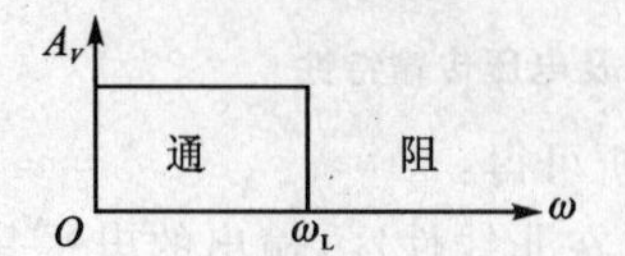

图 3－34 低通滤波器的幅频特性

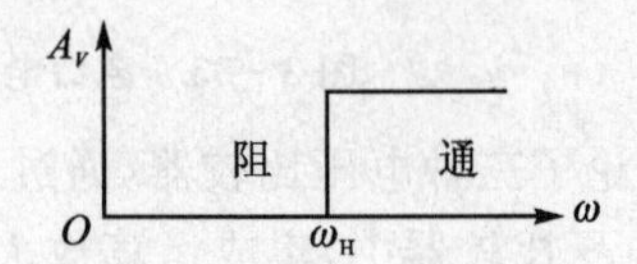

图 3－35 高通滤波器的幅频特性

带通滤波器的理想幅频特性如图 3－36 所示，它有两个截止频率，其中，ω_L 为低边截止频率，ω_H 为高边截止频率，ω_o 为中心频率，当频率大于 ω_L 和小于 ω_H 时信号完全通过，当频率小于 ω_L 或大于 ω_H 时，信号完全衰减，用于突出有用频段的信号，削弱其他频段的信号或干扰和噪声。例如：载波通信。

实际滤波器不可能有理想滤波器的幅频特性，但是有类似的幅频特性的性质。例如，带通滤波器中间部分的幅频特性比较平坦，两侧部分的幅频曲线较陡峭。在两侧的3dB点分别对应于下限截止频率 f_L 和上限截止频率 f_H。该带通滤波器的频率带宽为：$f_{BW}=f_H-f_L$。

带阻滤波器的理想幅频特性如图 3－37 所示，它有两个通带和一个阻带，它的功能是衰减频率自 ω_L 到 ω_H 的频率，同高通滤波器相似，由于器件带宽的影响，通常频率大于也是有限的，用于抑制干扰。

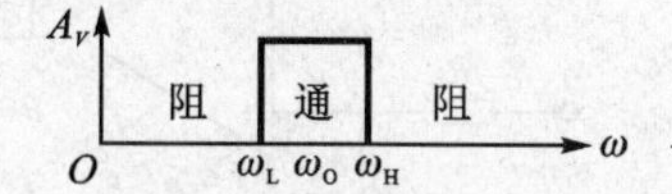

图 3－36　带通滤波器的幅频特性

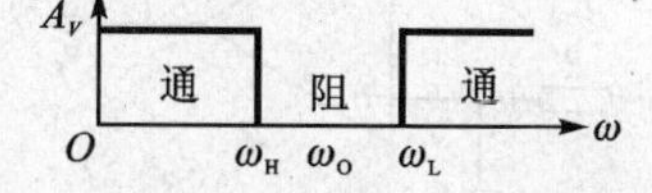

图 3－37　带阻滤波器的幅频特性

这里说的都是理想的情况，各种滤波器的实际频率响应与理想情况有差别，设计时总是力求与理想的特性尽可能逼近。

3.5.2　一阶有源滤波电路

1. 一阶低通滤波器

首先，RC 相移网络，其实质就是一个一阶无源的 RC 低通滤波器的原理电路。其传递函数了如下式所示。

$$A(j\omega)=\frac{\dot{u}_o(j\omega)}{\dot{u}_i(j\omega)}=\frac{\frac{1}{j\omega C}}{R+\frac{1}{j\omega C}}=\frac{1}{1+j\omega RC}=\frac{1}{1+j\frac{\omega}{\omega_P}}$$

这里的 $\omega_P=1/RC$ 是一阶低通滤波器的转折频率。其幅频特性和相频特性如图 3－38和 3－39 所示。

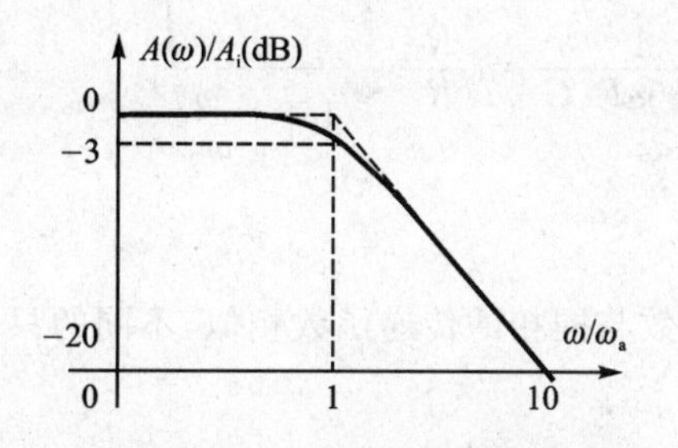

图 3－38　一阶低通滤波器幅频特性

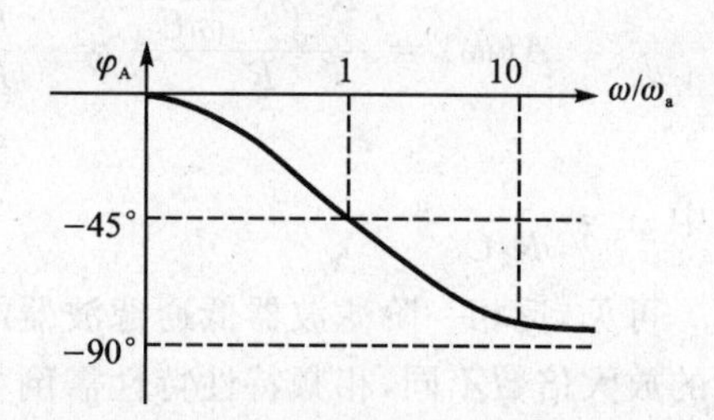

图 3－39　一阶低通滤波器相频特性

在转折频率点，频率每增加 10 倍，增益下降 20 dB。该电路的缺点是带负载能力差。例如：$R=27\ \text{k}\Omega$，$R_L=3\ \text{k}\Omega$，对于直流而言，输出电压只有输入电压的十分之一，而当 R_L 断开时，输出电压等于输入电压。

为了提高带负载的能力，可以减小 R，提高 C，C 的提高使电容的容量变大，特别在低频时，电容的容量可能使工艺均不可能实现，因此，通过提高电容的大小来实现不可能，此时可以加电压跟随器，组成一阶 RC 有源低通滤波器，以提高带负载的能力，如图 3-40 所示。

图 3-40 所示的滤波器的幅频特性和相频特性如一阶无源滤波器的完全一致，但没有对输入信号进行放大，改进的带有同相放大器的一阶有源滤波器电路如图 3-41 所示。这一放大器的中频增益为 $A_{V1}=1+R_f/R_1$，归一化的幅频与相频特性与无源滤波器一致。

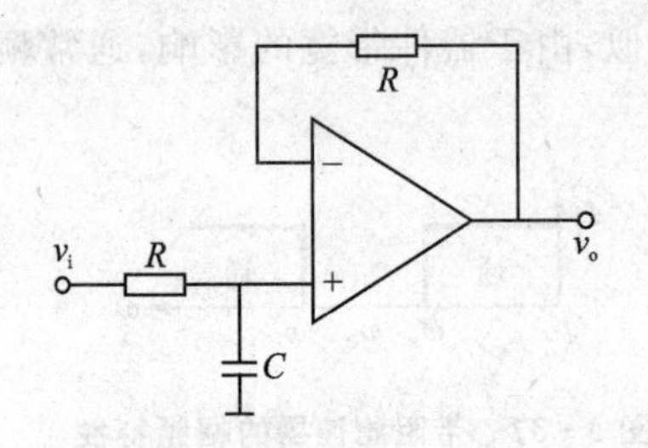

图 3-40 带有电压跟随器的一阶有源滤波器

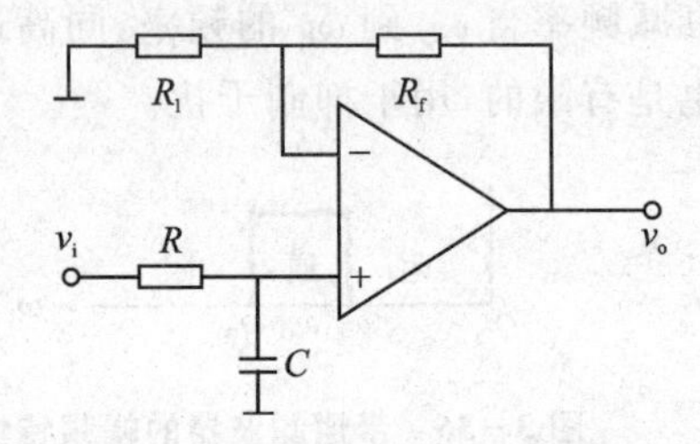

图 3-41 带同相放大器的一阶有源滤波器

在实际的应用中，一阶低通滤波器可以连接成同相输入的模式外，通常根据信号源输出负载的要求，常常也连接成反相输入的方式，如图 3-42 所示。

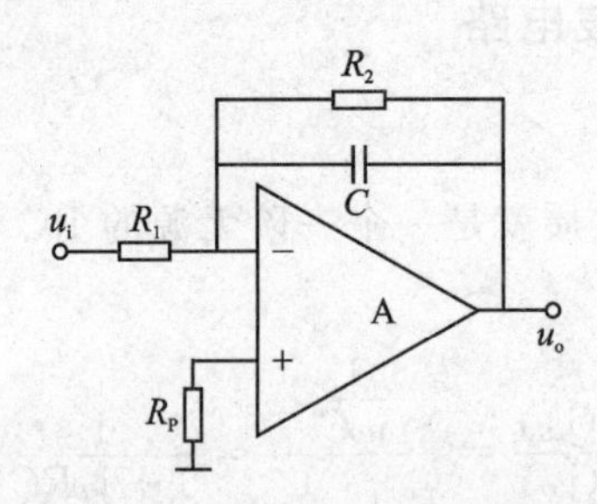

图 3-42 反相一阶低通滤波器

电路的传递函数为

$$A(\mathrm{j}\omega)=\frac{R_2 /\!/ \frac{1}{\mathrm{j}\omega C}}{R_1}=-\frac{R_2}{R_1}\cdot\frac{1}{1+\mathrm{j}\omega R_2 C}=\frac{R_2}{R_1}\cdot\frac{1}{1+\mathrm{j}\frac{\omega}{\omega_n}}$$

式中 $\omega_n=\frac{1}{R_2 C}$。

可见，反相一阶滤波器低通滤波器的传递函数与同相的传递函数相似，不同的只是它的放大倍数不同，相频特性特性需倒相。

2. 一阶高通滤波器

图 3-43 给出了一阶无源高通滤波器的幅频特性和相频特性，传递函数如式(3-25)所列。

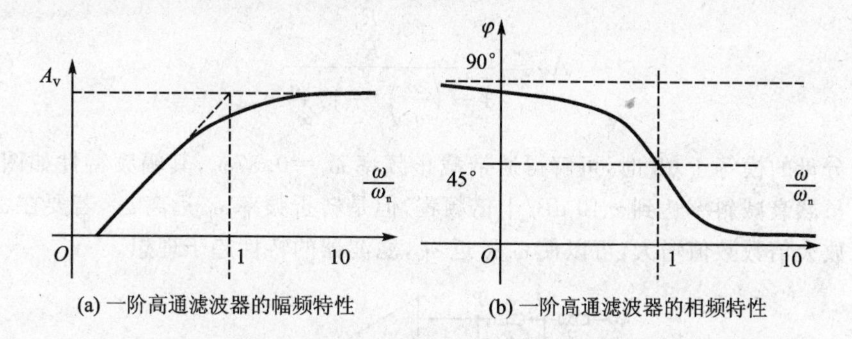

(a) 一阶高通滤波器的幅频特性　(b) 一阶高通滤波器的相频特性

图 3－43　一阶高通滤波器的幅频特性和相频特性

$$A(\mathrm{j}\omega)=\frac{\dot{u}_o(\mathrm{j}\omega)}{\dot{u}_i(\mathrm{j}\omega)}=\frac{R}{R+\frac{1}{\mathrm{j}\omega C}}=\frac{\mathrm{j}\omega RC}{1+\mathrm{j}\omega RC}=\frac{\mathrm{j}\frac{\omega}{\omega_n}}{1+\mathrm{j}\frac{\omega}{\omega_n}} \tag{3-28}$$

同样地，由电阻和电容构成的一阶高通滤波电路的负载能力也较差，为提高负载能力，可以加入电压跟随器，组成一阶高通有源滤波器，使其带负载的能力大大的加强。由跟随器组成的一阶高通滤波电路如图 3－44 所示。

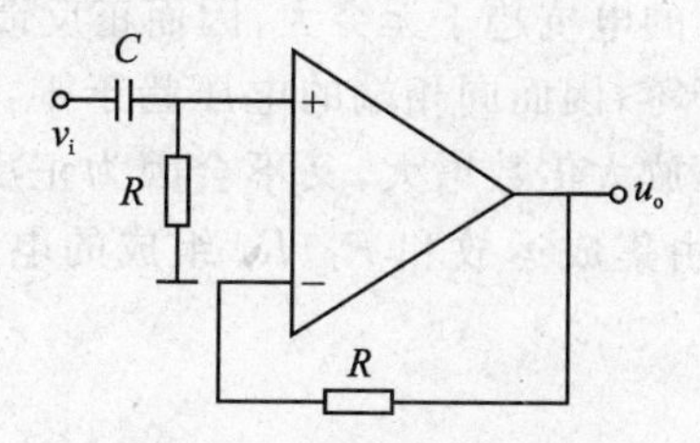

图 3－44　一阶有源高通滤波器

3.5.3　二阶有源滤波电路

一阶滤波器的过渡带较宽，幅频特性的最大衰减率仅仅为－20 dB/十倍频程，增加 RC 环节，可以加大衰减的斜率，例如将两个一阶电路进行组合可以组成简单的二阶滤波器，如图 3－45 所示，其通带放大倍数与一阶电路相同，传递函数为

$$A_V(\mathrm{j}\omega)=\left(1+\frac{R_f}{R_1}\right)\cdot\frac{\dot{v}_P(\mathrm{j}\omega)}{\dot{v}_i(\mathrm{j}\omega)}=\left(1+\frac{R_f}{R_1}\right)\cdot\frac{\dot{v}_P(\mathrm{j}\omega)}{\dot{v}_M(\mathrm{j}\omega)}\cdot\frac{\dot{v}_M(\mathrm{j}\omega)}{\dot{v}_i(\mathrm{j}\omega)}$$

当 $C_1=C_2=C$ 时，上式可以化简为

$$A_V(\mathrm{j}\omega)=\left(1+\frac{R_f}{R_1}\right)\cdot\frac{\dot{v}_P(\mathrm{j}\omega)}{\dot{v}_i(\mathrm{j}\omega)}=\left(1+\frac{R_f}{R_1}\right)\cdot\frac{1}{1+\mathrm{j}3\omega RC+(\mathrm{j}\omega RC)^2}$$

令 $\omega_o=\frac{1}{RC}$ 可得电压增益的表达式为

$$\dot{A}_V = \frac{1 + \frac{R_f}{R_1}}{1 - \left(\frac{\omega}{\omega_o}\right)^2 + j3\frac{\omega}{\omega_o}} \tag{3-29}$$

令分母的模等于$\sqrt{2}$时，可解得通带截止频率$\omega_p = 0.37\omega_o$，其幅频特性如图3-46所示。虽然衰减斜率达到-40 dB/十倍频程，但是转折频率ω_p远离ω_o，若要在ω_o附近的电压放大倍数数值增大，可以使ω_p接近ω_o，滤波器的特性趋于理想。

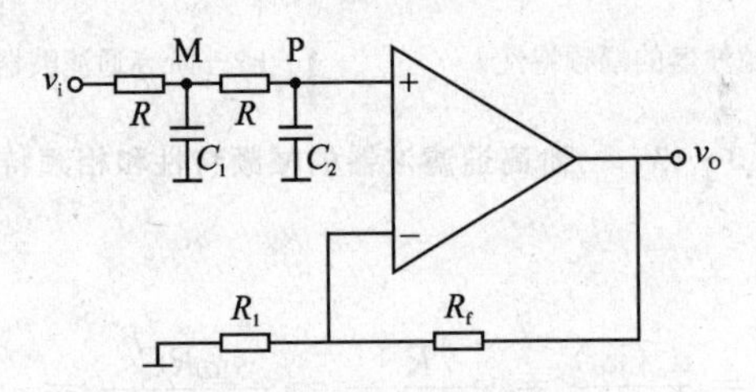

图3-45　简单的二阶有源滤波器

图3-46给出了简单的二阶滤波器的幅频特性。若将图3-45简单的二阶有源滤波器中的电容器C_1的接地端，改接到集成运算放大器的输出端，便可以得到压控电压源二阶低通滤波器(见图3-47)，这样电路中既引入了负反馈也引入了正反馈，当信号的频率趋近于零时，由于C_1的电抗趋于无穷大，因而正反馈很弱，当信号的频率趋于无穷大时，由于C_2的电抗趋于零，因而同相端的电压趋于零，可见只要正反馈引入得当，既可在转折频率点处使电压放大倍数增大，又不会因为正反馈过强使电路产生自激振荡，因为同相端的电位控制由集成运放和R_1、R_2组成的电压源，故称为压控电压源滤波电路。

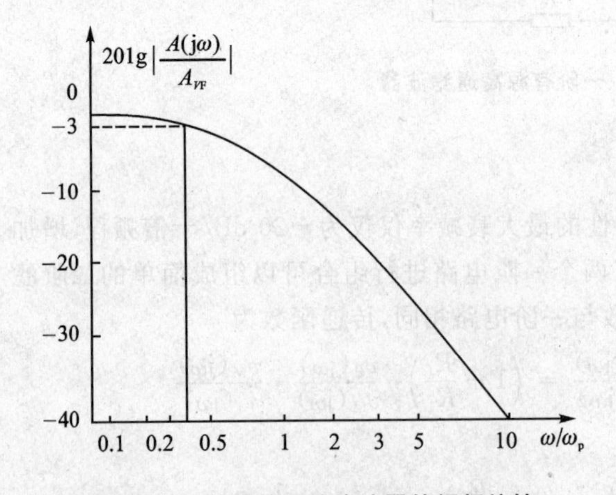

图3-46　简单的二阶滤波器的幅频特性

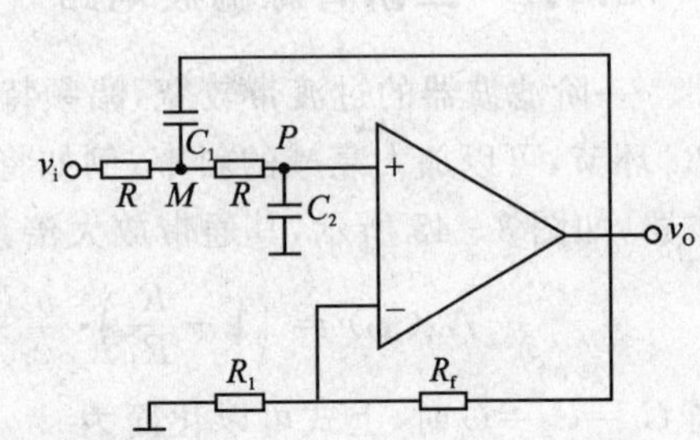

图3-47　压控电压源二阶低通滤波器

图3-47为压控电压源二阶低通滤波器，对于图3-47所示的电路，集成运放同相端的输入电压为

$$v_P(j\omega) = \frac{v_o(j\omega)}{A_{VF}} \tag{3-30}$$

而 $v_P(j\omega)$ 和 $v_M(j\omega)$ 的关系为

$$v_P(j\omega)=\frac{v_M(j\omega)}{1+j\omega RC} \tag{3-31}$$

节点 M 应用 KCL(基尔霍夫电流定律)可得

$$\frac{V_i(j\omega)-V_M(j\omega)}{R}-[V_M(j\omega)-V_o(j\omega)]j\omega C-\frac{V_M(j\omega)-V_P(j\omega)}{R}=0 \tag{3-32}$$

联立式(3-30)、式(3-31)、式(3-32)解得

$$A(j\omega)=\frac{V_o(j\omega)}{V_i(j\omega)}=\frac{A_{VF}}{1+(3-A_{VF})j\omega RC+(j\omega RC)^2} \tag{3-33}$$

令 $\omega_n=\frac{1}{RC},Q=\frac{1}{(3+A_{VF})}$ 可得

$$A(j\omega)=\frac{A_{VF}}{1-\left(\frac{\omega}{\omega_n}\right)^2+j\frac{1}{Q}\frac{\omega}{\omega_n}} \tag{3-34}$$

故幅频响应和相频相应为

$$20\lg\left|\frac{A(j\omega)}{A_{VF}}\right|=20\lg\frac{1}{\sqrt{\left[1-\left(\frac{\omega}{\omega_n}\right)^2\right]^2+\left(\frac{\omega}{\omega_n Q}\right)^2}} \tag{3-35}$$

$$\varphi(j\omega)=-\arctan\frac{\omega/(\omega_n Q)}{1-\left(\frac{\omega}{\omega_n}\right)^2} \tag{3-36}$$

由式(3-30)可知:$A_{VF}<3$ 时,放大器能够稳定的工作,当 $A_{VF}\geqslant 3$ 时,$A(j\omega)$将有极点位于 $j\omega$ 右半平面或者虚轴上,电路不稳定,容易产生自激振荡,由式(3-32)可以画出不同的 Q 值下的幅频响应曲线,如图 3-48 所示。

可以看出电路满足低通滤波器的电路特性,在直流时,幅频响应为 0 dB,在 $Q=0.707$和 $\omega=\omega_n$ 时,出现-3 dB 的转折点;当输入的频率 $\omega=10\omega_n$ 时,电压增益下降-40 dB,这表明二阶比一阶滤波器的效果要好得多。可以想像增加滤波器的阶数,其幅频特性更接近理想的特性。

将图 3-47 中的电阻和电容的位置互换,可以得到二阶压控电压源的高通滤波器,用于压控二阶低通滤波器分析方法相同的分析方法可以求出二阶高通滤波器的幅频特性和相频特性,可以得到式(3-37)和式(3-38)的幅频和相频特性的数学表达式,这里不再进行推导。

$$20\lg\left|\frac{A(j\omega)}{A_{VF}}\right|=20\lg\frac{1}{\sqrt{\left[\left(\frac{\omega}{\omega_n}\right)^2-1\right]^2+\left(\frac{\omega}{\omega_n Q}\right)^2}} \tag{3-37}$$

$$\varphi(j\omega)=-\arctan\frac{\omega/(\omega_n Q)}{\left(\frac{\omega}{\omega_n}\right)^2-1} \tag{3-38}$$

图 3-49 给出了二阶高通压控电压源高通滤波器的幅频特性,同压控电压源二阶低通滤波器一样,当 $A_{VF}<3$ 时,电路才能稳定的工作。

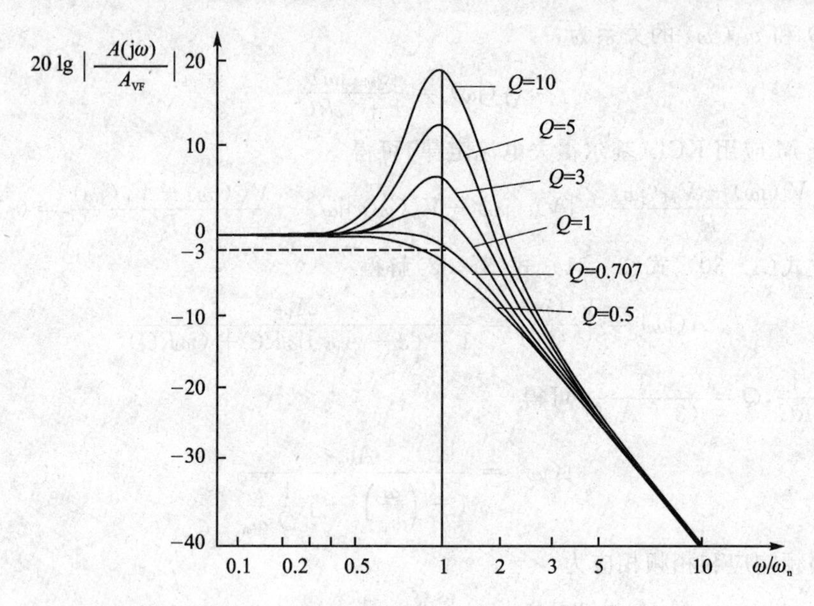

图 3-48　二阶低通滤波器的幅频响应

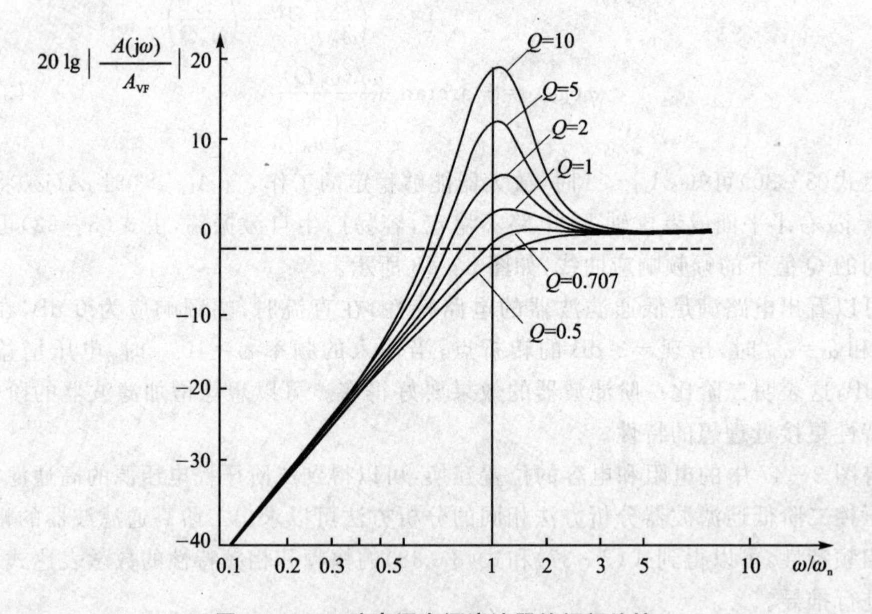

图 3-49　二阶高通有源滤波器的幅频特性

由上面的分析可知，如果把一阶低通和一阶高通滤波器串联起来可以构成带通滤波器，但是前提是低通滤波器的截止频率必须大于高通滤波器的截止频率，两者有一个覆盖的通带就提供了一个带通响应，如图 3-50 所示。

图 3-51 给出了一个压控电压源带通滤波器的电路，图中 R、C 组成低通滤波器，C_1、R_3 组成高通滤波器，两者串联就构成了带通滤波器。为了便于计算，设 $R_2=R$，$R_3=2R$，则带通滤波器的传递函数为

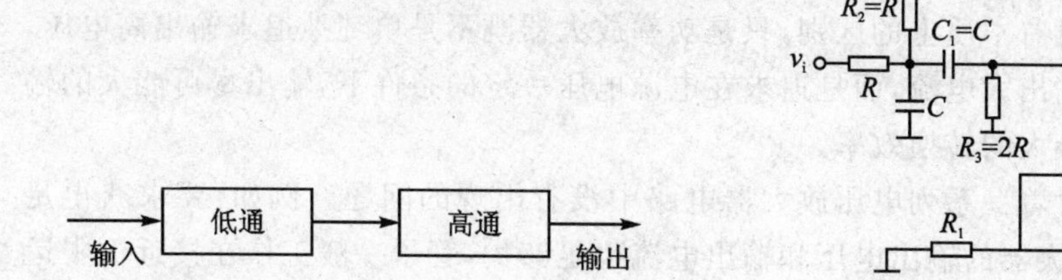

图3-50　带通滤波器的构成　　图3-51　压控电压源带通滤波器

$$A(\mathrm{j}\omega)=\frac{V_o(\mathrm{j}\omega)}{V_i(\mathrm{j}\omega)}=\frac{\mathrm{j}A_{VF}\omega RC}{1+(3-A_{VF})\mathrm{j}\omega RC+(\mathrm{j}\omega RC)^2} \tag{3-39}$$

式中，$A_{VF}=1+R_f/R_1$，为同相放大器的增益；同样为了使放大器稳定的工作，也必须满足 $A_{VF}<3$。

令：$A_o=\frac{A_{VF}}{3-A_{VF}}$，$\omega_o=\frac{1}{RC}$，$Q=\frac{1}{3-A_{VF}}$ 有

$$A(\mathrm{j}\omega)=\frac{A_o\frac{\mathrm{j}\omega}{Q\omega_o}}{1+\frac{\mathrm{j}\omega}{Q\omega_o}+\left(\frac{\mathrm{j}\omega}{\omega_o}\right)^2}=\frac{A_o}{1+\mathrm{j}Q\left(\frac{\omega}{\omega_o}-\frac{\omega_o}{\omega}\right)} \tag{3-40}$$

由式(3-40)可得，当输入信号的频率等于电路的中心频率时，图3-51所示的压控电压源带通滤波器具有最大的电压增益，同时也可以由式(3-40)求出其归一化的幅频响应，这里绘出了其归一化的幅频特性如图3-52所示。由图3-52可见，品质因数 Q 值越大，选择性越好，通带越窄，并且滤波器的带宽为 f_o/Q。

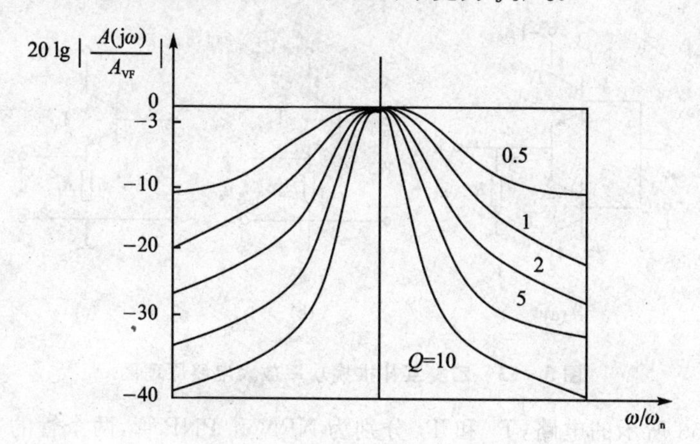

图3-52　带通滤波器的幅频响应

3.6　功率放大电路

在实际电路中，往往需要放大器末级输出一定的输出功率来驱动负载，能够向负载

提供足够信号功率的放大电路称为功率放大器。从能量控制和转换的角度看，功率放大器和其他放大器没有本质上的区别，只是功率放大器既不是单纯地追求输出高电压，也不是单纯地追求输出大电流，而是追求在电源电压一定的条件下，输出尽可能大的输出功率和提供尽可能大的转换效率。

功率放大器包含着一系列电压放大器电路中没有出现的问题。例如：要求获得足够大的功率，功率放大器的输出电压和输出电流也足够大，管子一般工作在接近极限运用状态下工作；功率放大器在大信号工作，不可避免地会产生非线性失真，而且，同一个功率放大器输出功率越大，非线性失真就越严重，这使得输出功率与非线性失真成为一对矛盾；功率放大器中，有较大的功率消耗在管子的集电结上，使结温和管壳的温度升高，充分利用允许的管耗使管子输出足够大的功率，放大器的散热成为一个重要的问题。

功率放大器从输入信号在整个周期内流过管子电流的时间不同可以分为：甲类、甲乙类、乙类、丙类等。输入信号在整个周期内都有电流流过，这样的放大器称为甲类放大器，在输入信号的半个周期内导通的放大器称为乙类，导通时间在半个周期到一个周期内的放大器称为甲乙类，小于半个周期的称为丙类。这里以乙类、甲乙类功率放大器为例，给出了功率放大器的典型的应用电路。

3.6.1 乙类推挽输出功率放大器

图 3-53 给出了乙类推挽功率放大器的原理电路图，利用两个管子，使它们都工作在乙类工作状态，一个在正半周，另一个工作在负半周，同时使两个管子的输出波形都能加到负载上，从而使负载上得到一个完整的波形，解决了效率和失真之间的矛盾。

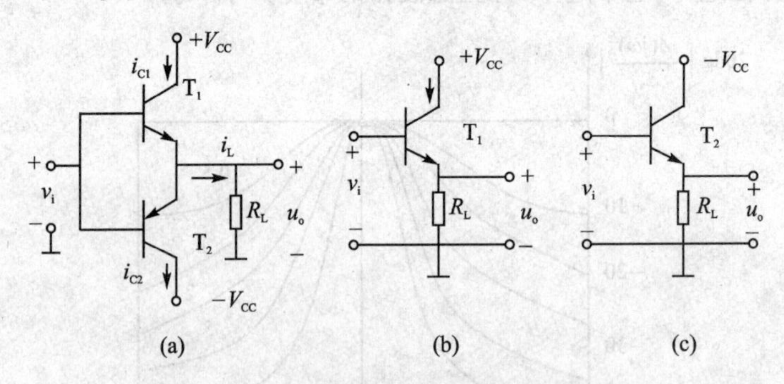

图 3-53 乙类互补推挽功率放大电路原理图

如图 3-53 所示的电路，T_1 和 T_2 分别为 NPN 和 PNP 管，两个管的基极和发射极连接在一起，信号从基极输入，从发射极输出，R_L 为输出负载，这个电路可以看成是由图 3-53(b)、(c)组成的两个射极输出器组合而成，在输入信号的正半周，T_1 导通，T_2 截止，有电流流过负载；在输入信号的负半周，T_2 导通，T_1 截止，也有电流流过负载。这样，图 3-53(a)所示的基本互补对称的电路在静态时，不取电流，而在有信号时，T_1 和 T_2 轮流导电，组成推挽式电路。由于两管互补对方的不足，工作性能对称，这种电路通常称为互补对称电路，在集成运算放大器中通常使用这种电路作为输出级，故通常称为互补推挽输出级。下面来对互补对称的输出级作简要的分析。

图 3－54(a)表示电路在输入信号正半周时 T_1 的工作情况，假定 $V_{BE}>0$ 时，T_1 就开始导电，则在一个周期内，T_1 的导电时间是半个周期，T_2 的工作情况同 T_1 相似，只是在信号的负半周导电，为了便于分析，将 T_2 的输出特性曲线倒置在 T_1 的右下方，并令二者在工作点处重合，形成 T_1 和 T_2 的合成曲线，这时的负载线通过 V_{CC} 点形成一条斜率为 $-1/R_L$ 的斜线，允许 i_C 的最大变化为 $2I_{CM}$，V_{CE} 的变化范围为 $2(V_{CC}-V_{CES})=2V_{CEM}=2I_{CM}R_L$。如果忽略管子的饱和压降 V_{CES}，则 $V_{CEM}=I_{CM}R_L\approx V_{CC}$。不难求出管子乙类功率放大器的输出功率、管耗、直流电源提供的功率和效率。

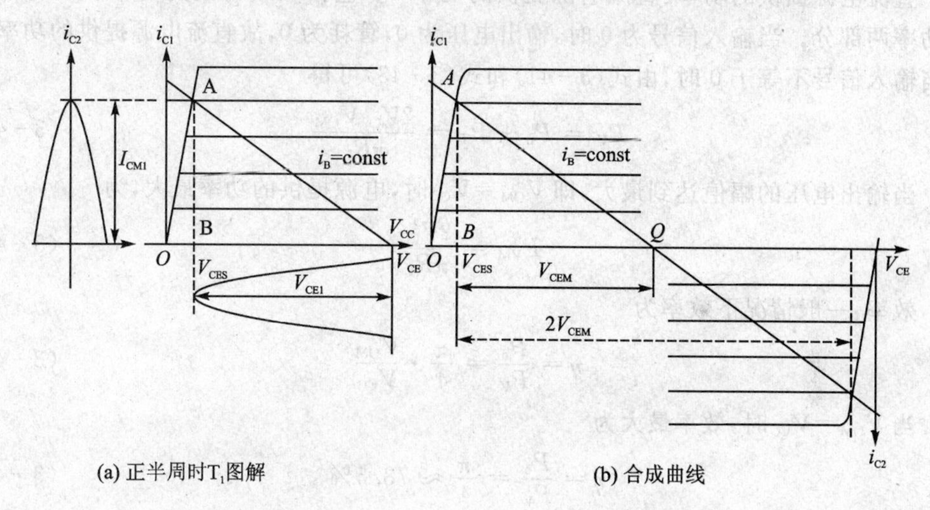

图 3－54　$V_{CC1}=V_{CC2}=V_{CC}$ 时互补对称电路图解

输出功率：可用输出电压的有效值和输出电流的有效值的乘积来表示。设输出电压的幅值为 V_{OM}，则

$$P_O=V_OI_O=\frac{V_{OM}}{\sqrt{2}}\cdot\frac{V_{OM}}{\sqrt{2}R_L}=\frac{V_{OM}^2}{2R_L} \tag{3-41}$$

在图 3－53 中，T_1 和 T_2 都是工作在射极输出状态，而且都有 $A_V\approx1$，只要输入信号足够大，使得 $V_{im}=V_{om}=V_{cem}=V_{CC}-V_{CES}\approx V_{CC}$ 和 $I_{om}=I_{cm}$ 时，负载上可以获得最大的输出功率为

$$P_{OM}=\frac{V_{OM}^2}{2R_L}=\frac{V_{cem}^2}{2R_L}=\frac{V_{OC}^2}{2R_L} \tag{3-42}$$

这是一种理想工作时的状态，可是负载是固定的，不能随意改变，因而很难达到这种理想时的情况。

管耗：考虑到两管在一个信号的周期内各导电一半，且通过两管的电流和两管两端的端电压在数值上分别相等，只是在时间上错开了半个周期，为求总功耗，只要求出单管的耗损就行了。设输出的电压为 $v_o=V_{OM}\sin\omega t$ 则 T_1 管的管耗为

$$P_{T1}=\frac{1}{2\pi}\int_{0}^{\pi}(V_{CC}-v_{o})\frac{v_{o}}{R_{L}}\mathrm{d}(\omega t)=$$

$$\frac{1}{2\pi}\int_{0}^{\pi}(V_{CC}-V_{OM}\sin\omega t)\frac{V_{OM}\sin\omega t}{R_{L}}\mathrm{d}(\omega t)=\tag{3-43}$$

$$\frac{1}{R_{L}}\left(\frac{V_{CC}V_{OM}}{\pi}-\frac{V_{OM}^{2}}{4}\right)$$

两管的管耗为

$$P_{T}=P_{T1}+P_{T2}=\frac{2}{R_{L}}\left(\frac{V_{CC}V_{OM}}{\pi}-\frac{V_{OM}^{2}}{4}\right)\tag{3-44}$$

直流电源提供的功率:直流电源提供的功率 P_V 包括负载得到的功率和两管消耗的功率两部分。当输入信号为 0 时,输出电压为 0,管耗为 0,故直流电源提供的功率为 0;当输入信号不等于 0 时,由式(3-41)和式(3-43)可得

$$P_{V}=P_{o}+P_{T}=\frac{2V_{CC}V_{OM}}{\pi R_{L}}\tag{3-45}$$

当输出电压的幅值达到最大,即 $V_{OM}=V_{CC}$ 时,电源提供的功率最大,为

$$P_{VM}=\frac{2V_{CC}^{2}}{\pi R_{L}}\tag{3-46}$$

效率:一般情况下效率为

$$\eta=\frac{P_{o}}{P_{V}}=\frac{\pi}{4}\cdot\frac{V_{OM}}{V_{CC}}\tag{3-47}$$

当 $V_{OM}=V_{CC}$ 时,效率最大为

$$\eta=\frac{P_{o}}{P_{V}}=\frac{\pi}{4}\approx 78.5\%\tag{3-48}$$

实际应用时,输出电压不可能到达电源电压,输出的效率比这个值低得多。

另外,从能量守恒的角度来看,电源提供的功率为负载和输出功率之和。那么,输入功率到哪里去了呢?显然,三极管输入端的输入电阻也要消耗一定的功率,这个输入功率被发射结所消耗。但是,由于输入电流较小,输入端功率也较小,同输出功率和耗散功率相比较可以不予以考虑。

3.6.2 准互补甲乙类推挽输出功率放大器

前面讨论了由两个射极输出器组成的乙类互补对称功率放大器作为集成运算放大器的输出级,实际上这种输出级并不能使输出波形很好地反映输入电压的变化(见图 3-55),由于没有直流偏置,管子的 i_B 必须在 $|V_{BE}|$ 大于某个数值(即门坎电压,硅管大约为 0.6~0.8 V,锗管大约为 0.2~0.3 V)时才有显著的变化。当输入信号低于这个数值时,T_1 和 T_2 都截止,i_{C1} 和 i_{C2} 基本为 0,负载上没有电流通过,出现一段死区,如图 3-55(b)所示,这种现象称为交越失真。

克服交越失真的一种方法是给 T_1 和 T_2 加入一定的偏置,如图 3-56 所示,图中 T_1 和 T_2 组成互补输出级,静态时,在 D_1、D_2 上产生的压降为 T_1 和 T_2 提供一个适当的偏压,使它们都处于微导通状态。由于电路对称,静态时 $i_{C1}=i_{C2}$,$i_L=0$,$V_o=0$。有

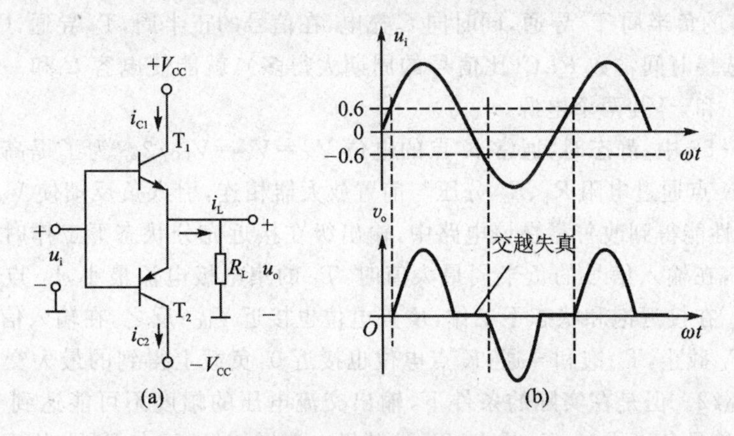

图 3-55　准互补乙类电源功率放大电路

信号时，由于电路工作于甲乙类，D_1、D_2 的交流电阻又很小，即使输入电压很小，基本上以线性进行放大。在集成运算放大器电路中，通常也采用这种电路作为输出级，这样的输出级称为准互补对称推挽输出级。

使用上述偏置的缺点是偏置电压不易调整，往往利用图 3-57 所示的电路进行调整，流入 T_4 的基极电流远远小于流过 R_1、R_2 的电流，可以求出 $V_{CE4}=V_{BE4}(R_1+R_2)/R_2$，因此，利用 T_4 的 V_{BE4} 基本为一固定值（硅管约为 0.6～0.8 V），只要调节 R_1、R_2 的比值，就可以调节的 T_1、T_2 偏压值，这种方法在集成电路中经常采用。

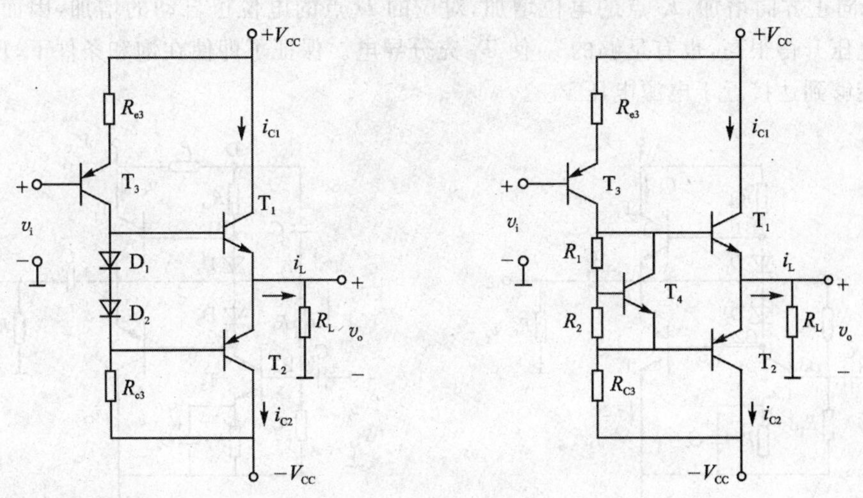

图 3-56　利用二极管偏置的互补对称电路　　**图 3-57　利用 V_CC 偏置的互补对称电路**

上面给出了双电源供电的情况，在集成运算放大器中，有些芯片常常使用单电源供电，对于输出级，就必须考虑单电源供电的情况，如图 3-58 给出了一个电源供电的互补对称电路的原理图，图中 T_3 管组成前置放大级，T_1、T_2 组成互补对称级。在输入信号为 0 时，一般只要给 R_1、R_2 一个适当的值，就可以使 I_{C3}、V_{B1}、V_{B2} 达到所需的大小，给 T_1、T_2 提供一个合适的偏置，从而使 K 点的电位为 $V_K=V_C=V_{CC}/2$；在输入信号不为

0 时，在信号的负半周 T_1 导通，同时向 C 充电，在信号的正半周，T_2 导通，C 通过 R_L 放电，合理地选择时间常数 RLC（比信号的周期大得多），就能使电容 C 和一个电源代替原来的 $+V_{CC}$ 和 $-V_{CC}$ 两个电源。

在图 3-58 中，静态时，通常 K 点的电位 $V_K=V_C=V_{CC}/2$。为了提高工作点的稳定性，通常 K 点通过电阻 R_1、R_2 分压与前置放大器相连，引入负反馈使 V_K 稳定，从而使放大器的性能得到改善。在该电路中，输出级在接近充分状态下工作时，例如，在理想的条件下，在输入信号的负半周最大值时，T_3 的集电极电流最小，b_1 点的电位接近 V_{CC}，此时 T_1 在接近饱和状态下工作，K 点电位也接近 V_{CC}；反之，在输入信号的正半周最大值时，T_1 截止，T_2 饱和导通，K 点电位也接近 0，负载上得到的最大交流输出电压为 $V_{OM}=V_{CC}/2$。但是在实际的条件下，输出交流电压的幅度不可能达到 $V_{CC}/2$，这是因为当输入信号负半周时，T_1 导电，T_1 的基极电流增加，由于在 R_{C3} 上的压降和 V_{BE1} 的存在，当 K 点的电位向 V_{CC} 接近时，T_1 的基极电流受限制而不能增加很多，因而也限制了 T_1 输向负载的电流，使负载上得不到足够的电压变化，致使输出电压的幅度明显小于 $V_{CC}/2$。

为了解决这一问题，在电路中引入 R_3、C_3 等元件组成自举电路。如图 3-59 所示，当输入信号为 0 时，图中 D 点的电位为 $u_D=V_D=V_{CC}-I_{C3}R_3$，K 点的电压为 $u_K=V_K=V_{CC}/2$，因而电容 C_3 两端的电压被充电到 $V_{C3}=V_{CC}/2-I_{C3}R_3$，当时间常数足够大时，电容 C_3 两端的电压基本不随输入电压的变化而变化，当输入为负时，T_1 导电，V_K 将由 $V_{CC}/2$ 向正方向增加，K 点的电位增加，对应的 D 点的电位也自动的增加，因而，即使输出电压升得很高，也有足够的 i_{B1} 使 T_1 充分导电。保证了即使在饱和条件下，K 点的电压能够到达接近于电源电压 V_{CC}。

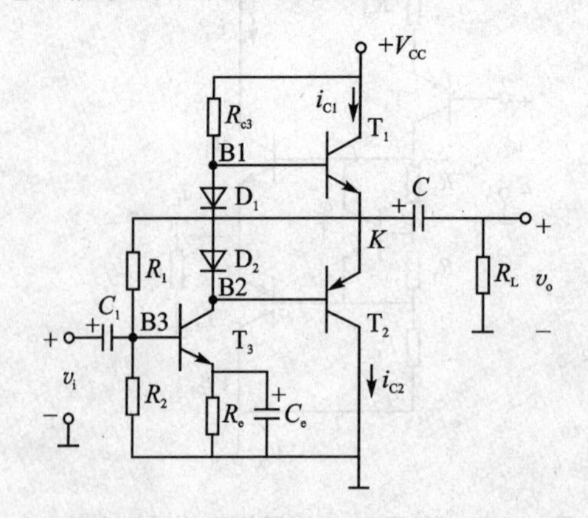

图 3-58　采用单电源的互补对称偏置电路

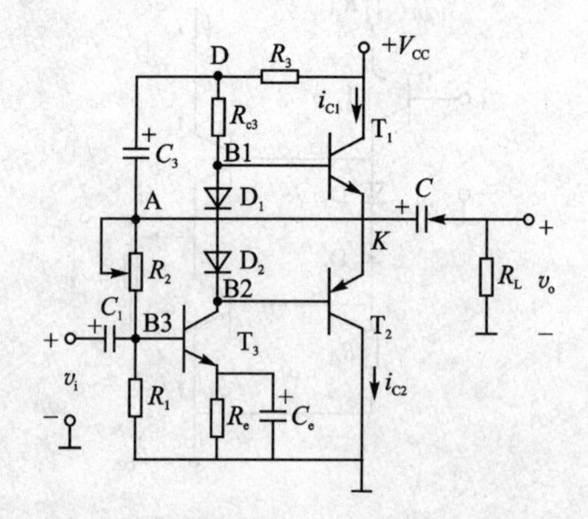

图 3-59　带自举的单电源互补对称电路

3.7 特殊功能转换电路

3.7.1 电压频率转换电路

电压频率转换器 VFC(Voltage Frequency Converter)是一种实现模数转换功能的器件,将模拟电压量变换为脉冲信号,同时使输出脉冲信号的频率与输入电压的大小成正比。电压频率转换器也称为电压控制振荡电路(VCO),简称压控振荡电路。电压/频率(V/F)转换实际上是一种模拟量和数字量之间的转换技术。当模拟信号(电压或电流)转换为数字信号时,转换器的输出是一串频率正比于模拟信号幅值的矩形波。

实现 V/F 转换有很多的集成芯片可以利用,其中 LM331 是一款性能价格比较高的芯片,由美国 NS 公司生产,是一种目前十分常用的电压/频率转换器,还可用作精密频率电压转换器、A/D 转换器、线性频率调制解调、长时间积分器及其他相关器件。

LM331 采用了新的温度补偿能隙基准电路,在整个工作温度范围内和低到 4.0 V 电源电压下都有极高的精度。LM331 的动态范围宽,可达 100 dB;线性度好,最大非线性失真小于 0.01% ,工作频率低到 1 Hz 时尚有较好的线性;变换精度高,数字分辨率可达 12 位;外接电路简单,只需接入几个外部元件就可方便构成 V/F 或 F/V 等变换电路,并且容易保证转换精度。LM331 可采用双电源或单电源供电,可工作在 4.0～40 V 之间,输出可高达 40 V,而且可以防止 V_s 短路。图 3-60 是由 LM331 组成的典型的电压/频率变换器,其输出频率与电路参数的关系为

$$f_o = \frac{u_i R_s}{2.09 R_i R_t C_t} \qquad (3-49)$$

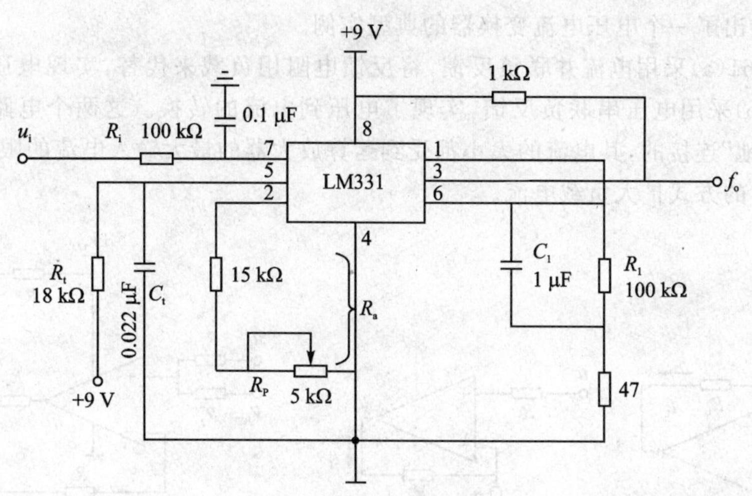

图 3-60　电压频率变换器

可见,在参数 R_s、R_1、R_t、C_t 确定后,输出脉冲频率 f_o 与输入电压 u_i 成正比,从而实现了 V/F 的线性变换。改变式中 R_S 的值,可调节电路的转换增益,即 V 和 F 之间的线性比例关

系。将1～5 V的电压转换成200～1 000 Hz的频率信号，通过计算电路参数理论值设计为$R_t=18\ k\Omega$，$C_t=0.022\ \mu F$，$R_1=100\ k\Omega$，$R_s=16.552\ 8\ k\Omega$，由于元器件与标称值存在误差，在电路参数基本确定后，通过调节R_P的电位器，可以实现所需V/F线性变换。

由式(3-49)可知，电阻R_s、R_1、R_t和电容C_t直接影响转换结果f_o，因此对元件的精度要有一定的要求，可根据转换精度适当选择，其中R_t、C_t、R_s、R_1要选用低温漂的稳定元件，C_{in}可根据需要选择0.1 μF或1 μF 。电容C_1对转换结果虽然没有直接的影响，但应选择漏电流小的电容器。电阻R_1和电容C_1组成低通滤波器，可减少输入电压中的干扰脉冲，有利于提高转换精度。电路中的47 Ω电阻对确保电路线性失真度小于0.03 %是十分必须的。

图3-61电路是将1～5 V的电压转换成200～1 000 Hz的频率信号的典型电路及参数，要实现将4～20 mA或0～5 V转换成200～1 000 Hz的频率信号只要增加一些辅助电路即可实现，其他转换也依此类推。

3.7.2 电压电流转换电路

电压电流(V/I)转换器是将输入的电压信号转换成电流信号的电路，是电压控制的电流源。在工业控制和许多传感器的应用电路中，摸拟信号输出时，一般是以电压输出。在以电压方式长距离传输模拟信号时，信号源电阻或传输线路的直流电阻等会引起电压衰减，信号接收端的输入电阻越低，电压衰减越大。为了避免信号在传输过程中的衰减，只有增加信号接收端的输入电阻，但信号接收端输入电阻的增加，使传输线路抗干扰性能降低，易受外界干扰，信号传输不稳定，这样在长距离传输模拟信号时，不能用电压输出方式，而把电压输出转换成电流输出。

V/I转换器就是把电压输出信号转换成电流输出信号，有利于信号长距离传输。图3-61给出了一个电压电流变换器的典型实例。

图3-61(a)采用电流并联负反馈，将反馈电阻用负载来代替，实现电压到电流的转换。图(b)采用电压串联负反馈，实现了电压到电流的转换。这两个电路的负载电阻都是“浮地”连接的，其电流的大小都受到运算放大器的最大输入电流的限制，可以采用图3-62的方式扩大负载电流。

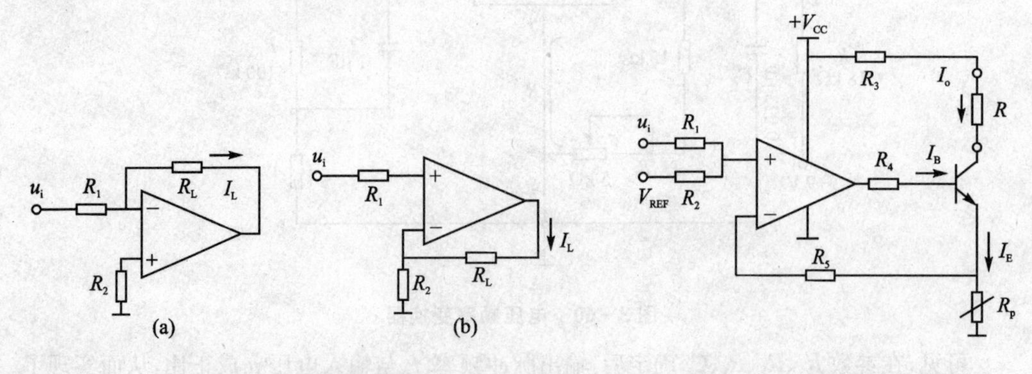

图3-61 电压电流变换器　　图3-62 电压电流变换器

由图3-62可见，电路中的主要元件为一运算放大器和NPN三极管及其他辅助元件构成，V_{REF}为偏置电压，V_i为输入电压，即待转换电压，R为负载电阻。其中，正相端电压输入信号与反相端电压V_-进行比较，经运算放大器放大后再经三极管放大，在其射级电流I_e作用在电位器R_P上，由运放性质可知

$$V_- = I_E R_P = (1+\beta) I_B R_P \tag{3-50}$$

流经负载R的电流I_o即三极管集电极电流等于βI_B。令$R_1=R_2$，则有

$$\frac{1}{2}(u_i + V_{REF}) = V_+ = V_- = (1+\beta) I_B R_P \approx I_o R_P$$

其中$\beta \gg 1$，所以

$$I_o \approx \frac{(u_i + V_{REF})}{2R_P} \tag{3-51}$$

由上述分析可见，输出电流I_o的大小在偏置电压和反馈电阻R_P为定值时，与输入电压u_i成线性关系，而与负载电阻R的大小无关，说明了电路良好的恒流性能。改变V_{REF}的大小，可在$u_i=0$时改变I_o的输出。在V_{REF}一定时改变R_P的大小，可以改变u_i与I_o的比例关系。由式(3-51)也可以看出，当确定了u_i和I_o之间的比例关系后，即可方便地确定偏置电压V_{REF}和反馈电阻R_P。

为了使输入输出获得良好的线性对应关系，要特别注意元器件的选择，如输入电阻R_1、R_2及反馈电阻R_P，要选用低温漂的精密电阻或精密电位器，元件要经过精确测量后再焊接，并经过仔细调试以获得最佳的性能。

3.7.3　阻抗转换电路

阻抗匹配是无线电技术中常见的一种工作状态，它反映了输入电路与输出电路之间的功率传输关系。当电路实现阻抗匹配时，将获得最大的功率传输。反之，当电路阻抗失配时，不但得不到最大的功率传输，还可能对电路产生损害。

阻抗匹配常见于各级放大电路之间、放大器与负载之间、测量仪器与被测电路之间、天线与接收机或发信机与天线之间等。例如：扩音机的输出电路与扬声器之间必须做到阻抗匹配，不匹配时，扩音机的输出功率将不能全部送至扬声器。如果扬声器的阻抗远小于扩音机的输出阻抗，扩音机就处于过载状态，其末级功率放大管很容易损坏。反之，如果扬声器的阻抗高于扩音机的输出阻抗过多，会引起输出电压升高，同样不利于扩音机的工作，声音还会产生失真。因此扩音机电路的输出阻抗与扬声器的阻抗越接近越好。

为使其阻抗匹配，需采用阻抗变换器进行匹配。常用的同轴线阻抗变换器有直线渐变式和阶梯式两种，使输入端阻抗与输出端阻抗形成一定关系的二端口网络。1954年J. G. 林维尔把负阻抗变换器用于有源滤波器并建立了有关理论。随着集成电路技术的进步，使用集成运算放大器构成阻抗变换器，已成为有源滤波器设计的基本方法。

1. 简单的阻抗转换器与滤波匹配网络

就交流通路而言，滤波匹配网络(Filter-Matched Network)介于信号源和外接负

载之间，如图 3-63 所示，其主要要求如下：

① 将外接负载变换为信号源所要求的匹配负载，以保证放大器高效率地输出所需功率。

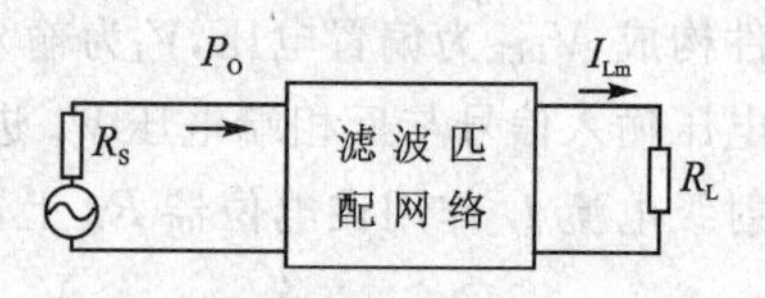

图 3-63 交流通路

② 充分滤除不需要的高次谐波分量，以保证外接负载上输出所需要功率。工程上，用谐波抑制度来表示这种滤波性能的好坏。若设 I_{Lm} 和 I_{Lnm} 分别为通过外接负载电流中基波和 n 次谐波分量的振幅，则相应的基波和 n 次谐波功率分别为 P_L 和 P_{Ln}，则对 n 次谐波和谐波抑制度定义为

$$H_n = 10\lg\frac{P_{Ln}}{P_L} = 20\lg\frac{I_{Lnm}}{I_{Lm}} \tag{3-52}$$

显然，H_n 越小，滤波匹配网络的 n 次谐波的抑制能力就越强。通常都采用对二次的谐波抑制度 H_2 表示网络的滤波能力。

③ 将信号源的信号功率 P_o 高效率地传送到外接负载上，即要求网络的传输效率 $\eta_k = P_L/P_o$ 尽可能地接近于 1。

在实际滤波匹配网络中，谐波抑制度和传输效率的需求往往是矛盾的，提高谐波抑制度，就会牺牲传输效率，反之亦然。现以图 3-64 所示 LC 并联谐振回路为例来简要地说明这个问题。图中，r_L 为 L 中的固有损耗电阻，R_L 为外接负载电阻。由图可见，作为 LC 谐振回路，令 $Q_o = \omega_o L/r_L$ 为回路的固有品质因数，在高 Q 条件下，它的有载品质因数 Q_e 近似为

$$Q_e \approx \frac{\omega_o L}{r_L + R_L} = Q_o\left(\frac{r_L}{r_L + R_L}\right) \tag{3-53}$$

显然，然 Q_o 一定时，Q_e 越小，回路的谐振曲线越平坦，对谐波的抑制能力就越差。

为了有较高的传输效率，回路的有载品质因数较小，一般在 10 以下。考虑到谐波抑制度，常用的滤波匹配网络除上述最简单的 L 外，更多的是由三个电抗元件组成的 π、T 以及由它们组成的多级混合网络，也有用双调谐整合回路构成的滤波匹配网络，下面仅就滤波匹配网络的阻抗变换特性作一分析。

讨论网络分析中常用的串、并联阻抗转换公式。如图 3-65 所示，则根据等效原理，应令两者的端电导相等，可以得到所需的串联转换为并联阻的公式，即

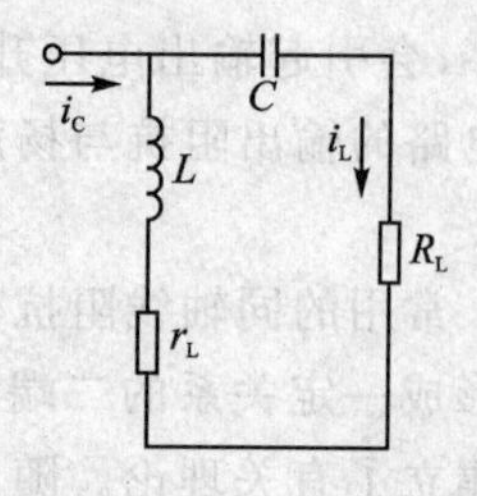

图 3-64 LC 谐振回路

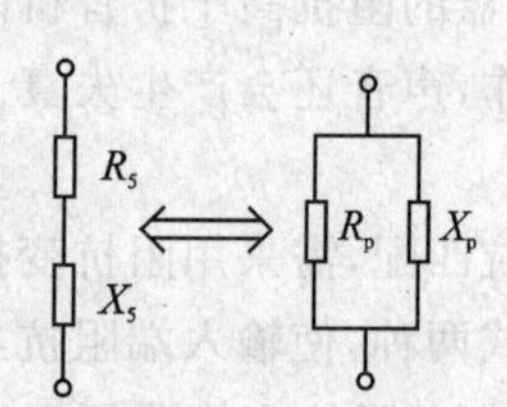

图 3-65 串并联阻抗转换

$$\frac{1}{R_P}+\frac{1}{jX_P}=\frac{1}{R_S+jX_S}$$

$$\left.\begin{aligned}R_P&=\frac{R_P^2+X_S^2}{R_S}=R_S(1+Q_e^2)\\X_P&=\frac{R_S^2+X_S^2}{X_S}=X_S\left(1+\frac{1}{Q_e^2}\right)=\frac{R_S^2(1+Q_e^2)}{X_S}=\frac{R_PR_S}{X_S}\end{aligned}\right\}\tag{3-54}$$

或者并联转换为串联阻抗的公式，即

$$\left.\begin{aligned}R_s&=\frac{R_P}{1+Q_e^2}\\X_s&=X_P/\left(1+\frac{1}{Q_e^2}\right)=\frac{R_sR_P}{X_P}\end{aligned}\right\}\tag{3-55}$$

式中

$$Q_e=\frac{|x_s|}{R_s}=\frac{R_P}{|X_P|}\tag{3-56}$$

因此得到以下结论：

• 将串联转换为并联可以将小的串联电阻化为大的并联电阻，反之，将并联转换为串联可以将大的并联电阻变成小的串联电阻，即

$$R_P=R_s(1+Q_e^2)\quad 或\quad R_s=R_P/(1+Q_e^2)$$

• 串并转换时，串联电抗 X_s 化为同性质的并联电抗 X_P，且

$$X_P=X_s\left(1+\frac{1}{Q_e^2}\right)$$

在高 Q_e 条件下，$X_P=X_s$。

• 串并转换时，电路的品质因数为式(3－56)所示。利用串、并联阻抗转换公式，可导出各种滤波匹配网络的元件表达式。

2. 集成运算放大器构成阻抗变换器

作为举例，下面分析一下负阻转换电路。实用上通常采用运算放大器来实现 NIC。由线性集成运算放大器(LM741)构成，在一定的电压、电流范围内具有良好的线性度，其原理电路如图 3-66 所示。可把选用的运算放大器作为理想运算放大器来处理，则根据理想运算放大器的以下性质：

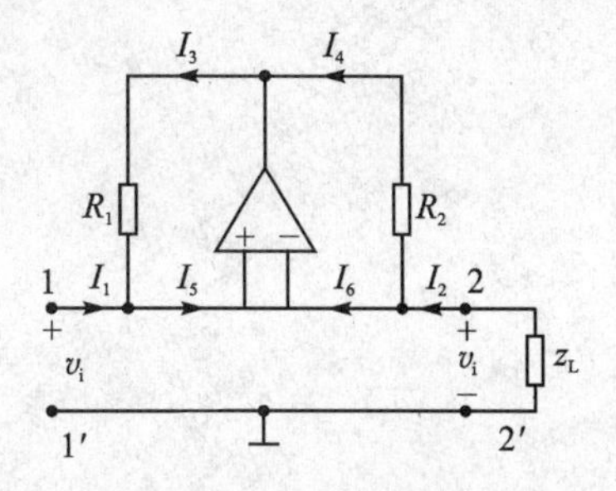

图 3-66　阻抗转换器

① 电压放大倍数 $A\to\infty$，即运算放大器的同相、反相两个输入端如果不是直接接在理想电压源(或受控电压源)，则两个输入端的电压相等(虚短路)。

② 输入阻抗 $Z_i\to\infty$，即接入两个输入端的电流为零的电量(虚断路)，应有 $Z_i=\frac{v_i}{I_1}$，$v_i=v_o$，$I_2=-\frac{v_o}{Z_L}$，运算放大器的输出为

$$v'_o=v_o-I_2R_2=v_o+\frac{v_oR_2}{Z_L}=v_i-I_1R_1 \quad (3-57)$$

由式(3-9)可得：

$$Z_i=\frac{v_i}{I_1}=-\frac{R_1}{R_2}Z_L \quad (3-58)$$

由式(3-58)可见，只要合理的选择 R_1、R_2 的值，可以将负载阻抗转换成输入端所需要的匹配阻抗。

第4章 电子制作实践

4.1 电子制作流程

对于没有电子制作经验的初学者而言,自己动手制作一个作品总有些害怕。首先是怕把电子元器件及设备损坏了,其次是不懂得如何去将十几个甚至更多个元件焊接在一起组成一个完整的作品。其实这一切都非常简单,重要的就是明白电子制作的步骤,做到心中有数即可。在本节中,我们以图4-1电子制作流程框图为例,向大家介绍一下电子制作的简单步骤,而在第二节中,会针对每个步骤作详细的说明。

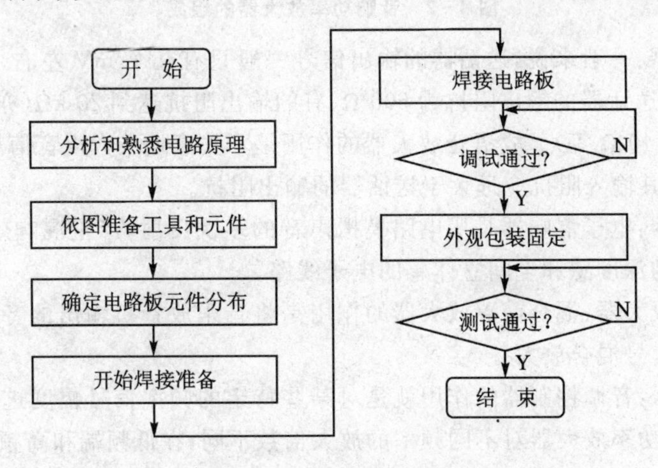

图4-1 电子制作流程

4.2 电子制作的具体步骤

在看过第一节制作流程的介绍后,下面开始电子制作的实践阶段,在此以一款音频功放为实例加以说明。流程图中的开始和结束只是标识电子制作的开始和结束,其中并无实际的内容。开始焊接准备只是标识焊接过程的开始,也无实际内容。

4.2.1 分析和熟悉原理电路

实际上,在焊接电路之前,需要对自己所采用的电路方案进行熟悉并分析其电路的工作原理。如果全部采用分离元件实现的电路,则需要比较扎实的模拟电路基础知识,必须收集相关类似电路的资料,以便进一步了解该电路的工作原理;如果是采用芯片实现的电路,则必须熟悉信号的流向,关键点信号的波形,同时,必须获得核心芯片的原始

pdf 文件，这是电路设计的关键资料。下面以音频功放为实例进行必要的说明。

1. 音响功率放大器基本组成的分析与理解

音响功率放大器一般由话筒、送话器放大器、音乐信号产生器、混合前置放大器、电子混响器、音调控制器、功率放大器组成。如图 4－2 所示，下面对各个单元电路做简要的说明。

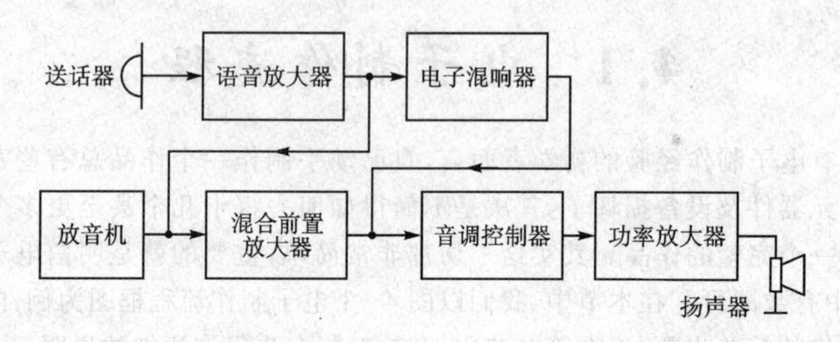

图 4－2　音响功率放大器的组成

语音放大器：一般来说，送话器的输出信号一般只有几个 mV 左右，输出阻抗则较大，一般家庭的送话器的输出阻抗为 600 Ω，有的输出阻抗达到 20 kΩ(亦有低输出阻抗的话筒如 20 Ω，40 Ω 等)。故语音放大器的作用是不失真地放大声音信号(最高频率达到 20 kHz)，且其输入阻抗应远大于送话器的输出阻抗。

电子混响器：电子混响器是用电路模拟声音的多次反射，产生混响效果，使声音听起来具有一定的深度感和空间立体感的电子线路。

混合前置放大器：混合前置放大器的作用是将音乐放音机输出的音乐信号与电子混响后的声音信号混合放大 。

音调控制器：音调控制器的作用就是对某些特定的频率信号幅度进行提升或者抑制。一般来说，功率放大器对不同频率的放大倍数不同，在低频端和高频端的放大倍数小，中频段的放大倍数大，故音调放大器就是要对高频和低频端的信号进行提升。

功率放大器：将语音合成信号放大到一定的功率，足以推动扬声器发出一定的声音。

为了对音响功率放大器进行深入的理解，可先对比较陌生的音调控制单元进行设计分析。

2. 音调控制器的基本知识

音调又称声音的高度，音调主要由声音的频率决定，同时也与声音强度有关。对一定强度的纯音，音调随频率的升降而升降；对一定频率的纯音、低频纯音的音调随声强增加而下降，高频纯音的音调却随强度增加而上升。

音调控制器主要是控制、调节音响放大器的幅频特性，分别调整音域的超低音、低音、高音，进行自由调节、修饰、美化，从而使你享受到音乐调味师的乐趣。运用此功能，可根据个人的品位将音乐的低频(大多指 80 Hz 以下)的频率，提升到最大，使人感觉到动人的超重低音雄浑厚实、强性十足；将音乐的高频(大多指 10 kHz 以上)的频率，提升到最大，可以感觉到高音清脆动人，亮丽硬朗。

音调控制器一般由高通和低通滤波器构成，图 4-3 给出了一个典型的音调控制器电路。

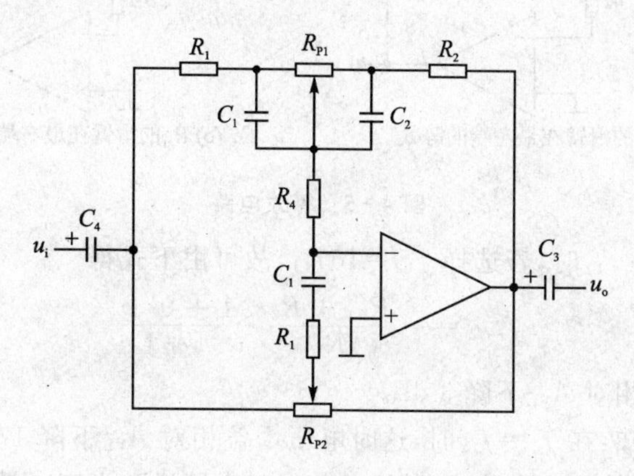

图 4-3　典型的音调控制电路

下面简要的分析一下其工作原理：

① 当工作频率 f 在低频段时：若电容 C_3 的阻抗较大，可以视为开路，其电路可以等效为图 4-4 所示。

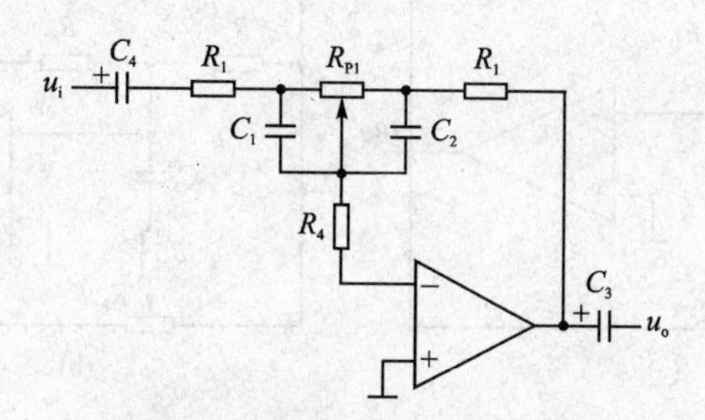

图 4-4　低频段等效电路图

当 R_{P1} 的滑臂在最左端，对应的电路如图 4-5(a)所示，对应于低频提升最大的情况；当 R_{P1} 滑臂在最右端时，对应于低频衰减最大的情况，对应的电路图如图 4-5(b)所示。根据集成运算放大器的相关知识可以对图 4-4 的频率特性进行分析，分析表明，图 4-4 所示电路是一个一阶有源低通滤波器，其增益函数的表达式为

$$\dot{A}(\mathrm{j}\omega)=\frac{\dot{u}_o}{\dot{u}_i}=-\frac{R_{P_1}+R_2}{R_1}\cdot\frac{1+(\mathrm{j}\omega)/\omega_2}{1+(\mathrm{j}\omega)/\omega_1} \tag{4-1}$$

式中

$$\omega_1=1/(R_{P1}C_2)\ 或\ f_{L1}=1/(2\pi R_{P1}C_2) \tag{4-2}$$

$$\omega_2=(R_{P1}+R_2)/(R_{P1}+R_2C_2)\ 或\ f_{L2}=(R_{P1}+R_2)/(2\pi R_{P1}R_2C_2) \tag{4-3}$$

当 $f<f_{L1}$ 时，若 C_2 可视为开路，R_4 的影响可以忽略，运算放大器的反向输入端视为虚地，此时电压增益为

$$A_{VL}=(R_{P1}+R_2)/R_1 \tag{4-4}$$

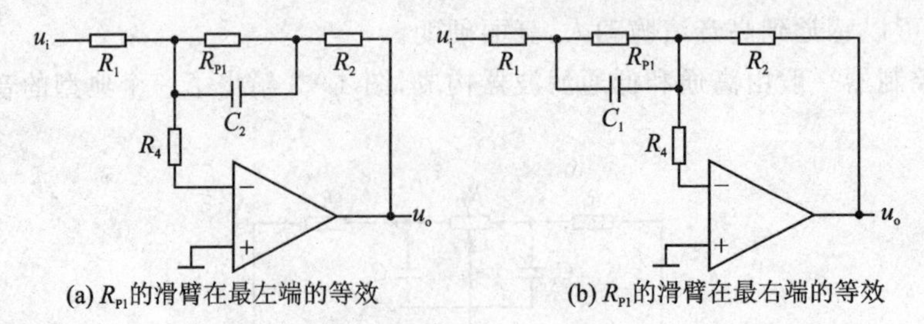

(a) R_{P1}的滑臂在最左端的等效　　(b) R_{P1}的滑臂在最右端的等效

图 4-5　等效电路

特别地：在 $f=f_{L1}$时，若选择 $f_{L2}=10f_{L1}$，故可由下式得

$$\dot{A}_{V1}=-\frac{R_{P1}+R_2}{R_1}\cdot\frac{1+0.1j}{1+j}$$

此时电压增益相对 A_{VL}下降 3 dB。

同样的分析可知：在 $f=f_{L2}$时，这时电压增益相对 A_{VL}下降 17 dB。同理，可以得出图 4-4 所示电路的相应表达式，其增益相对于中频增益为衰减量。

② 当工作频率 f 在高频段时，电容 C_1、C_2 可以视为短路，电路可以等效为图 4-6(a)，R_4 与 R_1、R_2 组成星形连接，将其转换成三角形连接后的电路如图 4-6(b)所示。

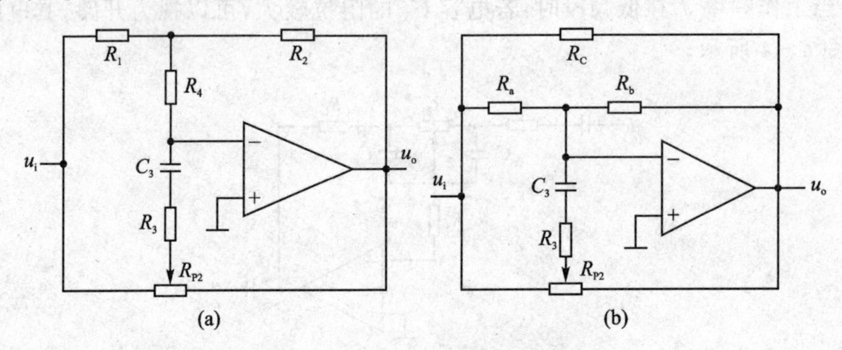

图 4-6　音调控制器的高频等效电路

电阻的关系式为：

$$\left.\begin{aligned}R_a&=R_1+R_4+(R_1R_4/R_2)\\R_b&=R_4+R_2+(R_4R_2/R)\\R_c&=R_1+R_2+(R_2R_1/R_4)\end{aligned}\right\}\tag{4-5}$$

若取 $R_1=R_2=R_4$，则

$$R_a=R_b=R_c=3R_1=3R_2=3R_4\tag{4-6}$$

分析表明，图 4-6(a)或(b)所示的电路为一阶有源高通滤波器，其增益函数的表达式为

$$\dot{A}(j\omega)=\frac{\dot{u}_o}{\dot{u}_i}=-\frac{R_b}{R_a}\cdot\frac{1+(j\omega)/\omega_3}{1+(j\omega)/\omega_4}\tag{4-7}$$

式中

$$\omega_3=1/[(R_a+R_3)C_3]\quad 或\quad f_{H1}=1/[2\pi(R_a+R_3)C_3]\tag{4-8}$$

$$\omega_4 = 1/(R_3C_3) \quad \text{或} \quad f_{H2} = \frac{1}{(2\pi R_3C_3)} \tag{4-9}$$

图 4-7 (a)为 R_{P2} 的滑臂在最左端时，对应于高频提升最大的情况；图 4-7(b)为 R_{P2} 的滑臂在最右端时，对应于高频提升的情况。

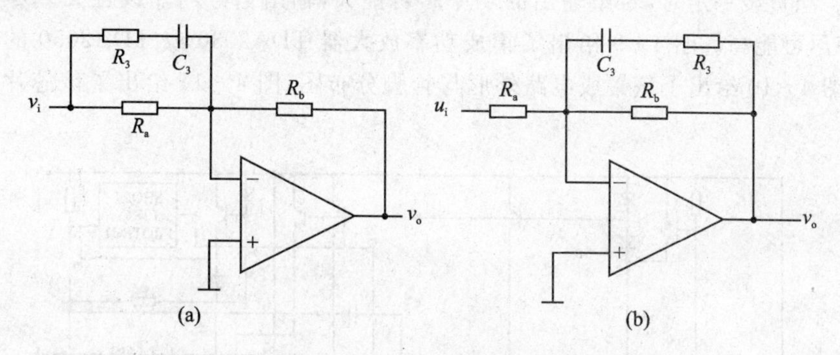

图 4-7　滑臂在最左端、最右端的高频提升等效电路

显然，$f_{H1} < f_{H2}$，若选择 $10f_{H1} = f_{H2}$，当 $f < f_{H1}$ 时，C_3 视为开路，此时中频区电压增益 $A_{V0} = 1(0\ \text{dB})$ 。在 $f = f_{H1}$ 时，$A_{V3} = \sqrt{2}A_{V0}$ ，此时电压增益 A_{V3} 相对于 A_{V0} 提升了 3 dB。在 $f = f_{H2}$ 时，$A_{V4} = 10A_{V0}/\sqrt{2}$ ，此时电压增益 A_{V4} 相对于 A_{V0} 提升了 17 dB。

当 f (f_{H2} 时，C_3 视为短路，此时电压增益为

$$A_{VH} = (R_a + R_3)/R_3 \tag{4-10}$$

将两者综合起来，可以得到图 4-3 典型的音调控制电路所对应的幅频特性图，如图 4-8 所示。

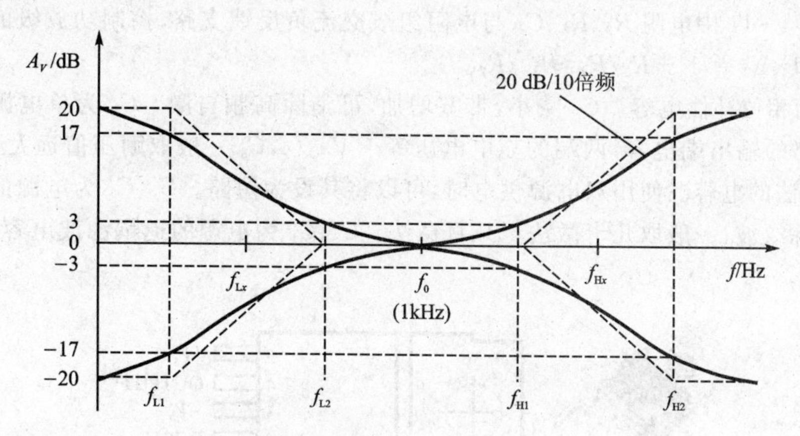

图 4-8　音调控制电路的幅频特性

实际应用中：通常先提出对低频区 f_{Lx} 处和高频区 f_{Hx} 处的提升量或衰减量 x (dB)，再根据式(4-11)和式(4-12)求转折频率 f_{L2}（或 f_{L1}）和 f_{H1}（或 f_{H2}），即

$$f_{L2} = f_{Lx} \cdot 2^{\frac{x}{6}} \tag{4-11}$$

$$f_{H1} = \frac{f_{Hx}}{2^{\frac{x}{6}}} \tag{4-12}$$

再根据式(4－2)和式(4－8)选定实际需要的电阻与电容的值。

3. 功率放大器

功率放大器(简称功放)的作用是给音响放大器的负载 R_L(扬声器)提供一定的输出功率。当负载一定时,希望输出的功率尽可能大,输出信号的非线性失真尽可能地小,效率尽可能高。图 4－9 给出了集成功率放大器 TDA2030 或 TDA2050 的内部电路图。图 4－10 给出了该集成电路外形与管脚分布图,图 4－11 给出了该芯片的典型连接图。

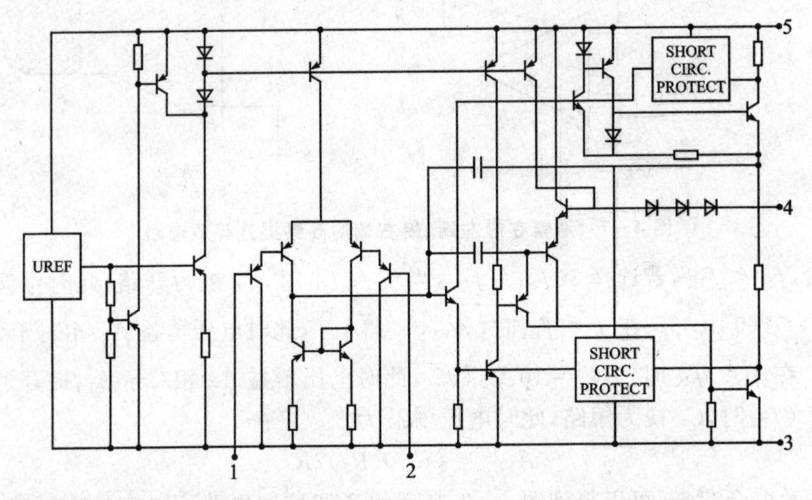

图 4－9　TDA2030 或 TDA2050 的内部电路图

在图 4－11 中电阻 R_3、R_2、C_2 与电阻组成交流负反馈支路,控制功放级的电压增益 A_{VF},即:$A_{VF}=1+R_3/R_2\approx R_3/R_2$。

C_7 为相位补偿电容。C_7 减小,带宽增加,可消除高频自激。C_8 为单电源供电时 OTL 电路的输出端电容,两端的充电电压等于 $V_{CC}/2$,C_8 一般取耐压值远大于 $V_{CC}/2$ 的几百微法的电容。使用双电源供电时,可以将其设为短路。C_5、C_6 为电源的滤波电容,可滤除纹波,一般取几十微法至几百微法。C_3、C_4 为电源的退耦滤波电容,可消除低频自激。

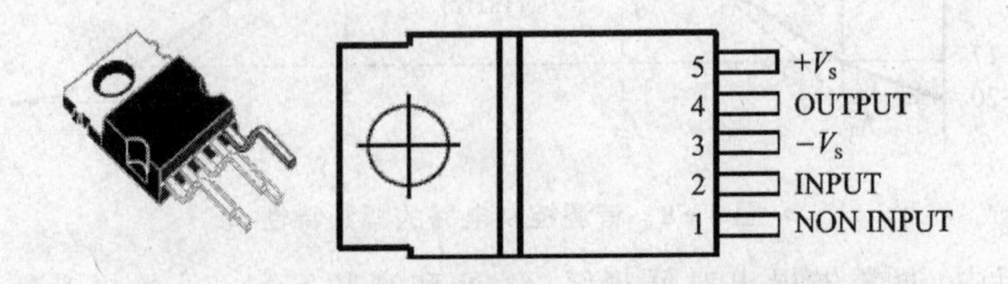

图 4－10　TDA2030 或 TDA2050 的外形与管脚分布图

4.2.2　材料准备

在熟悉了原理电路之后,在开始电子制作之前,需要做好各种准备工作。首先要准

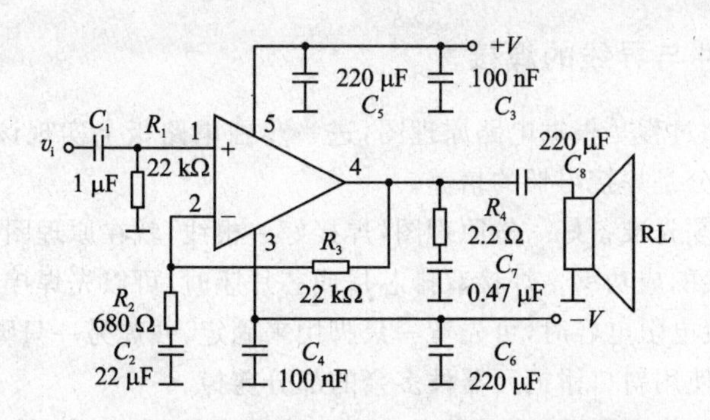

图 4-11　TDA2030 或 TDA2050 的典型连接图

备的是电子元器件，俗话说“巧妇难为无米之炊”，电子元器件是电子设计与制作必备的原料，根据原理电路准备元器件时，特别注意元器件的功率、工作电压等电气指标等是否满足要求。其次，就是准备齐全的电子制作工具。大致包括：钳子、松香、焊锡、电烙铁、万用表、镊子等。在准备元器件和工具的过程中，一定要合理的分类，特别是元器件，种类较多，如果没有合理的放置在恰当的位置，可能会在焊接的过程中花费较多的时间来寻找元件。

4.2.3　规划线路板元件的分布

根据电路图把元器件插到针孔电路板上，进行初步的布局。布局必须考虑两个方面的因素：第一个因素是元器件的布局必须符合电路抗干扰的相关要求，详细的要求可参考 PCB 板设计的相关要求；第二个因素是必须考虑实际元器件的大小，避免出现元器件在电路板上无法放下的局面。

对于芯片的位置，宜优先确定，并根据电路原理图所连接元器件的多少以及元器件大小，合理预留出空间，以方便元器件在针孔电路板上的分布，对于芯片最好使用芯片座（高频除外），以便更换方便和避免焊接时过热而损坏芯片。

下面给出几种注意事项：

① 针孔电路板有两孔相连的、也有三孔相连的、也有单孔相连的，在焊接之前，必须清楚哪几个行相连、哪几个列相连，千万不能接错。在焊接之前，用砂纸轻轻擦一下焊接面，同时用干布清除擦下来的粉末，这样，在焊接时，会获得较好的效果。

② 在打孔时，使用直径大于 5 mm 的钻头必须慎重，钻头在穿孔刹那间会产生较大的离心力，此时，一定不要冒然下钻，避免手无法扶住针孔电路板而受到伤害。在穿孔时，需要停止进钻（不要退钻），这样比较保险。为了扶稳电路板，可以找一块平整的木板，垫在电路板下面，这样，下钻比较稳妥，并且比较安全。

③ 调整元件位置时注意布局美观，如果有元件插不进去，可以用钻头把电路板的焊眼钻大后再插元件。需要裸露出来的元件（如电源接入端子、电位计等）必须合理考虑其位置，钻眼时先用笔在特定的位置标注好再钻，最后确定所有元件的位置，如果板子空间允许的话，可以使电阻平躺着，电解电容一定要按到底，瓷片电容可略高于板面。

4.2.4 元件与导线的焊接

焊接电路板的过程是根据电路原理图，进一步在电路板上实现该电路原理图的过程，最为核心的部分是焊接习惯的培养。

在焊接时，必须先准备好一份原理图，焊接好一根线，就在原理图上标识一下，这样可以大大提高焊接的成功率。焊接双排芯片或芯片座时，可以先焊接对角焊点，再逐个焊其他的脚。焊接电阻电容时，可先弯一只脚用来固定，并焊另一只脚，再扶起来焊它。焊接完成后，必须使用斜口钳把元器件多余的部分剪掉。

注意，随时给电烙铁降温（可以考虑使用一块湿海绵，蘸上水，放在烙铁架边，不用时，把烙铁头在湿海绵上降温一下），超过 5 min 不用电烙铁，可建议切断电源，避免烧坏电烙铁头。

焊点要适中，千万不要出现虚焊现象。焊接的焊盘呈锥状为宜，这样焊锡即接触焊盘十分充分，也和被焊导线连接效果较好。

焊接导线时，电源正极常用红色线，负极用黑色线（并非必须，只是习惯而已）。连线时先不要乱排乱走，导致接线满天飞，这种电路故障十分不易检查；同时，由于一个焊盘上会连接数根导线，使得焊盘十分容易出现故障。

最好并排却有顺序地走，尽量减少使用直接飞线的概率，合理使用针孔电路板上的资源，完成导线的焊接。这样，电路板焊接完成后给人十分整洁的感觉；同时，也容易在电路调试阶段分析和查找故障。

连线时用剥皮钳子把线皮去掉，把线头上涂松香后放在该连接的焊点旁（预先将元件的引脚已焊好，所以已有焊锡），用烙铁从 45°角轻触焊盘，待焊锡融化后烙铁头即可离开。

4.2.5 调　试

将电路与电路图一一核实，核实方法与测绘电路板是一致的，即把万用表打到二极管测量挡位，按照原理图测绘实际焊接的电路板是否与原理图所示的连接关系一致，没有问题后把线整理整齐。

如果电路焊接十分有把握，至少需要用万用表检查电源和地线之间是不是短路，有极性的元件检查正负是否接反，芯片电源和地是不是与外接电源和地线连通，不要冒然给焊接的电路接上电源。

在检查完电路连接关系后，就可以给电路准备电源了，把电源准备好后，记得用万用表对电源进行测量，没有问题后，把电源关掉，同时准备连接导线，注意培养良好的习惯：红色的导线为电源正极，而黑色的导线为电源负极。

给电路板通电，并直接观察是否能够工作，如果能够直接工作，则进入下一环节，否则，必须按照电路原理图，进一步进行检查。

电路检查应该注意以下几点：断电检查电路的通断（即连接关系）；加电（即给电路供电）检查电路的电压和波形；二分法为检查电路、分析故障点最为常用的方法。

这段话中前面两句比较容易理解，而二分法检查电路对于同学们来说比较陌生。所谓二分法是最为常用的锁定故障点的方法，其思想是：通过适当的断开，不断缩小故障点的范围。

举一个例子吧，假如焊接了一个两级放大电路，而焊接完成后，加电并输入信号，输出信号没有，这就可以采用二分法。首先，必须确认第一级放大是否没有问题，最为简洁的方法是把第一级和第二级断开，加电并输入信号，把第一级的输出信号引出到示波器上观察，这样做的好处是能够直接确认第一级是否工作正常。如正常，则为第二级的问题；如不正常，则为第一级的问题。这种断开，分而治之的方法与戴维南定理具有十分类似的地方。

4.2.6 包 装

外观的包装是为了使焊接的电路地板具有一定的通用性，通用性意味着不仅自己可以用，而且别人可以直接方便的使用你焊接的电路板。

许多同学在设计焊接电路板时并不主要这些问题，认为只要解决问题就可以了，实际上这是完全不符合电子工程师的要求的。你焊接的电路别人无法使用，意味着你的工作对于整个团队的贡献为零，你的电路没有存在的必要性。

在外观包装时，必须标识出电源的正负极、信号的输入端、信号的输出端、各个按钮的作用等内容，包装尽可能的美观，小巧。

4.2.7 测 试

待电路与外接的连接线全部连接好后，对电路板再进行测试，以检测在包装的过程中是否损坏了电路板。通过直接使用，看看哪些地方还需要改进，并对不满意的地方进行改造，以达到最佳效果。

第二篇　项目的规范

第5章　项目规范概述

5.1 如何成为一名优秀的产品研发工程师

一位工程师在介绍如何成为优秀的研发应用工程师时，引用这样的一句话“工程师是科学家；工程师是艺术家；工程师也是思想家。”我觉得他说的很有道理。工程师是利用自然科学来创造工程的人。工程既是物质的也是思想上的。许多不朽的工程，伟大的发明以及出神入化的技术方案，许多人只看到了它们的瑰丽，而工程师却能看到它设计的灵魂。工程设计是一门艺术，也是工程师思想的结晶。一部精密的机械设备，一个高效而又健壮的程序，一个复杂而又无懈可击的电路，这些都反映着一些杰出工程师的思想和灵魂，有时你甚至会认为他们的生命已经融入到设计之中。

成为一个杰出工程师最重要的因素就是热爱自己的所从事的职业。爱好和兴趣是自己最好的老师，只有热爱才能产生兴趣，有了兴趣才能在行动中付诸实践。可以肯定一份耕耘，就会有一份收获，但作为工程师和科学家想取得成功并不是比谁花的时间最多，而是看谁付出了更多的“思考”。不要以为每天花几个小时读书就是“勤奋”，这也可能比花几个小时睡觉还要“懒惰”。也就是说，“勤奋”是大脑的勤奋，而不是身体和和形式上的勤奋。不夸张地说，很多工程构想都是在梦境中诞生的。只要你热爱你的工作，你每天早起床后刷牙的时候、上班的路上、吃饭的时候甚至和别人谈话的空闲瞬间都有可能诞生灵感。当然热爱工程师职业的前提是一定要能领略到工程和自然科学中的美感。一个优秀的工程师同时也是一个热爱科学的人，从科学的常识到科学的精神都会渗透到他的生活中。

要成为一个杰出工程师必须培养自己的思维品质，包括思维习惯，深度和广度，以及思维方式和思维素材的选取。一个工程师确实有很多品质是天生的和决定性的，学校的培养和自己的努力也只是一些辅助措施。物理学和数学的基础是对工程师有很高要求的，物理学和数学是指一种最基本的认识，而不是停留于表面的文字和公式，什么时候都不能认为理所当然。每个人思维的着眼点和注意的方面都不相同，如果从小就将注意放在自然科学之上，这些孩子中有很多就是未来的工程师。人们经常说，每个人都有自己的长处和优点。有些人的长处和思维方式在工程师职业中无法发挥，他不可能成为工程师，所以工程师和科学家在生活中也是工程师和科学家，而不是工作时和端起书本时才是。很多学生很努力的去学习，可一直无法入门就是这个原因。当拿起书本时发现一个问题或者老师提出一个问题后他们会努力的解决，可放下书本就不会再自己提出问题和独立的思考了。

要成为一个杰出工程师必须在读书过程中养成了独立思考问题的习惯。要提高对事物的认识和对自然科学的理解，提高对具体事务的驾驭能力。同时，思考问题要有深度，思维的深度是一种习惯。有些人总是喜欢点到为止，他甚至没有意识到我还可以再深入的思考。作为工程师和科学家要培养深邃的思考习惯。知其然，更要知其所以然。

要成为一个杰出工程师必须重视实践，自然科学无论发展到何时都离不开实验。电子学本身就是为了指导工程实践，所以不要谈空洞的理论。实践可以提高对自然科学的认识甚至改变着我们的世界观，只有这种认识提高了才可能创造和应用有价值的理论。我们不要"玩弄理论"，但要重视理论。理论是思想、是认识，不是公式和文字。另一方面，我们还是要重视理论。因为你是电子工程师，而不是电子爱好者。工程师要从整体到细节地全面把控你的工程。人做事是会犯错误的，工程师要将这样的错误减到最少。因此全面的理论和对工程对象的认识是必须的。一些从电子爱好者出身的工程师比较容易忽视理论，认为把东西做出来了就可以。当然是要把东西做出来，但最终是要掌握尖端的技术，推动中国科技的发展。不可能像电子爱好者那样拿过别人的图纸来"制作"了事。IT 技术发展迅速，理论的发展也非常迅速。我们一定要接受新观念和新技术，工程师必须有全面而又坚实的理论作为后盾。学习信息技术就好比盖一座大厦，可以很快掌握流行的开发工具和技术，可以盖个比较高的大楼，可是没有全面坚实的理论作为地基，是不可能盖成摩天大厦的。

要成为一个杰出工程师必须拥有一套完整的理论体系。IT 技术本身就是多学科交叉产生的，涉及太多的东西。所以在这个行业内如果掌握更多更全面的知识是非常必要的。搞硬件的往往容易忽略软件方面的东西。现在哪里有离开软件的硬件和离开硬件的软件呢？而且一个工程师不仅要懂得本专业的知识，还要有广泛的自然科学知识，只有这样才能成为出色的工程技术人员。

要成为一个杰出工程师必须培养自己的学习方法。仅仅靠学校里学来的一点知识想成为优秀的工程师是不可能的，90%的知识都要靠自己去学习。很多学校刚毕业的学生并不会自学，拿过一本书来看一阵，看不懂就咬牙看下去，最后扔在一边。其实自学是非常讲究技巧和方法的，当然每个人都有适合自己的一套好办法。均匀的分配时间，而不忽略任何一个方面的进展，这样才能保证知识体系的不断更新和扩充，这只是宏观上的精力分配。具体的学习过程当然因人而定，但一定要有战略的进行。工程师做任何事情都要有计划有步骤的去执行。逻辑不仅仅是体现在程序中，更要体现在学习和生活的进程中，也就是做任何事都要科学地安排时间，根据自己的情况制定方案。

要成为一个杰出工程师做事必须严谨求实，从整体到每个细节都要有足够的重视程度。工程师不能接受"差不多"这样的词汇；行就是行，不行就是不行，这是工程师最基本的素质。工程师要用指标说话，要用实践说话，"差不多"不是工程师嘴里应该出现的词汇。

要成为一个杰出工程师还必须注重知识和经验的积累，一个好的程序员和电路设计师就是一个好的收藏家，不仅收藏自己的智慧结晶，更要收藏别人的智慧结晶。IT 技术领域有无数的巨匠和天才将他们的智慧沉淀于现代科技之中，所以我们要不断的积累好的做法和前人的思想。你的周围会有很多人的很多的东西值得你学习，你应该将这些作为财富积累起来，总有一天会发挥出作用。另外我们学习的不仅是简单的知识，更是前人对知识的理解和对工程的看法。比如每个人眼中的电阻都不相同，你要主动去了解高手眼中的电阻是什么东西。

要成为一名杰出工程师不要轻易问别人问题，因为解决问题的过程和结果同样重要。经常向老师提出问题，这是好事，说明某某学生爱学习。可我们并不提倡这些，相反的如果能自己解决问题才是最好的。要学会独立的猎取信息和知识，并从其中得到自己的判断。

要成为一个杰出工程师，既要有个人英雄主义情节又要能融入团队。出色的个人能力和人格魅力是相当的宝贵。在崇拜盖茨和乔布斯的同时不要忘记他们身后庞大而又高效的研发团队。以一戟之力完成霸业的英雄已不属于这个时代，所以团队的合作才是创造神奇的必经之路。

要成为一个杰出工程师还要有发展的眼光。不仅要能在复杂的技术和市场面前游刃有余，更要对未来的发展态势做出精确的展望。只有比别人想的远才能比对手走的更远。当然这与坚实的基础和勤奋的思考是密不可分的，在群雄逐鹿的当今 IT 界，恐怕需要更多的胆识才能做到。要不断的关注技术和市场以及其他领域的发展，什么时候这种关注放松，什么时候就会被竞争所淘汰。要在竞争和解决问题中体会生活，研发和竞争是每个工程师不可避免的现实。大家每天都会遇到新的困难，可这才是工程师的生活，要轻松的活在这些问题之中，并体会其中的快乐和成功时刻的兴奋。很多工程师抱怨说做研发太累了，这里的“累”是一种心理的感受，工程师的职业就是不断的克服困难迎接新的挑战。

一个优秀的工程师应该具备哪些能力呢？三点：分析力，预见力，创造力。

如何成为一名优秀的工程师呢？想成为一名优秀的工程师，必须从以下六个方面做起。

1. 从定性到定量

也许问题发生时，根据前人的经验我们很容易找出问题的所在，然后呢？一个优秀的工程师不仅会给问题定性，更能想尽办法将问题量化，并从中找到问题的根本所在。举一个很简单的例子，电路的保险丝烧了，每人都发现是电路的电流过大使得保险丝无法支撑后端电路的电流造成的，但是找到那个元件或者那个单元电路的损坏处才是关键所在。

2. 从计数到计量

甲、乙、丙三电路均能完成同样工作，从这个信息中可能知道哪个电路是最好的吗？不能，于是我们就需要为它们评定等级，发现有甲、乙两个电路的性价比较高，而丙的是较低，从这个信息能知道那个电路是最好的吗？仍旧不能，于是我们再看甲、乙二电路在评价体制中的分数，发现甲为96，而乙为90，终于我们知道甲电路是三个电路中最优秀的。也许大家会认为这是一个很简单的问题，但是将其推广至其他领域，大家便可体味其中之道理。

3. 从平均到变异

通过平均值,我们也许不能获得太多的信息,但是看变异我们会挖掘到很多不同于表象的信息。

4. 从意向到图表

当你去给别人介绍一个电路,你可能用了无数的词汇向别人描述你设计的电路,如“开关”、“电源”、“集成电路”、“图像”和“色彩”等,但别人未必能够真正明白你在说什么,所以不如拍张照片给他看。在实际工作中完全可以借助图表的方式分析问题,例如柏拉图、直方图、鱼骨图和查检表等。善用这些工具会使你的头脑更清晰,使你的报告更有说服力。

5. 从想象到验证

分析了问题,找到了原因,就要做实验来验证它的想法,并设法找到解决问题的途径,当然实验应该多次才可能更客观。

6. 从预测到预防

当然,谁也不愿意看到问题的发生,我们一定要具有一定的预测能力,不是要等故障发生了,才知道存在的问题,这种能力不是一开始就能具备的,是需要累积的,只有犯过错误才会预见到下一个项目会有可能发生怎样的问题。既然能预测到问题,我们就要竭尽所能的避免错误的发生,至此,才真正的发挥出一个优秀工程师的潜质。

5.1.1 产品研发工程师的职责

作为一名产品研发应用工程师首先要明确自己的职责,具体如下:

① 研究与设计,完成新产品在开发过程中的图纸及相关生产技术文档。

② 负责根据市场需求制定本土化的产品方案。

③ 指导生产加工部门或工厂对产品的测试及检验操作,协助解决产品在生产过程中出现的技术问题。

④ 根据客户或其他部门的需要对产品的某些部分进行设计修改和设计改进。

⑤ 总结产品研发经验,持续改进产品性能。

⑥ 为公司销售或售后服务提供必要的技术支持。

⑦ 积极关注行业发展动态,积累研发素材。

⑧ 完成领导交付的临时任务。

5.1.2 成为一名优秀的研发应用工程师所具备的基本素质

要成为一名优秀的研发应用电子工程师必须具备的基本素质是:

① 对自己从事的电子设计工作充满热情和兴趣。

② 具有扎实的模拟电路与数字电路的基本知识、缜密的逻辑思维。

③ 能够熟练掌握电路设计与工程制图的相关软件。

④ 能迅速利用自己的知识或经验快速排除实际生产中的问题点。

⑤ 熟悉各种测试规范,包括 EMC(Electro－Magnetic Compatibility)测试标准,具有解决电磁兼容性的能力。

⑥ 拥有扎实的电子设计基本功和丰富的 Layout 经验。

⑦ 掌握调试电路板的技巧和方法。

⑧ 能够及时更新自己的知识架构,同新的技术与时俱进。

⑨ 熟练掌握一门外语。

5.2 产品研发应用工程师的工作

经一系列市场调研后,一个新的产品方案由产品研发经理 PM(Product Manager)申请立项,研发工程师根据本土化需求,整合出一套具有市场竞争力并集成公司特色的设计方案,并将实施。

5.2.1 原理图实现

首先,方案的选择非常重要,对于芯片的选择原则上应该注意:

① 性价比高的,在满足功能的条件下,尽量降低成本。

② 在满足设计指标的条件下,尽可能选择在生产制作过程中容易开发的或者以前已经实现了的,降低在开发过程中的风险。

其次,在实施原理图之前必须消化参考方案的各个模块的功能和用途。将本土化的设计思想同参考方案进行结合。要多向权威请教学习,但不能完全迷信权威,否则会付出更大的代价。画图过程中将整个设计分为不同模块,例如:某项目中,可将其分为电源电路模块、Flash 和 SDRAM 模块、AFE 模拟端模块、网口 SWITCH 模块、无线模块等。每个功能模块的器件的选型尤其是 POWER 部分的芯片选择非常重要(一般选择 2～3 个电源方案作为备选)。按照由繁至简的原则将独立绘好的各个模块进行拼接成为整个系统。在这个步骤中可以强化作者对各个模块的深入理解,为后续的调试工作打好基础。

再次,应该对整个系统的原理图进行评估,评审是否存在电源的负载不够。具体如下:

① 是否存在系统上电的时序问题。

② 器件选型是否符合标准。

③ 是否选用的滤波器件和滤波电路没有达到滤波效果。

④ 是否存在原理图器件标识不清等潜在的后果。

作为设计人员应该保证原理图的正确性和可靠性,不要寄希望于别人给你查出问题,自己要做到设计即审核。同时个人觉得对于功能一般性的原理图或者是旧版本升级的原理图原则上都应该一版成功。

最后,将原理图中的器件描述及特性导成用于工程生产的 BOM(Bill of Material)。这个过程是整个产品生产过程一个非常重要的环节。表面上看来这样耗时耗力,但实际上这样可以减少BOM出错的可能,方便SMT(Surface Mount Technology)的生产及后续的调试。所以在完成原理图的同时也要将各个器件的料号、描述、器件值等重要信息标记在原理图中,利于生产和查询。同时,一些不实装的器件也一定标记清楚,在导出.BOM文件的同时也要将不实装的器件做好备份。

5.2.2 PCB Layout 实现

作为一名电子工程师设计电路是一项必备的硬功夫,虽然IT类公司具有专门的Layout工程师进行画版,但毕竟他们不是真正的电子工程师。由于专业知识及实战经验太少,所以在Layout方面是电子工程师非常重要的环节,在此,关于Layout方面应注意如下事项:

① 元器件和网络导入时,要注意导入器件的封装是否符合此立项设计的标准,是否与定制的封装一致。封装如果出现了失误可能导致布板彻底的失败。

② 元器件布局时一定要先放置与结构相关的元器件,如电源插座、开关、复位按键、RJ45、RJ11、LED灯等。放置完毕后再放置比较特殊的器件,如主芯片或较大器件及发热器件。

③ 发热器件最好分散放置,避免放置到一起,以免散热不良。同时要避免和电解电容器E-CAP放置在一起,防止E-CAP的电解液过早老化。

④ 器件和走线最好不要靠近板边,防止在裂板时损伤元器件。

⑤ 高频数字线和控制线在布线时尽量等长,短一点点比较好。时钟信号线、低电平信号和高频信号线都尽量的走短。

⑥ 两层版走线时顶层(top)和底层(bottom)的走线尽量垂直斜交或弯曲走线,避免走平行线,以减少寄生电容和寄生电感。同时因为两层板对接地要求非常敏感,所以尽量让整块地线充分的大,且关键走线要被地线所包围。

⑦ 走线拐角尽可能的大于90°,一般为135°。

⑧ 焊盘相连的线一定要粗,最好打泪滴。

⑨ 芯片的滤波去耦电容尽量靠近芯片的引脚放置。

⑩ AFE端的下行走线尽量和上行走线分开,越远越好。

⑪ 发热IC底部不要覆绿油,最好开窗便于散热。

⑫ 引脚密集的接插件应该刷上防短路丝印。

⑬ 对于无线射频处的走线最好走弧形避免有较大的弯折。器件摆放最好按照一个垂直,一个水平的顺序放置,且PA(Power Amplifier)下接地处尽量多打几个接地孔,一般最少为9个,保证其良好的接地。无线部分的接地要务必充分。

⑭ Layout时还要考虑到EMC电磁兼容性问题。如CLK、接地、屏蔽等。

Layout需要注意的事项太多了,笔者还没有能力罗列更多的注意点。拥有丰富Layout经验是优秀的电子工程师必备的素质,但Layout的经验不是一朝一夕就能拥有的,它需要在长时间的画板和调试过程总结摸索,是个长期的艰苦过程。力争在平时的工作中能不断总结和积累,增强自己Layout的技能和经验。

5.2.3 电路板的调试

电路板的调试是整个产品生产环节中最重要的一个环节。对于一个新产品的PCB(Printed Circuit Board)的调试会存在很多困难特别是器件比较多、功能比较复杂的产品。这个时候一定要掌握一套合理的调试方法,这样才能事半功倍。不能沿用以前不合理也不科学的方法,还没找到问题真正的原因就开始换器件,然后不停地进行没有意义的尝试,这是极其不合理的调试方法。

对于刚拿回来的PCB板,首先要仔细观察整个PCB,看看是否存在问题。例如是否有明显的裂痕,是否缺件、错件、短路、开路等。然后进行静态阻抗测量,测试各点电压对地阻抗是否大于0 Ω或者在规定范围内。确定各点电压没有短路后进行上电试验。如果上电启动后测量各点电压值正常则表示电源部分状态良好,反之要断开电源进行故障排除(寻找此类问题故障的方法一般为排除法或者是最传统也是最常使用的"看、听、闻、摸"),直至电压正常为止。接下来对于电源上电后的板子进行简单的功能验证,比如是否能够正常ping通EUT,是否能够正常连接上ADSL局端,是否无线部分功能正常启用。在确认一系列基本功能测试没有问题后再进行系统测试。

系统测试很繁琐但是也是评价该产品最关键的测试。系统测试的过程中应该将系统分为若干功能模块。以ADSL无线机种为例分为:电源电路模块、Flash和SDRAM模块、AFE模拟端模块、网口SWITCH模块、无线模块等。

1. 针对电源模块需要测试的项目

① 整机全速工作总功耗测试(网口ping通,无线发包)。

② 降额测试。

③ 电压纹波测试(纹波测试点应该在近芯片端,报告中注明选取测试器件的位号或测试位置便于追溯。)

④ 启动时序。测试几组电压的启动顺序是否满足datasheet的要求。

⑤ 开关频率。测试DC-DC的开关频率是否满足datasheet。

2. Flash和SDRAM模块的测试项目

① 上电复位测试。

② 软件保存重启、硬件/软件复位测试。

③ 开关机测试。

3. AFE模拟端功能模块的测试项目如下:

① TR067测试,需要在不同局端和不同模式下测试。

② 自环低噪测试。

③ 实线距离测试。

4. 网口SWITCH模块测试项目

① 网口是否可以ping通,4port之间是否可以相互ping通。

② VOD点播、FTP下载、ping大包。

5. 无线功能模块测试项目

① 频偏测试　频偏是无线参数的一个重要指标，Ralink 方案的频偏可以通过调整做到几个 10^{-6} 内，如果通过参数不能将频偏调整下来，此时可能就需要调整晶振的匹配电容。频偏偏差过大会影响到无线的 EVM(Error Vector Magnitude)不良。

② 闭环功率测试　此项测试最麻烦，涉及 PA 类型，PD 的无线参数等，Ralink 方案的功率也可以通过软件来些参数进行调整。测试发现同一块板子的功率相差不大。对于 Throughput 的为上行，速率相对于下行偏低。

③ EVM 测试　此项指标是衡量整个无线性能的指标。11n 的标准最高，要求达到－28 dBm。影响 EVM 的原因很多，比如功率偏高 EVM 指标也会下降，无线部分器件值没有匹配合理也会导致该项不良。

④ 接收灵敏度测试　此项指标跟 PA 的指标没有任何关系，通常只是跟接收端的线路有极大关系。对于 Throughput 为下行，速率相对上行偏高。

⑤ Throughput 测试　以上无线性能的四个指标都会影响 Throughput 的值，同时跟测试环境、测试温度、湿度、天线摆放位置有很大关系。

6. 整机的 EMC 测试

① 浪涌抗扰度 SURGE 测试。

② 静电抗扰度 ESD 测试。

③ 电磁骚扰 EMI 测试。

在之前的调试过程中还没有培养出一个科学合理的调试方案，在今后的调试中要摸索总结出一套合理的调试电路板的方法。

第6章　项目定制开发说明模板

本章以一个具体的项目实例的定制和开发为模板介绍一个项目是如何进行的，为今后自己的项目定制与开发进行有效的指导。

6.1　项目定制模板

6.1.1　项目定制说明书封面

一个具体的项目应当有一个封面，为今后的查阅和存档提供索引和指导，具体的封面如图6-1所示。封面里应当至少包括项目的名称、文件的编号、文件的版本号、项目实施的日期、项目的保密等级、编制者、审核者等。

×××项目

定制需求开发说明书

文件编号	TIBET-SOE-0001
版本号：	VERSI ON1.0
实施日期：	2011-08-11
保密等级：	□秘密　□机密　□绝密
编制：	
审核：	
会签：	
批准：	

注：选定文档信息“保密等级”栏中的选项方框后，选择插入—符号—几何图形符■覆盖□。

图6-1　项目定制需求开发说明书封面图

6.1.2　项目定制说明书修订记录

修订记录在第二页，具体格式如表6-1所列。

表 6-1 修订记录模板

日 期	版本号	描 述	作 者
yyyy-mm-dd	Version1.0	初稿完成	×××
yyyy-mm-dd	Version2.0	修改×××	×××
……	……	……	……

应当记录项目的初始完成日期、版本号,项目的初始以及修订的具体描述以及修订者等相关的信息。

6.1.3 项目定制目录结构

项目定制的目录结构一般在修订记录的后面,给出项目的相关记录的文件页面索引,方便阅读者翻阅。目录结构一般保留两级与两级以上。可以在文件中插入目录结构,最后生成目录,使页面的定位准确可靠。

6.1.4 项目定制目的

给出项目来源以及项目定制的目的。下面是一个关于航空摄影测量软件提供的输入设备的一个典型的实例,以此作为参考。

《航测操作手》的项目是在我公司与XXX共同研究的基础上,根据航空摄影测量的软件自主研发所需要的一种控制操作设备来进行开发的。航测操作手是为航空摄影测量的软件提供三维控制的一种输入设备。

《航测操作手》开发手册的定制目的是:

① 在设计阶段,指导设计人员在进行合理的必要的设计时,尽可能少走弯路,尽量降低产品开发的周期。

② 在审计阶段,指导审计人员对产品的功能、市场前景以及潜在的风险等实际问题进行评估与审计,确定产品开发的必要性。

③ 在开发阶段,指导开发人员进行全部功能的开发与功能的验证,为调试人员在进行各种功能的调试提供依据。

④ 在生产阶段,指导生产人员进行生产。

⑤ 在产品的测试阶段,指导测试人员进行各个功能模块的功能测试,为产品的出库做准备。

⑥ 在售后服务阶段,指导售后服务人员做好售后指导以及产品的宣传工作。

6.1.5 项目定制使用范围

给出项目定制文件的使用范围、项目定制文件的保管与存档的相关规定。下面是一个项目定制文件使用情况的一个实例以供参考。

《XXX》该项目有关的设计人员、开发人员、生产人员、审定和测试人员以及与该项目的有关售后服务人员,其他的人员如果与该项目无关,不得使用和浏览此手册。

如果该项目要参与鉴定和申请专利，可以使用本手册，但手册在使用后应当归还。

本手册的存档应归于档案室，该项目的设计、开发、生产、审计与测试人员在使用本手册后应当归还到档案室。

6.1.6　项目定制的相关定义与术语

列出项目文档中所使用的术语和缩略语。可引用已有的数据字典，如没有则需要在此列出。

术语——列出在本流程中用到的关键词和专用词，并给出其含义。

缩略语——列出在本流程中用到的所有缩略语，并给出中英文全称；另外在正文中缩略语首次出现处也要给出其英文全称。

下面是一个典型的实例，以供参考：

航测操作手：是我公司根据 XXX 设计的航空摄影测量软件的输入设备一个较为形象的定义。该设备采用 USB 输入接口(见图 6－2)将摄影测量软件所需要的一些基本物理量通过该设备，以动态数据库的方式将其对摄影测量软件开放。

USB 接口：通用串行总线(Universal Serial Bus, USB)是连接外部装置的一个串口汇流排标准接口，是一个外部总线标准，用于规范电脑与外部设备的连接和通信。USB 接口支持设备的即插即用和热插拔功能。USB 接口可用于连接多达 127 种外设，如鼠标、调制解调器和键盘等。USB 是在 1994 年底由英特尔、康柏、IBM、Microsoft 等多家公司联合提出的，自 1996 年推出后，已成功替代串口和并口，并成为当今个人电脑和大量智能设备的必配的接口之一。从 1994 年 11 月 11 日发表了 USB V0.7 版本以后，USB 版本经历了多年的发展，到现在已经发展为 3.0 版本。

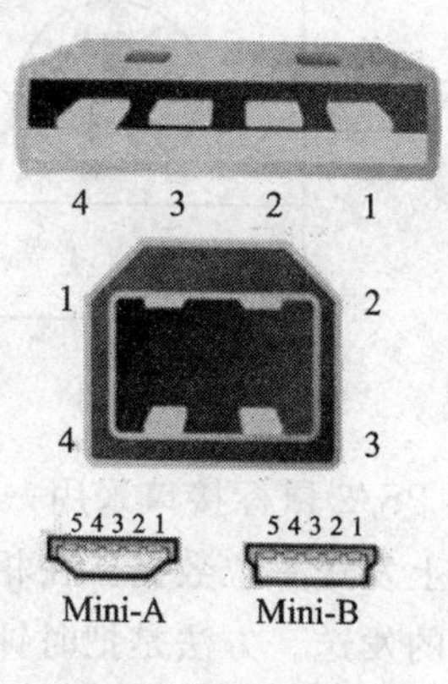

图 6－2　USB 接口

USB1.0：USB 1.0 是在 1996 年出现的，速度只有 1.5 Mb/s(兆位每秒)；1998 年升级为 USB 1.1，速度也大大提升到 12Mb/s，在部分旧设备上还能看到这种标准的接口。USB1.1 是较为普遍的 USB 规范，其高速方式的传输速率为 12 Mbps，低速方式的传输速率为 1.5 Mbps(b 是 bit 的意思)，b/s 一般表示位传输速度，bps 表示位传输速率，数值上相等。B/s 与 b/s，BPS(字节每秒)与 bps(位每秒)不能混淆。1 MB/s(兆字节/秒)＝8 Mbps(兆位/秒)，12 Mbps＝1.5 MB/s。

USB2.0：USB2.0 规范是由 USB1.1 规范演变而来的。它的传输速率达到了 480 Mbps，折算为 MB 为 60 MB/s，足以满足大多数外设的速率要求。USB2.0 中的“增强主机控制器接口”(EHCI)定义了一个与 USB1.1 相兼容的架构。它可以用 USB2.0 的驱动程序驱动 USB1.1 设备。也就是说，所有支持 USB1.1 的设备都可以直接在 USB2.0 的接口上使用而不必担心兼容性问题，而且像 USB 线、插头等附件也都可以直接使用。

USB3.0:由 Intel、微软、惠普、德州仪器、NEC、ST－NXP 等业界巨头组成的 USB3.0Promoter Group 宣布,该组织负责制定的新一代 USB3.0 标准已经正式完成并公开发布。新规范提供了 10 倍于 USB2.0 的传输速度和更高的节能效率,可广泛用于 PC 外围设备和消费电子产品。USB3.0 在实际设备应用中将被称为“USB Super-Speed”,顺应此前的 USB1.1 FullSpeed 和 USB2.0HighSpeed。

PS 接口:PS/2 接口用于许多现代的鼠标和键盘,由 IBM 最初开发和使用物理上的 PS/2 接口有两种类型的连接器:5 脚的 DIN 和 6 脚的 mini－DIN。图 6－3 就是两种连接器的引脚定义。使用中,主机提供＋5 V 电源给鼠标,鼠标的地连接到主机电源地上。

Male插头	Female插座	5脚PIN(AT/XT)
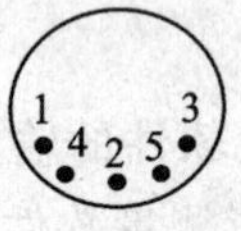 1 4 2 5 3	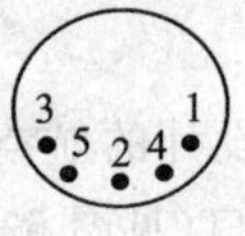 3 5 2 4 1	1－时钟 2－数据 3－未用，保留 4－电源地 5－正电源
 5 6 3 4 1 2	 6 5 4 3 2 1	6脚Mini－PIN(PS/2) 1－数据 2－未用，保留 3－电源地 4－正电源
插　头	插　座	5－时钟 6－未用，保留

图 6－3　PS/2 接口连接器引脚定义

PS/2 鼠标接口采用一种双向同步串行协议,即每在时钟线上发一个脉冲,就在数据线上发送一位数据。在相互传输中,主机拥有总线控制权,即它可以在任何时候抑制鼠标的发送。方法是把时钟线一直拉低,鼠标就不能产生时钟信号和发送数据。在两个方向的传输中,时钟信号都是由鼠标产生,即主机不产生通信时钟信号。

如果主机要发送数据,它必须控制鼠标产生时钟信号。具体实现的方法如下:主机首先下拉时钟线至少 100 μs 抑制通信,然后再下拉数据线,最后释放时钟线。通过这一时序控制鼠标产生时钟信号。当鼠标检测到这个时序状态,会在 10 ms 内产生时钟信号。主机和鼠标之间,传输数据帧的时序如图 6－4,图 6－5 所示。数据包结构在主机程序中,利用每个数据位的时钟脉冲触发中断,在中断过程中实现数据位的判断和接收。在实际设计过程中,通过合适的编程,能够正确控制并接收鼠标数据。

旋转编码盘:通过主轴的旋转来实现角度和角速度输出的装置,一般采用脉冲 TTL 或者 OC 输出,可以和脉冲测量电路一起测量主轴旋转的角度和角速度。

FPGA:FPGA 的英文全称是 Field－Programmable Gate Array,即现场可编程门阵列,它是在 PAL、GAL、CPLD 等可编程器件的基础上进一步发展的产物。它是作为专用集成电路(ASIC)领域中的一种半定制电路而出现的,既解决了定制电路的不足,又克服了原有可编程器件门电路数有限的缺点。

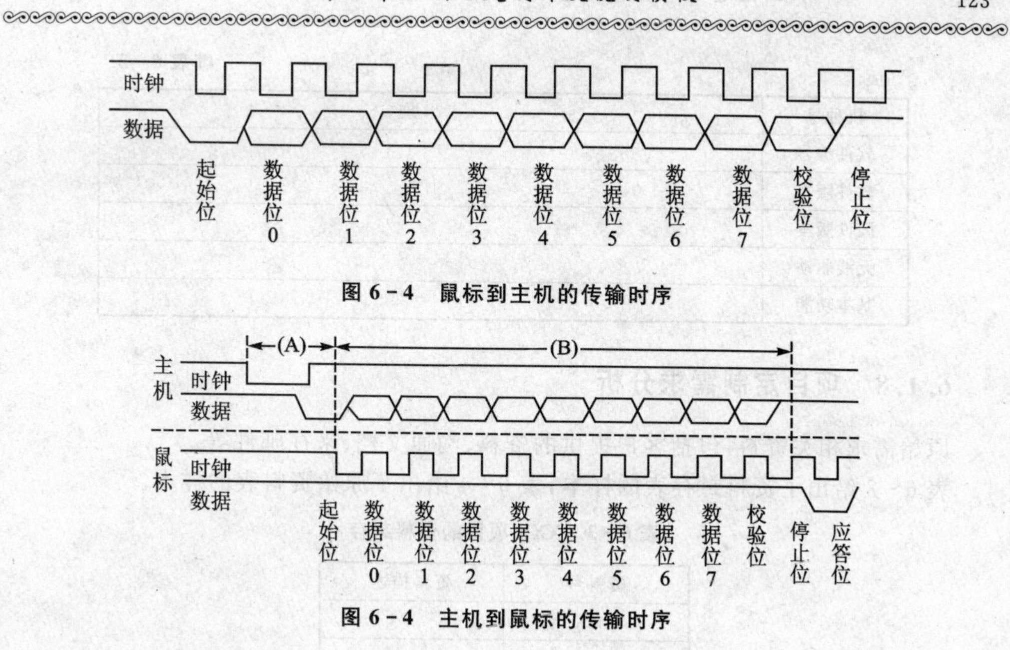

图 6-4　鼠标到主机的传输时序

图 6-4　主机到鼠标的传输时序

6.1.7　项目定制整体说明

项目定制整体说明用于描述项目实施所需硬件和软件，硬件部分主要包括系统的芯片选型，系统的按键，指示灯和接口设置；软件部分主要包括软件的编号，软件版本和基本功能等信息。表 6-2 列出了一个整体的描述实例以供参考。

表 6-2　项目定制整体描述

机种号	参　数
芯片相关	主芯片：　　　无线芯片： Flash：　　　内　　存：
按　键	一个复位键(按 3 s 复位键恢复出厂设置) 一个无线按键开关(短按触发开、关无线功能) 一个 WPS 按键(短按触发开启 WPS 功能)
LED	电源灯(绿灯亮：GPIO22 拉高，红灯亮：GPIO22 和 GPIO24 同时拉高) DSL 灯(绿灯亮：GPIO2 拉高) 网络灯(绿灯亮：GPIO5 拉高，红灯亮：GPIO5 和 GPIO31 同时拉高) USB 灯(绿灯亮：GPIO26 拉高) WPS 灯(绿灯亮：GPIO35 拉高) 无线灯由 BCM43222 直接控制
硬件接口	USB 2.0 Host： 网口： DSL 口： WIFI： 电源开关： 电源插口：

续表 6-2

机种号	参 数
软件编号	
软件版本	
固件版本	
无线驱动	
基本功能	

6.1.8 项目定制需求分析

原始需求相关资料：包括客户提供的资料、沟通文档、来往邮件等。

表 6-3 给出了资料封存表的样本，表 6-4 给出了原始资料表的样本。

表 6-3 XXX 项目的资料封存

资料号	资料描述
XXX	

表 6-4 XXX 项目的原始资料

需求编号	需求描述	导入日期	期望完成时间	软件版本	资料号
AR-XXXX	原始需求	2010-11-12	2011-05-22	Ver1.0	TR20100020

6.1.9 项目定制规格定义

列写项目规格定义表格，表 6-5 给出了项目定制的规格定义样表。

表 6-5 XXX 项目定制规格

规格编号	TR20100020
需求编号	AR-XXXX
优先级	X(高、中、低)
触发条件	描述触发该功能的条件
输 入	描述对本功能需求的输入要素
输 出	描述本功能需求的输出内容
处 理	本功能需求所进行的处理
特殊说明	功能需求需要特别指出的地方

6.1.10 项目定制的详细设计

对较复杂的规格进行详细设计，具体的部分需要另外撰写详细设计文档。具体内容格式不限，能把设计思路描述清楚就可以了。可以包括系统架构、总体设计、业务流程等。表6-6为项目设计的基本样表。

表6-6 项目设计的基本样表

设计编号	DSXXX
规格编号	ORXXX
设计描述	
图纸编号	GRXXX

6.1.11 项目定制的测试报告

根据原始需求，进行功能测试的测试报告，一一说明其功能的完成情况以及测试的结果。以表格的形式给出测试报告(见表6-7)。

表6-7 项目测试报告的基本表格

测试编号	MEXXX-1/ DSXXX
设计编号	DSXXX
测试时间	2011-04-10
功能描述	对设计描述进行一一的测试，给出测试的结论
测试结论	给出总的结论以及可能的修订意见

6.1.12 项目定制的参考资料清单

罗列本文档所参考的有关参考文献和相关文档，格式如下：

作者＋书名(或杂志、文献、文档)＋出版社(或期号、卷号、公司文档编号)＋出版日期＋起止页码

例如：

[1]D. B. Leeson, A Simple Model of Feedback Oscillator Noise Spectrum, Proc. IEEE, pp329-330, February 1966 (英文文章格式)

[2] D. Wolaver, Phase-Locked Loop Circuit Design, Prentice Hall, New Jersey, 1991(英文书籍格式)

[3] 王阳元，奚雪梅等，薄膜SOI/CMOS SPICE电路模拟，电子学报，vol. 22, No. 5, 1994(中文文章格式)

6.2 项目开发模板

6.2.1 项目开发说明书封面

项目开发说明书的封面应当包含项目的名称，项目的实施人员名单，项目的编号以及项目的版本号等，可以根据需要进行编写。图6-6给出了一个项目开发说明书的模板以供参考。

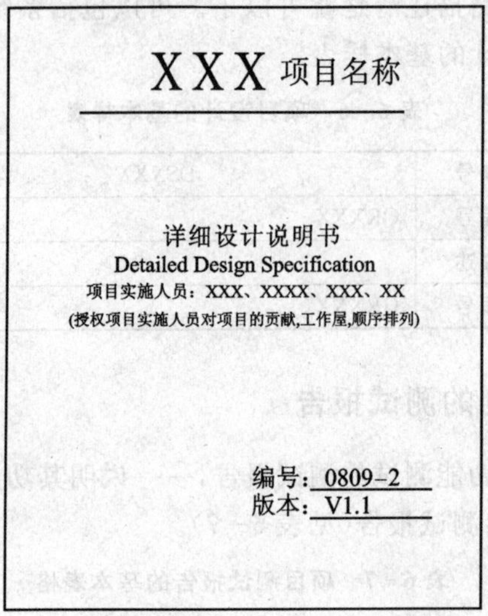

XXX 项目名称

详细设计说明书
Detailed Design Specification
项目实施人员：XXX、XXXX、XXX、XX
(授权项目实施人员对项目的贡献,工作屋,顺序排列)

编号：0809-2
版本：V1.1

图 6-6 项目开发说明书模板

6.2.2 项目开发修订说明

在项目开发说明书封面的后面紧接着的应当是项目开发的修订记录，以便项目后继者能够跟踪设计者的思路，同时也便于设计者日后查阅。表 6-8 给出一个修订记录的模板。

表 6-8 修订记录模板

日　期	版　本	编写与修改者	编写与修订说明
2011-3-10	Ver1.0	XXX 编写	完成了 XXX 功能，XXX 出现了失误
2011-4-1	Ver1.1	XXX 修改	将 XXX 失误更正，增加了 XXX 功能
2011-5-5	Ver2.0	XXX 编写	在 Ver1.1 上增加了 XXX 的功能

6.2.3 项目开发总体设计

该部分重点是通过把项目的各个需求进一步分析，并把需求转化分解为相对独立的软硬件模块，各个模块之间的接口、联系等需要在这一部分详细给出；另一方面，必须画出整体的功能框图，把各模块之间的运作关系描述清楚即可。

作为举例，图 6-7 给出了太阳能路灯控制器的总体功能框图以及各个模块之间的相互关系。

从图 6-7 可以看出，这是一个基于微控制器单元(MCU)为核心的太阳能路灯控制器的功能模块单元，主要包括太阳能电池板、灯光以及充电控制单元、蓄电池以及微控制器的辅助单元。

控制单元通过 MCU 主控板的控制，以脉冲控制充电主回路的方式对蓄电池进行

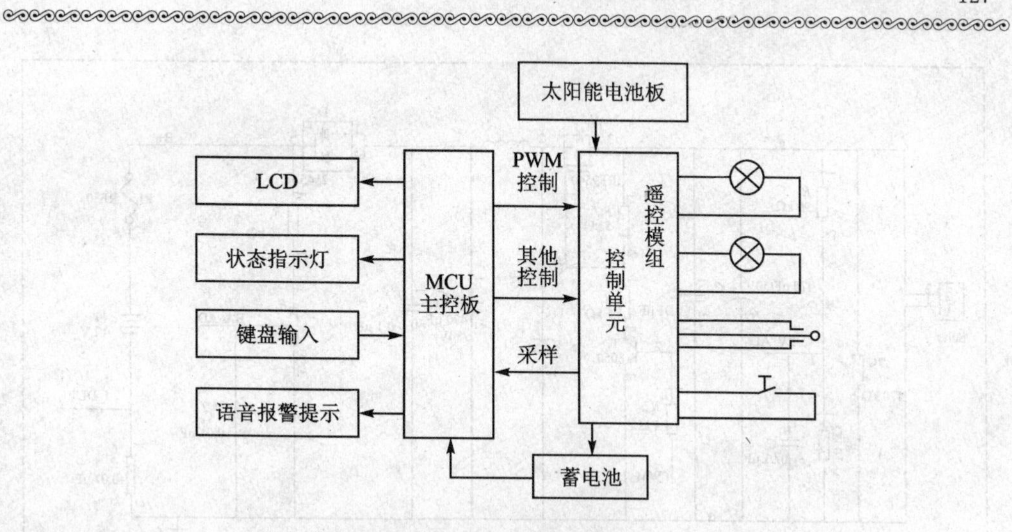

图 6-7　太阳能路灯控制器

充电，主要是为了增加蓄电池的使用寿命，因为蓄电池是这一设计的主体单元，也是这一设计的最主要的元件之一。MCU 主控板采集来自控制单元的光电阻，确定在光照不足的情况下对路灯加电。微控制器的辅助单元包括 LCD 显示器、微控制器状态指示、键盘以及一些语音报警提示信息等辅助单元。

6.2.4　项目开发硬件部分设计

实际上，上一节项目的总体开发设计部分与本节硬件设计部分联系比较紧密，可以考虑把这两部分合二为一，并由同一设计人员进行设计与编写，这样就保持了内容上的连贯性或功能上的统一性。

硬件设计部分是对各个功能模块的硬件电路实现进行设计描述，包括对电路方案的选型、单元电路的原理性设计与分析等部分内容。

作为举例，还是以太阳能路灯控制器的主体电路和单元电路的设计进行说明。

图 6-8 所示是太阳能充放电控制器主回路。

硬件电路原理如图 6-8 所示。J_1 为太阳能电池板接入端子；J_{10} 是 12 V 的蓄电池引出端子。整个系统的主控单片机工作于 5.0 V 电压下，控制电路工作于 12.0 V 电压下，由蓄电池提供(直接从 J_{10} 引出)。

由上所述，J_1 接入太阳能电池板，整个主回路的充电必须通过 MOS 管 V_1 (L_1 (D_1 (2545) (F_1 (RF30) (J_{10} (Battary) (R_{14} (⊥ (地)形成充电回路，而整个充电的核心就是对 MOS 管 V_1 的控制，而由 R_{11}，Q_3 (8050)，R_7，R_3 以及 MOS 管 IRF9540 构成的电路网路是实现对 MOS 管 V_1 控制的关键。

不难看出，在 NPN 三极管的基极通过 R_{11} 与 PWM(脉冲宽度调制)相连接，而该 PWM 则是通过 SPCE061A 主控板输出控制信号。当 PWM 输出为低电平时，NPN 三极管 T_3 的主回路处于截止状态，由此可以判断，MOS 管 V_1 的 1 号脚和 3 号脚电位相等，MOS 管处于截止状态，此时，太阳能电池板与蓄电池的充电回路等价于开路状态；

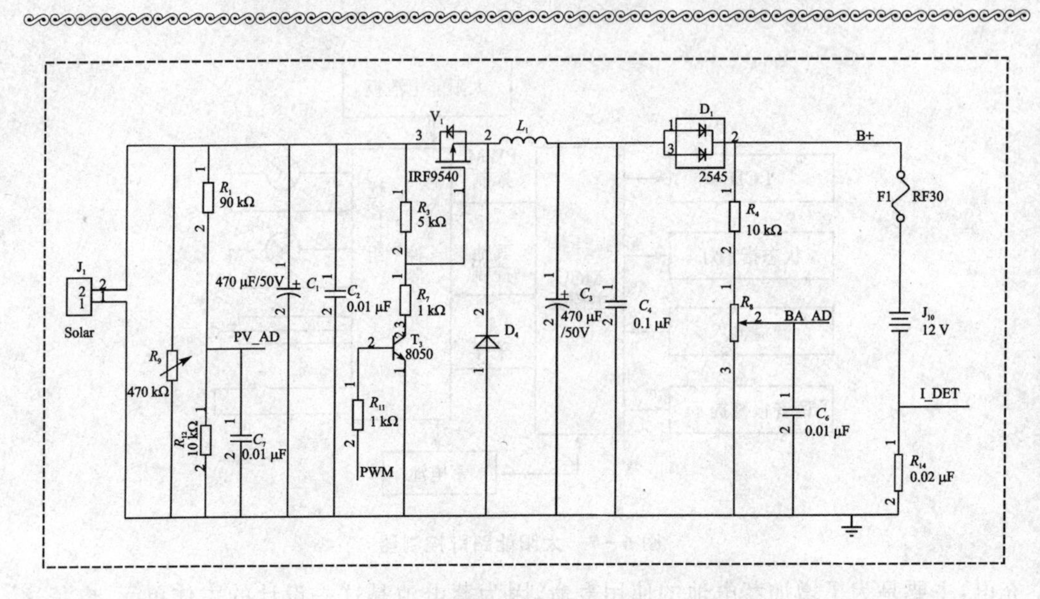

图 6-8 太阳能充放电控制器主回路电路原理图

当 PWM 输出为高电平时，T_3 导通，此时，太阳能电池板正极 →R_3→R_7→T_3→⊥形成回路。由于 R_3 的分压作用，使得 MOS 管导通，充电主回路导通，蓄电池则处于充电状态。

整个电路控制的核心则是 PWM 波对 MOS 管导通截止的控制，本项目的设计采用的是三段式充电方法，而主控板 SPCE061A 具备 PWM 输出功能，保证了本系统实现三段式充电算法，从而有效地保护蓄电池。

6.2.5 项目开发软件部分设计

软件部分的设计包括软件的需求部分（针对实际的需求，结合硬件把软件的需求进一步具体化）、软件设计的人机交互界面（针对实际需求设计的人机交互界面）、软件主程序流程框图、软件的各子程序流程框图等部分内容。

6.2.6 项目开发 PCB 设计与说明

此部分内容主要描述所设计电路的 PCB 尺寸的大小、PCB 的外形、PCB 的层数、PCB 所使用元器件明细等部分内容。

6.2.7 项目开发测试部分与说明

此部分包含功能测试（即对项目所需完成的功能进行逐一测试）；静态电流测试；带负载电流测试等部分内容。

注意：实际上，产品测试远不止这些内容，不过有些部分的测试在学校是无法完成的，在此不再赘述。

第7章　流程图排版规范

7.1　环境建立

建议所有流程框图的绘制都使用 Microsoft Visio 软件来完成，这样能够保证与 Word 的兼容，方便编辑。

流程图编辑的进入：右击鼠标→新建 Microsoft Visio 绘图→流程图→基本流程图→弹出如图 7－1 所示的界面。

图 7－1　绘制基本流程框图界面

在右边的菜单栏中，有箭头形状、背景、基本流程图形状等内容，基本能够满足常用的软件流程框图的绘制。当然基础箭头的绘制需要使用连接线工具和线端的设置来完成，如图 7－2 所示。

Visio 软件的操作方式与 Word 有很大的相似之处，包括一些常用的快捷键，因此，使用 Visio 软件绘图对大多数人来说比较容易适应。

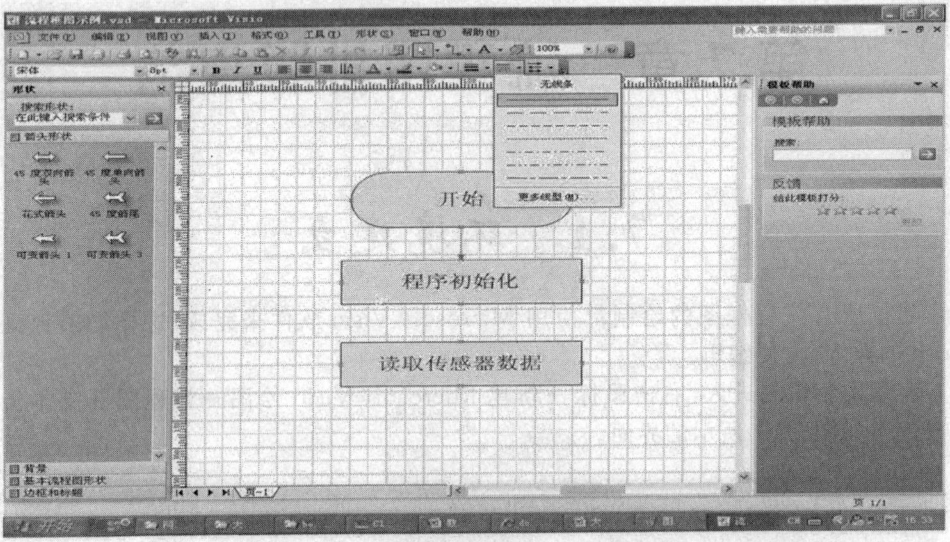

图 7-2 基本流程框图绘制示例

7.2 绘制流程图的相关规范

7.2.1 图案选择

在使用 Visio 绘图时，一般经常使用以下三种图案：

进程框：

判定框：

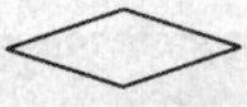

终结符：

这也是在绘制软件流程框图中使用最为频繁的三图案，建议所有图案填充色全部设置为“无填充”。

当然，如果读者想把流程图画得更加美观，可以在右边的菜单栏中选择绘图工具，充分利用 Visio 自带的工具把流程图绘制的更加专业，美观，如图 7-3 所示。

7.2.2 文字、框图格式设置

在流程框图绘制的过程中，注意文字和框图格式的设置，具体如下：

① 字体、字号：宋体(中、标点符号)、Times New Roman(英、数字)、9 磅。

② 可在开始画流程图之前设置，也可在画好后统一修改，建议事先设置。

③ 统一修改字体时，可先全选(Ctrl+A)=〉单击“宋体”、“9 号”=〉再次全选(Ctrl+A)=〉单击“Times New Roman”，所有英文字母与数字变为 Times New Roman 字体，而中文没有影响。

④ 单行文本的框线高度：3 个栅格(视图显示 400 %)。

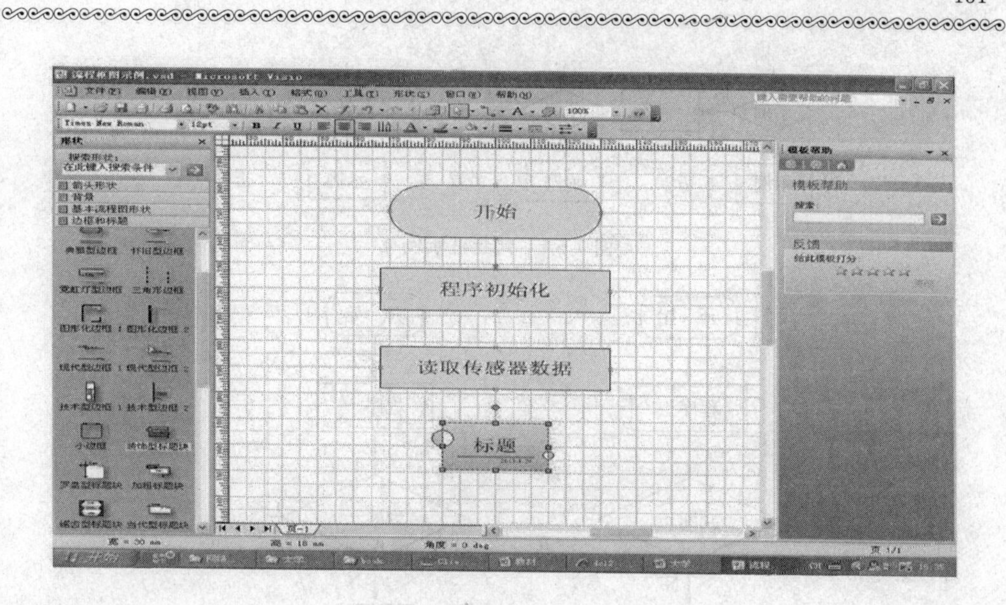

图 7－3 Visio 自带绘图工具

⑤ 双行文本的框线高度：4 个栅格（视图显示 400 %）。

⑥ 文本的框线宽度：根据框图中文字多少决定，无固定大小，以美观为准。

⑦ 要求整体宽度必须一致。

⑧ 两个文本框之间的宽度：2 个栅格（示图显示 400 %）。

7.2.3 线条、箭头的设置

线条和箭头设置建议按照下面的设置，具体如下：

① 线条：线宽 3 磅、黑色、线型 1；

② 箭头：线宽 3 磅、黑色、8 号燕式线端；

③ 直线线条：视图→工具→绘图→线条工具；

④ 折式线条：常规→“连接线工具”→单击起点到终点。

7.2.4 其他注意细节

① 使用线条连接框图时，一定要出现连接点，可防止改变框图时连线脱离（在框图四周均有连接点，当线条靠近时，会有红色附着效果出现，拖动框图时连线会跟着拖动）。

② 主程序结束时必须为死循环，禁止出现断点程序。

③ 流程图只允许一个入口与一个出口，子程序的程序开始处一般标记开始，出口处一般标记返回。

④ 判断框：出口只能标“Y”和“N”，一个判断框有且必须有一个入口，两个出口；Y 与 N 使用文本框标注，禁止直接在线上标注，如图 7－4 所示。

⑤ 折线返回上级流程时，禁止返回到文本框上，必须返回到线上，如图 7－5 所示。

⑥ 当出现键盘等多输出情况时可采用以下方法，如图 7－6 所示。

⑦ 针对长流程框图，直接画完不利于排版，建议采用两列画法，中间以折线连接，如图 7－7 所示。

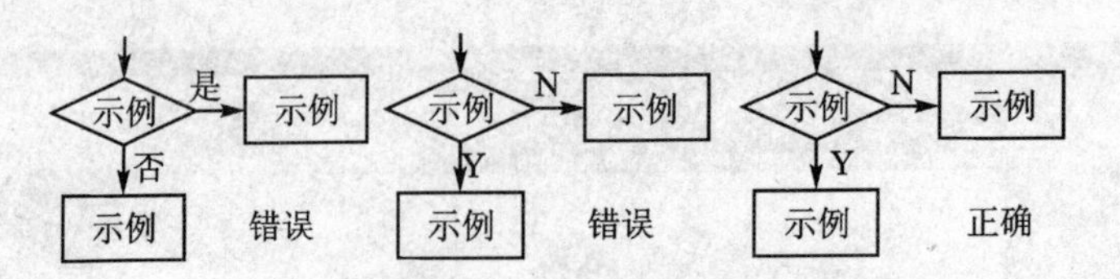

图 7-4 判断框示例

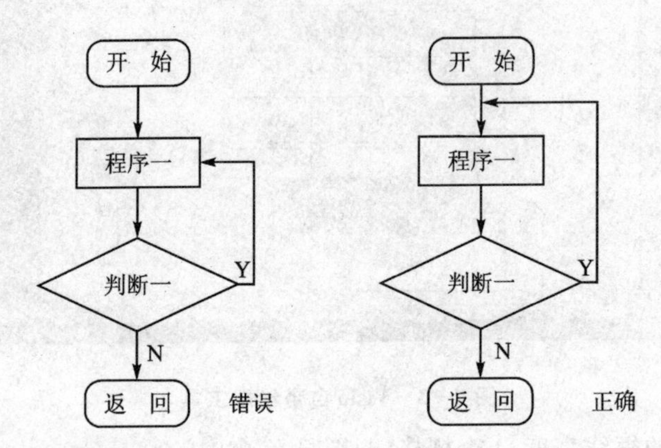

图 7-5 折线返回上级流程的示例

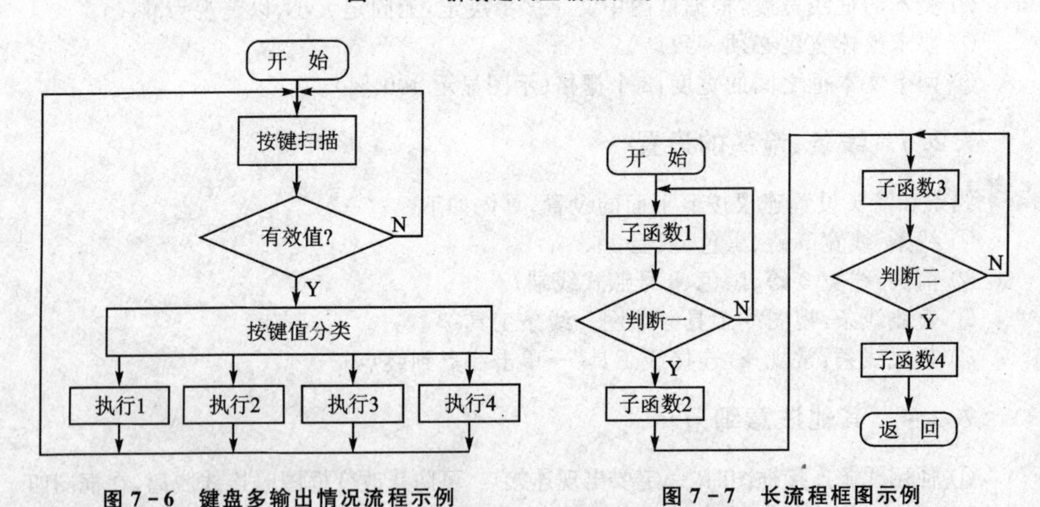

图 7-6 键盘多输出情况流程示例

图 7-7 长流程框图示例

⑧ 针对复杂的程序流程图，尽量在一页的幅面中完成，以达到一目了然的效果，如图 7-8 所示。

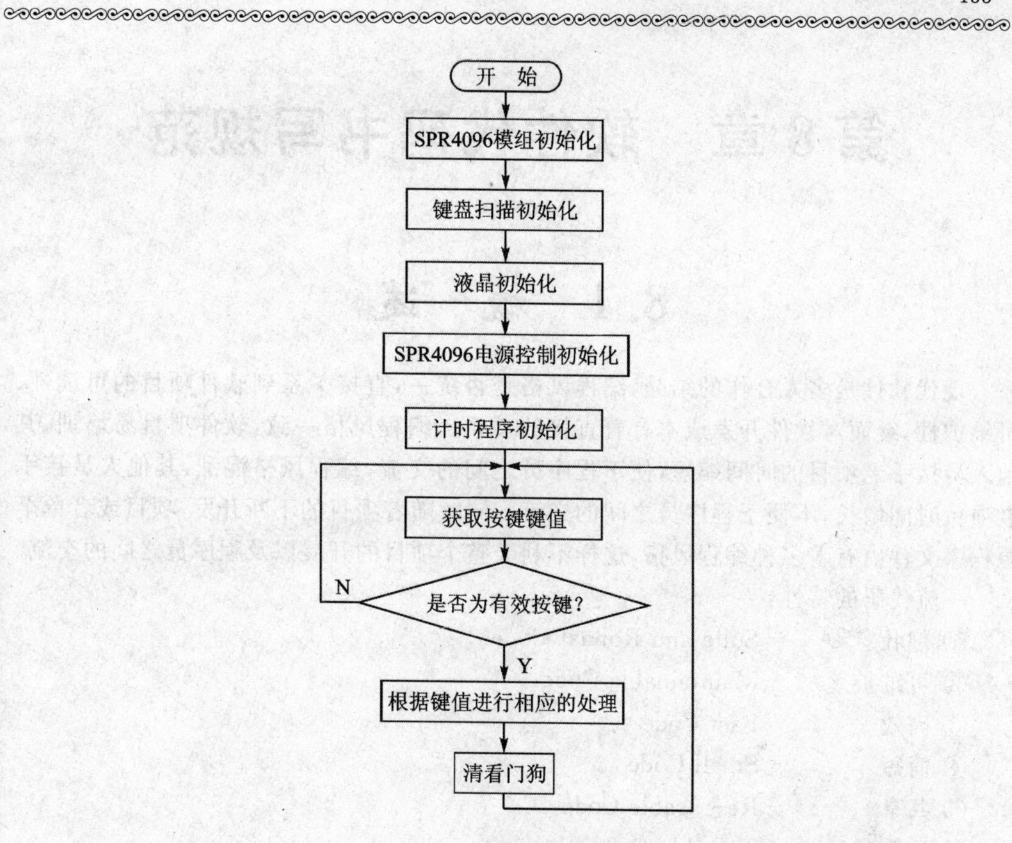
开　始
SPR4096模组初始化
键盘扫描初始化
液晶初始化
SPR4096电源控制初始化
计时程序初始化
获取按键键值
是否为有效按键?
N
Y
根据键值进行相应的处理
清看门狗

图 7-8　复杂流程图示例

第8章 软件代码书写规范

8.1 概 述

现代软件是多人合作的结晶，编程风格是否统一，直接关系到软件项目的可读性、可维护性，继而对软件开发成本有着直接的关系。编程风格一致，软件项目易培训，其他人员接手老项目的时间缩短，便于程序员之间的交流；编程风格混乱，其他人员接手老项目时间增长，不便于程序员之间的交流。同时随着项目的不断开发，项目或者单个源程序文件内有着多种编程风格，这样不利于整个项目的开展以及程序员之间的交流。

一流代码的特性：

① 健壮 —Solid and Robust Code

② 可维护 —Maintainable Code

③ 高效 —Fast Code

④ 简短 —Small Code

⑤ 共享 —Re-usable Code

⑥ 可测试 —Testable Code

⑦ 可移植 —Portable Code

8.2 书写程序代码规范

8.2.1 编程的基本要求

良好的习惯是工程师必备的素质，在写程序时，必须做到以下几点：

① 程序结构清晰，简单易懂。

② 程序简单，明了，代码精简，严禁书写垃圾程序。

③ 尽量使用标准库函数和公共函数。

④ 不要随意定义全局变量，尽量使用局部变量。

⑤ 使用括号以避免二义性。

⑥ 注释用英文写，以便与其他工程师交流。

8.2.2 文档完整性要求

项目进行中需要完成项目管制流程中相应文档（项目流程中描述），并按照相应模版格式完成相应文档。项目下的所有源文件、库文件、头文件、资源文件等要全部放在项目文件夹及相应子文件夹下。

项目相关文件按以下目录结构存放：

```
——————GJxxx
        |____Code          项目源代码
        |____Doc           项目进行中产生的技术文档
        |____Install_src   安装包源代码,安装包文件保存目录
        |____Other         项目其他相关辅助文档,资源等
        |____Pattern       项目测试用例
```

8.2.3　代码可读性要求

代码一方面体现是自己的劳动成果,另一方面也需要与其他人交流合作,因此,代码的可读性就显得十分重要,具体如下：

① 可读性第一,效率第二。

② 保持注释与代码完全一致。

③ 每个源程序文件,都有文件头注释说明,注释格式见本规范中有关注释部分说明。

④ 每个函数,都有函数头注释说明,注释格式见本规范中有关注释部分说明。

⑤ 主要变量(结构、联合、类或对象)定义或引用时,注释能反映其含义。

⑥ 常量定义(或＃define)有相应说明。

⑦ 处理过程的每个阶段都有相关注释说明。

⑧ 在使用典型算法前都有注释。

⑨ 循环、分支层次不要超过五层。

⑩ 代码行最大长度宜控制在70～80个字符以内。

⑪ 注释行数(不包括程序头和函数头说明部份)应占总行数的1/5到1/3。

⑫ 长表达式要在低优先级操作符处拆分成新行,操作符放在新行之首(以便突出操作符)。拆分出的新行要进行适当的缩进,使排版整齐,语句可读。

⑬ 单个函数的程序行数不得超过200行,语句嵌套层次不超过5层。

8.2.4　代码结构化要求

结构化程序设计必须注意以下几点：

① 禁止出现两条等价的支路。

② 最好不用GOTO语句。

③ 用if语句来强调只执行两组语句中的一组,禁止else goto和else return。

④ 用case实现多路分支。

⑤ 避免从循环引出多个出口。

⑥ 函数只有一个出口。

⑦ 建议不使用条件赋值语句(变量名 ＝ 条件表达式？表达式T:表达式F)。

⑧ 避免不必要的分支。

⑨ 不要轻易用条件分支去替换逻辑表达式。

⑩ 尽量的少用递归调用。

⑪ 函数的功能要单一,一个函数完成一项功能,不要设计多用途的函数。

⑫ 条件赋值语句虽然看似高效,但使得代码的可读性变差,少用为宜。

8.2.5 代码的正确性与容错性要求

程序首先是正确,其次是优美,在代码的正确性和容错性方面,应该注意以下几点:

① 无法证明你的程序没有错误,因此在编写完一段程序后,应先回头检查。

② 改一个错误时可能产生新的错误,因此在修改前首先考虑对其他程序的影响。

③ 所有变量在调用前必须被初始化(特别要注意通过动态内存分配产生的变量的初始化)。

④ 对所有的用户输入,必须进行合法性检查。

⑤ 不要比较浮点数的相等,如:10.0×0.1 == 1.0,而应该是比较两者差值小于误差允许值(如 fabs(10.0×0.1 - 1.0)<1e-5)。

⑥ 程序与环境或状态发生关系时,必须主动去处理发生的意外事件,如文件能否逻辑锁定、打印机是否联机等。

⑦ 在项目进行中必须建立单元测试机制,完成单元测试用例,提交联调测试的程序必须通过单元测试。

⑧ case 条件语句应加入 default。

⑨ 类型不匹配时,必须使用强制类型转换。

⑩ 只引用属于自己的存储空间。

⑪ 防止引用已经释放的内存空间,防止内存操作越界。

⑫ 对加载到系统中的数据进行一致性检查。

⑬ 不能随意改变与其他模块的接口,必须改变时必须与相关人员达成一致,更动结果通知相关成员。

⑭ 较大的局部变量(2 K 以上)应声明成静态类型(static),避免占用太多的堆栈空间。避免发生堆栈溢出,出现不可预知的软件故障。

⑮ 包含头文件时,使用相对路径,不使用绝对路径。

8.2.6 代码的可重用性要求

代码的可重用性更能够体现出代码自身的价值,在可重用性方面,应该注意以下几点:

① 重复使用的完成相对独立功能的算法或代码应抽象为公共控件或类。

② 公共控件或类应减少与外界联系,考虑独立性或封装性。

8.2.7 代码的版本修订

代码的版本在历经实践的检验后,根据实际需求,会产生更为优化的版本,因此,在版本修订中,应注意以下几点:

① 版本封存以后的修改--定要将老语句用“//”、“/ * * /”等符号封闭，在代码重标明修改人，修改日期和修改目的等必要信息，而不能自行删除或修改，并要在文件头部及函数的修改记录中加以记录。

② 建立 change.log 文件，记录每次新版本发布所做的功能修改、功能增加以及 bug 的排除情况。

8.2.8　代码的可测试性要求

在同一项目组或产品组内，要有一套统一的为集成测试与系统联调准备的调测开关及相应打印函数，并且要有详细的说明。调测打印出的信息串的格式要有统一的形式。代码的可测试性要求注意以下几点：

① 在编写代码之前，应预先设计好程序调试与测试的方法和手段，并设计好各种调测开关及相应测试代码如打印函数等。

② 编程的同时要为单元测试选择恰当的测试点，并仔细构造测试代码、测试用例，同时给出明确的注释说明。测试代码部分应作为(模块中的)一个子模块，以方便测试代码在模块中的安装与拆卸(通过调测开关)。

③ 使用断点来发现软件问题，提高代码的可测性。

④ 不能用断言来检查最终产品肯定会出现且必须处理的错误情况。

⑤ 对较复杂的断言加上明确的注释。

⑥ 在软件系统中设置与取消有关测试手段，不能对软件实现的功能等产生影响。

⑦ 软件的 DEBUG 版本和发行版本应该统一维护，不允许分家，并且要时刻注意保证两个版本在实现功能上的一致性。

⑧ 在进行集成测试/系统联调之前，要构造好测试环境、测试项目及测试用例，同时仔细分析并优化测试用例，以提高测试效率。

8.2.9　代码中标识符的命名规则

标识符的命名要清晰、明了，有明确含义，同时使用完整的单词或大家基本可以理解的缩写，避免使人产生误解，不准使用汉语拼音命名。缩写需要注意以下几点：

1. 编写中的注意事项

① 去掉所有的不在词头的元音字母，如 screen 写成 scrn，primtive 写成 prmv。

② 使用每个单词的头一个或几个字母，如 Channel Activation 写成 ChanActiv (ChAct)，Release Indication 写成 RelInd。

③ 使用变量名中每个有典型意义的单词，如 Count of Failure 写成 FailCnt。

④ 去掉无用的单词后缀 ing，ed 等，如 Paging Request 写成 PagReq。

⑤ 使用标准的或惯用的缩写形式(包括协议文件中出现的缩写形式)。如 BSIC (Base Station Identification Code)、MAP(Mobile Application Part)、temp 可缩写为 tmp，flag 可缩写为 flg，statistic 可缩写为 stat，increment 可缩写为 inc，message 可缩写为 msg。

2. 关于缩写的准则

① 缩写应该保持一致性，如 Channel 不要有时缩写成 Chan，有时缩写成 Ch。Length 有时缩写成 Len，有时缩写成 len。

② 在源代码头部加入注解来说明协议相关的、非通用缩写。

③ 标识符的长度不超过 32 个字符。

3. 关于标识符命名准则

① 标识符的长度应当遵循"最小长度－最多信息"原则。

② 命名中若使用特殊约定或缩写，必须注释说明。

③ 所使用的操作系统或开发工具的风格保持一致。

④ 程序中不要出现仅靠大小写区分的标识符。

⑤ 除非必要，不要用数字或较奇怪的字符来定义标识符。

⑥ 关于变量命名的准则：

变量名由两部分构成，即前缀＋主名，而前缀说明变量的类型，所有字母小写，主名说明变量的意义，可以由多个具有连续意义的字符串组成，每个字符串的第一个字母大写，其他字母小写。

⑦ 如果某一连续意义的字符串只有两个字符，可以都大写（如 OK）。

⑧ 主名采用"名词"或"形容词＋名字"形式。

⑨ 变量命名，禁止取单个字符（如 i、j、k…），但（i、j、k…）可作为局部循环变量。

⑩ 变量定义的右侧必须有注释，说明其作用。

如表 8－1 所列为各类常用变量前缀以及变量命名举例。

表 8－1 各类变量前缀列表以及变量命名举例

基本类型	意 义	举 例
p or ptr	Pointer	bIsOK
a	Array	aPoint
b	Boolean	bIsCool，bSocDo
ch	Char	chTest，chTemp
uc or n	unsigned char	ucTest，ucTemp
i	int	iTest，iTemp
ui	unsigned int	uiTest，uiTemp
l	long	lTest，lTemp
ul	unsigned long	ulTest，ulTemp
n	short	nTest，nTemp
un	unsigned short	unTest，unTemp
sz or str	char * or string	szTemp
f	float	fTest，fResult

续表 8-1

基本类型	意　义	举　例
d	double	dTest,dResult
g_	Global variable	g_objData,g_iCounter
bt	byte	btFlag
w	word	wCount
dw	dword	dwCount
m_	Class number	m_bTest
s_	Static	S_bTest
c	类对象	—
h	HANDLE	—

4. 资源 ID 命名定义格式

① 菜单:IDM_XX;

② 位图:IDB_XX;

③ 对话框:IDD_XX;

④ 字符串:IDS_XX;

⑤ ICON:IDI_XX。

8.2.10　代码中常量、宏定义的规则

常量和宏在定义时,应该注意以下几点:

① 常量和宏定义必须具有一定的实际意义。

② 常量和宏定义必须全部以大写字母来撰写,中间可根据意义的连续性用下画线连接,每一条定义的右侧必须有注释,说明其作用。

③ 枚举名各单词的字母均为大写,单词间用下画线隔开。枚举成员名各单词的字母全部大写,各单词之间用下画线隔开;要求各成员的第一个单词相同。枚举值从小到大。

④ 不提倡使用宏定义 # define 定义常量,而使用具有类型定义的 const,例如:

```
#include <stdio.h>
#define  FIRST_PART  7
#define  LAST_PART   5
#define  ALL_PARTS   FIRST_PART + LAST_PART

int  main()
{
  printf("The square of all the parts is %d\n",
  ALL_PARTS * ALL_PARTS);
  return(0);
}
```

结果本应该是设想的 144，但是实际的结果却是 47。如果使用 const 来定义常量，其结果就一定会是 144。

用宏定义表达式时，要使用完备的括号。例如：如下定义的宏都存在一定的风险：

```
#define RECTANGLE_AREA( a, b ) a * b
#define RECTANGLE_AREA( a, b ) (a * b)
#define RECTANGLE_AREA( a, b ) (a) * (b)
```

正确的定义应为：

```
#define RECTANGLE_AREA( a, b ) ((a) * (b))
```

宏所定义的多条表达式放在大括号中，使用宏时，不允许参数发生变化。宏定义不能隐藏重要的细节，避免有 return，break 等导致程序流程转向的语句。例如：如下用法可能导致错误：

```
#define SQUARE( a ) ((a) * (a))
int a = 5;
int b;
b = SQUARE( a ++ );              // 结果:a = 7,即执行了两次增 1。
```

正确的用法是：

```
b = SQUARE( a );
a ++ ;                           // 结果:a = 6,即只执行了一次增 1。
```

8.2.11 代码中的结构体命名

结构体在命名时应该注意以下几点：

① 结构体类型命名必须全部用大写字母，单词间用下画线连接。

② 结构体变量命名必须用大小写字母组合，加入前缀(s)，主名第一个字母必须使用大写字母，必要时可用下画线间隔。每个结构体的成员必须有注释。

③ 必须使用 typedef，采用 typedef 的风格，typedef struct 后的标签必须与之后的名称一致，并在其之前加下画线。

例 如：

```
typedef struct _BIN_CAB
{
    char chName[30];        /* name of the part */
    int iQuantity;          /* how many are in the bin */
    int iCost;              /* The cost of a single part */
} BIN_CAB;
  BIN_CAB  sBinCab;
```

构造仅有一个模块或函数可以修改、创建，而其余有关模块或函数只访问公共变量，防止多个不同模块或函数都可以修改、创建同一公共变量的现象，这样可以降低公共变量耦合度。

结构的功能要单一，是针对一种事务的抽象。设计结构时应力争使结构代表一种现实事务的抽象，而不是同时代表多种。结构中的各元素应代表同一事务的不同侧面，而不应把描述没有关系或关系很弱的不同事务的元素放到同一结构中。

例如：如下代码的结构不太清晰、合理。

```
typedef struct _STUDENT
{
  unsigned char szName[8];            // student's name
  unsigned char cAge;                 // student's age
  unsigned char cSex;                 // student's sex, as follows
                                      // 0 - FEMALE; 1 - MALE
  unsigned char szTeacherName[8];     // teacher's name
  unisgned char cTteacherSex;         // his teacher sex
} STUDENT;
```

若改为如下，更合理些。

```
typedef struct _TEACHER
{
  unsigned char szName[8];          /* teacher name */
  unisgned char cSex;               /* teacher sex, as follows */
                                    /* 0 - FEMALE; 1 - MALE */
} TEACHER ;
typedef struct _STUDENT
{
  unsigned char szName[8];          /* student's name */
  unsigned char cAge;               /* student's age */
  unsigned char cSex;               /* student's sex, as follows */
                                    /* 0 - FEMALE; 1 - MALE */
  unsigned int  nTeacherInd; /* his teacher index */
}STUDENT;
```

不要设计面面俱到、非常灵活的数据结构。面面俱到、灵活的数据结构反而容易引起误解和操作困难。不同结构间的关系不要过于复杂。若两个结构间关系较复杂、密切，那么应合为一个结构。

结构中元素的个数应适中。若结构中元素个数过多可考虑依据某种原则把元素组成不同的子结构，以减少原结构中元素的个数。这样可以增加结构的可理解性、可操作性和可维护性。仔细设计结构(类)中元素的布局与排列顺序，使结构容易理解，节省占用空间，并减少引起误用现象。合理排列结构中元素顺序，可节省空间并增加可理解性。

例如：如下结构中的位域排列，将占较大空间，可读性也稍差。

```
typedef struct _EXAMPLE
{
  unsigned int uValid: 1;
  PERSON person;
  unsigned int uSetFlg: 1;
} EXAMPLE;
```

若改成如下形式,不仅可节省1字节空间,可读性也变好了。

```
typedef struct _EXAMPLE
{
  unsigned int uValid: 1;
  unsigned int uSetFlg: 1;
  PERSON person ;
} EXAMPLE;
```

注意具体语言及编译器处理不同数据类型的原则及有关细节。例如在C语言中,static局部变量将在内存"数据区"中生成,而非static局部变量将在"堆栈"中生成。这些细节对程序质量的保证非常重要。

编程时,要注意数据类型的强制转换。当进行数据类型强制转换时,其数据的意义、转换后的取值等都有可能发生变化,而这些细节若考虑不周,就很有可能留下隐患。对编译系统默认的数据类型转换,也要有充分的认识。

例 如:

如下赋值,多数编译器不产生告警,但值的含义还是稍有变化。

```
char chr;
unsigned short int exam;
chr = -1;
exam = chr; // 编译器不产生告警,此时 exam 为 0xFFFF。
```

尽量减少没有必要的数据类型默认转换与强制转换。合理地设计数据并使用自定义数据类型,避免数据间进行不必要的类型转换。

对自定义数据类型进行恰当命名,使它成为自描述性的,以提高代码可读性。注意其命名方式在同一产品中的统一。使用自定义类型,可以弥补编程语言提供类型少、信息量不足的缺点,并能使程序清晰、简洁。

例 如:

可参考如下方式声明自定义数据类型。下面的声明可使数据类型的使用简洁、明了。

```
typedef unsigned char   BYTE;
typedef unsigned short  WORD;
typedef unsigned int    DWORD;
```

下面的声明可使数据类型具有更丰富的含义。

```
typedef float DISTANCE;
typedef float SCORE;
```

当声明用于分布式环境或不同CPU间通信环境的数据结构时,必须考虑机器的字节顺序、使用的位域及字节对齐等问题 。

8.2.12 代码中的函数命名

函数名也由两部分构成,并采用动宾结构,各部分单词的第一个字母大写,宾语部分不是必须的,必要时可用下画线间隔。

例 如:

完成取得序号功能的函数,可命名为 GetOrder;

求三角形面积的函数,可命名为 GetTriangleArea 或者 AreaTriangle;

求绝对值的函数可命名 Abs;

函数原型说明包括引用外来函数及内部函数,外部引用必须在右侧注明函数来源:文件名及模块名。

例 如:

```
extern void fun1(); // from base.h
```

不要将函数的参数作为工作变量。将函数的参数作为工作变量,有可能错误地改变参数内容,所以很危险。对必须改变的参数,最好先用局部变量代之,最后再将该局部变量的内容赋给该参数。

例 如:

下面函数的实现就容易出问题。

```
void SumData( unsigned int uNum, const int * pnData, int * pnSum )
{
    unsigned int nCount;
    * pnSum = 0;
    for (count = 0; count < uNum; count ++ )
    {
        * pnSum + = pnData[count]; // pnSum 成了工作变量。
    }
}
```

若改为如下,则更好些,不易引起误解。

```
void SumData( unsigned int uNum, const int * pnData, int * pnSum )
{
    unsigned int nCount ;
    int nSumTemp;
    nSumTemp = 0;
    for (nCount = 0; nCount < uNum; nCount ++ )
    {
        nSumTemp + = pnData [nCount];
    }
    * pnSum =  nSumTemp;
}
```

一个函数仅完成一件功能,为编写简单功能函数,不要设计多用途面面俱到的函数。

说明:虽然为仅用一两行就可完成的功能去编函数没有必要,但用函数可使功能明确化,增加程序可读性,亦可方便维护、测试。多功能集于一身的函数,很可能使函数的理解、测试、维护等变得困难。

例如:如下语句的功能不很明显:

```
value = (a>b) ? a : b;
```

改为如下就很清晰了：

```
int Max (int a, int b)
{
    return ((a>b) ? a : b);
}
value = Max (a, b);
```

或改为如下：

```
#define MAX (a, b) (((a) > (b)) ? (a) : (b))
value = MAX (a, b);
```

函数的功能应该是可以预测的。也就是说，只要输入数据相同就应产生同样的输出。带有内部"存储器"函数的功能可能是不可预测的，因为它的输出可能取决于内部存储器(如某标记)的状态。这样的函数既不易于理解又不利于测试和维护。

避免函数中不必要语句，防止程序中的垃圾代码。防止把没有关联的语句放到一个函数中。如果多段代码重复做同一件事情，那么在函数的划分上可能存在问题。功能不明确较小的函数，特别是仅有一个上级函数调用它时，应考虑把它合并到上级函数中，而不必单独存在。模块中函数划分的过多，一般会使函数间的接口变得复杂。所以，过小的函数，特别是扇入很低的或功能不明确的函数，不值得单独存在。

设计一个高扇入、合理扇出(小于 7)的函数，应考虑扇出、扇入不宜过大或过小。是指一个函数直接调用(控制)其他函数的数目，而扇入是指有多少上级函数调用它。

扇出过大，表明函数过分复杂，需要控制和协调过多的下级函数；而扇出过小，如总是 1，表明函数的调用层次可能过多，这样不利程序阅读和函数结构的分析，并且程序运行时会对系统资源如堆栈空间等造成压力。函数较合理的扇出(调度函数除外)通常是 3～5。扇出太大，一般是由于缺乏中间层次，可适当增加中间层次的函数。扇出太小，可将下级函数进一步分解多个函数，或合并到上级函数中。当然分解或合并函数时，不能改变要实现的功能，也不能违背函数间的独立性。

扇入越大，表明使用此函数的上级函数越多，这样的函数使用效率高，但不能违背函数间的独立性而单纯地追求高扇入。公共模块中的函数及底层函数应该有较高的扇入。

较良好的软件结构通常是顶层函数的扇出较高，中层函数的扇出较少，而底层函数则扇入到公共模块中。

减少函数本身或函数间的递归调用：递归调用特别是函数间的递归调用(如 A→B→C→A)，影响程序的可理解性；递归调用一般都占用较多的系统资源(如栈空间)；递归调用对程序的测试有一定影响。故除非为某些算法或功能的实现方便，应减少没必要的递归调用。

改进模块中函数的结构，降低函数间的耦合度，并提高函数的独立性以及代码可读性、效率和可维护性。优化函数结构时，要遵守以下原则：

① 不能影响模块功能的实现。

② 仔细考查模块或函数出错处理及模块的性能要求并进行完善。

③ 通过分解或合并函数来改进软件结构。

④ 考查函数的规模，过大的要进行分解。

⑤ 降低函数间接口的复杂度。

⑥ 不同层次的函数调用要有较合理的扇入、扇出。

⑦ 函数功能应可预测。

⑧ 提高函数内聚(单一功能的函数内聚最高)。

对初步划分后的函数结构应进行改进、优化，使之更为合理。在多任务操作系统的环境下编程，要注意函数可重入性的构造。对于提供了返回值的函数，在引用时最好使用其返回值。对所调用函数的错误返回码要仔细、全面地处理。明确函数功能，精确(而不是近似)地实现函数设计。

8.3 注 释

8.3.1 代码注释的注意事项

注释作为源程序的一部分，不可忽视，在重要的局部变量声明，重要的算法实现，重要的流程分支，重要的条件判断部分都应该进行注释。所有有物理含义的变量、常量，数据结构声明(包括数组、结构、类、枚举等)，如果其命名不是充分自注释的，必须加以注释。具体应该注意以下几方面：

① 注释必须清楚明确，含义准确，防止注释二义性。

② 注释使用英文，禁止使用汉字或汉语拼音。

③ 注释与编码同时进行，修改代码同时修改相应的注释，以保证注释与代码的一致性。不再有用的注释要删除。

④ 避免在注释中使用缩写，特别是非常用缩写。

⑤ 禁止在一行代码或表达式的中间插入注释。

⑥ 注释应与其描述的代码相临近，对代码的注释应放在其上方或右方(对单条语句的注释)相邻位置，不可放在下面，如放于上方则需与其上面的代码用空行隔开。注释与所描述内容进行同样的缩排。

⑦ 注释可以与语句在同一行，也可以在上行。

⑧ 空行和空白字符也是一种特殊注释。

⑨ 一目了然的语句不加注释。

⑩ 避免在一行代码或表达式的中间插入注释。

⑪ 除非必要，不应在代码或表达中间插入注释，否则容易使代码可理解性变差。

⑫ 通过对函数或过程、变量、结构等正确的命名以及合理地组织代码的结构，使代码成为自注释的。

⑬ 清晰准确的函数、变量等的命名，可增加代码可读性，并减少不必要的注释。

⑭ 代码的功能、意图层次上进行注释，提供有用、额外的信息(功能、意图即额外信息)。

⑮ 注释的目的是解释代码的目的、功能和采用的方法，提供代码以外的信息，帮助读者理解代码，防止没必要的重复注释信息。

⑯ 块注释使用"/ * …… * /"，对某行代码注释使用"//……"，注释的格式尽量统一。

8.3.2 文件的注释

对于文件头、函数、类/结构定义、成员注释、重要的全局变量，须使用特殊的标记注释，可以通过 docxygen. exe 等工具自动提取注释，生成文档，以减少文档维护的工作量。

文件头注释（ 在文件的开始部分）：文件(如头文件(. h)文件、C 源文件(. c)文件、汇编头文件(. inc)文件、编译说明文件(. cfg)等)头部应进行注释。注释必须列出：版权说明、版本号、生成日期、作者、内容、功能、与其他文件的关系、修改日志等，头文件的注释中还应有函数功能简要说明。

8.3.3 模块函数头的注释

在模块或函数的开始部分，必须加上注释。函数注释包括：函数名、功能描述、用法(函数原形)、入口参数、出口参数、注意事项。对函数中用到的全局变量要在 Notes 部分说明，复杂的函数需要加上变量用途说明等。

8.3.4 类、结构体的注释

在类/结构体声明之前，必须加上注释。包括类/结构名称，功能描述，成员变量命名遵守类成员命名规则，成员变量必须添加注释，说明其作用。成员函数声明处必须注释，其格式遵照模块/函数头注释规定。

8.3.5 变量的注释

对于比较重要的变量要加上注释，说明它的作用和作用域(在变量定义的右边，如果比较长可以加入多行)。注释格式参照如下：

例 如：

```
int g_nFlags ;   /* ! Globe flags   */
```

8.3.6 代码的行注释

对于比较难以理解或重要的行要做注释，说明它的作用。注释可以跟在该行的右边，也可以写在改行的上边。如果写在上面，应与该行对齐。

分支语句(条件分支、循环语句等)必须编写注释(以能提供额外信息为准)。对于 switch 语句下的 case 语句，如果因为特殊情况需要处理完一个 case 后进入下一个 case 处理，必须在该 case 语句处理完、下一个 case 语句前加上明确的注释，清楚表明程序编写者的意图，有效防止无故遗漏 break 语句。

例 如：

```
//Initialize port IOA：IOA8——IOA10：KEY scan(pull low)
//                    IOA11——IOA15：control port(output)
//                    IOA4——IOA0：AD Conversion input(float input)
Set_IOA_Dir(0xF8E0);
Set_IOA_Attrib(0xF8FF);
Set_IOA_Buffer(0x0000);
```

8.3.7 其他方面的注意事项

代码的注释和排版是为了使代码更容易为其他工程师理解和接受，排版整洁的代码和合理的注释是提高工程师必备的素养，在注释和排版方面还应该注意以下几点：

① 部分功能注释　对于重要功能要做注释，说明它的作用，包括运算法则技巧、函数表达式、方程、行列式等。可以讲的很细，包括隐含点，影响广度（在该行的右边，如果比较长可以加入多行）。

② 书写规则与缩进：缩进原则，C 编码中，所有的空格都用 TAB 键，而不是 SPACE 键。

③ 缩进原则　代码、注释等的缩进，只要前后一致即可。

④ 空行的使用　相对独立的程序块之间，相对独立的程序块之间、变量说明之后，在每个类声明之后、每个函数定义之后必须加空行。可加一行或多行，以示之间关系的密切程度。源程序中关系较为紧密的代码应尽可能相邻，便于程序阅读和查找。

⑤ 一行只写一条语句，不允许把多个短语句写在一行中。

⑥ if、for、do、while、case、switch、default 等语句自占一行，且 if、for、do、while 等语句的执行语句部分无论多少都要加括号｛｝。

⑦ 程序块的分界符（如 C/C＋＋语言的大括号'｛'和'｝'）应各独占一行并且位于同一列，同时与引用它们的语句左对齐。在函数体的开始、类的定义、结构的定义、枚举的定义以及 if、for、do、while、switch、case 语句中的程序都要采用如下规范的缩进方式，如表 8－2 所列。

表 8－2　程序块排版示例

不符合规范	符合规范

for (...) {
    ... // program code
}
	for (...)
	{
	    ... // program code
	}

if (...)
    {
    ... // program code
    }
	if (...)
	{
	    ... // program code
	}

续表 8-2

不符合规范	符合规范

void Run(void)
{
... // program code
}
	void Run (void)
	{
	... // program code
	}

⑧ 较长的语句(＞80 字符)要分成多行书写,长表达式要在低优先级操作符处划分新行,操作符放在新行之首,划分出的新行要进行适当的缩进,使排版整齐,语句可读。若函数或过程中的参数较长,则要进行适当的划分。

⑨ 两个以上的关键字、变量、常量进行对等操作时,它们之间的操作符之前、之后或者前后要加空格(说明:采用这种松散方式编写代码的目的是使代码更加清晰);进行非对等操作时,如果是关系密切的立即操作符(如－＞)后不应加空格。

⑩ 由于留空格所产生的清晰性是相对的,所以,在已经非常清晰的语句中没有必要再留空格,如果语句已足够清晰则括号内侧(即左括号后面和右括号前面)不需要加空格,多重括号间不必加空格,因为在 C/C＋＋语言中括号已经是最清晰的标志了。

⑪ 在长语句中,如果需要加的空格非常多,那么应该保持整体清晰,而在局部不加空格,给操作符留空格时不要连续留两个以上空格。

8.4 相关示例以及说明

8.4.1 基础实例以及对应说明

① 逗号、分号只在后面加空格。例如:

```
int a, b, c;
```

② 比较操作符, 赋值操作符“＝”、“＋＝”,算术操作符“＋”、“%”,逻辑操作符“&&”、“&”,位域操作符“＜＜”、“^”等双目操作符的前后加空格。例如:

```
 if (currentTime >= MAX_TIME_VALUE)
a = b + c;
a * = 2;
a = b ^ 2;
```

③ “!”、“～”、“＋＋”、“－－”、“&”(地址运算符)等单目操作符前后不加空格。例如:

```
 *p = 'a';                    // 内容操作"*"与内容之间
flag =! isEmpty;              // 非操作"!"与内容之间
p = &mem;                     // 地址操作"&" 与内容之间
i++ ;                         // "++","--"与内容之间
```

④ “->”、“.”前后不加空格。例如：

```
p->id = pid;                    // "->"指针前后不加空格
```

⑤ if、for、while、switch 等与后面的括号间不应加空格，使 if 等关键字更为突出、明显。例如：

```
if(a >= b && c > d)
```

8.4.2 书写代码的相关实例规范

在下表中，列出了书写代码常用的排版法则，如表 8-3 所列。

表 8-3　常用代码排版示范

代　词	风格评价
void Func1(int x, int y, int z);	// 良好的风格
void Func1 (int x,int y,int z);	// 不良的风格
if(year >= 2000)	// 良好的风格
if(year>=2000)	// 不良的风格
if((a >= b) && (c <= d))	// 良好的风格
if(a>=b&&c<=d)	// 不良的风格
for(i = 0; i < 10; i++)	// 良好的风格
for(i=0;i<10;i++)	// 不良的风格
x = a < b ? a : b;	// 良好的风格
x=a<b? a:b;	// 不好的风格
int *x = &y;	// 良好的风格
int * x = & y;	// 不良的风格
array[5] = 0;	// 不要写成 array [5] = 0;
a.Function();	// 不要写成 a . Function();
b->Function();	// 不要写成 b -> Function();

第三篇　项目的实训

第 9 章　基于 AD7705 角度传感器的设计与实现

第 10 章　等精度数字频率计的设计与实现

第 11 章　声音引导系统的设计与实现

第 9 章　基于 AD7705 角度传感器的设计与实现

9.1　项目的需求与简介

电子设计工程师除了应该掌握硬件知识以外，还应对底层常用协议有一定的了解，例如：UART 协议、SPI 协议、SIO 协议、IIC 协议、IIS 协议等，这些常用的通信协议的实现则是电子设计工程师必须掌握的内容。

实际上，这些协议比较简单，调试通过却十分不容易，源于协议对延时的要求很高，因此，在调试这方面的程序必须要有足够的耐心，参加课外科技创新的学生宜通过实际项目，不断积累调试经验，这样才能逐步成长。本项目正是基于这方面的考虑而设计的。

本项目是针对芯片之间的通信而设计的，通过 SPCE061A 的普通端口，模拟 SPI 协议，并实现与 AD7705 之间的通信，从而取得 AD 采样的数据，并把数据转换为对应的角度值，在 LCD 屏上实时显示出来。

9.2　AD7705 角度传感器的硬件电路设计

9.2.1　系统整体实现框图

图 9-1 所示为系统整体实现框图，其中，铅锤安装在环形电位计上，通过环形电位计的摆动实现角度的变化，从而实现电位计阻抗的变化，使采样点的电压分压产生变化，AD7705 采样电压的值，并实时地把模拟电压信号转换为数字信号，传输到 SPCE061A 主控板上。

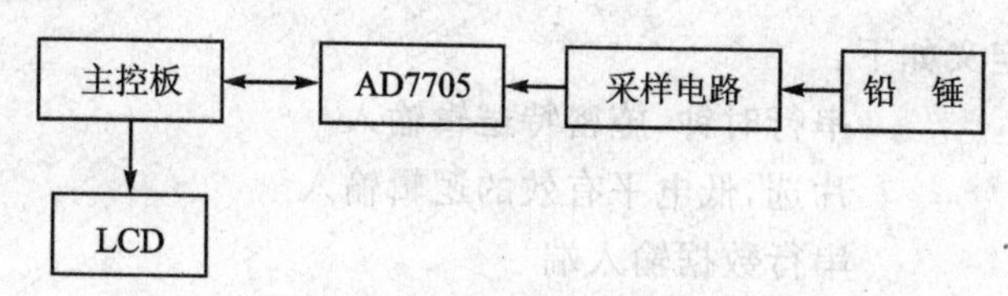

图 9-1　系统整体实现框图

注意：SPCE061A 和 AD7705 采用 SPI 协议通信。而 SPCE061A 集成了 SIO 和 UART 通信协议，不自带 SPI 协议，因此，必须使用普通 IO 端口来模拟实现 SPI 协议，最终实现和 AD7705 的通信。

9.2.2 AD7705的功能特点

AD7705是一款基于SPI协议的AD转换芯片，如图9-2所示。AD7705具有自校准功能，16位高精度数据采集，特别适合对低频信号的采集。AD7705具有自校准功能，其内部由多路模拟开关、缓冲器、可编程增益放大器(PGA)、Σ-Δ调制器、数字滤波器、基准电压输入、时钟电路及串行接口组成。其中串行接口包括寄存器组，它由通信寄存器、设置寄存器、时钟寄存器、数据输出寄存器、零点校正寄存器和满程校正寄存器等组成。该芯片还包括2通道差分输入。AD7705用于智能系统、微控制系统和基于DSP系统的理想产品。其串行接口可配置五线、四线、三线接口。信号极性和更新速率可通过软件编程来实现。器件的自校准和系统校准功能可以消除器件本身或系统的增益和偏移误差。

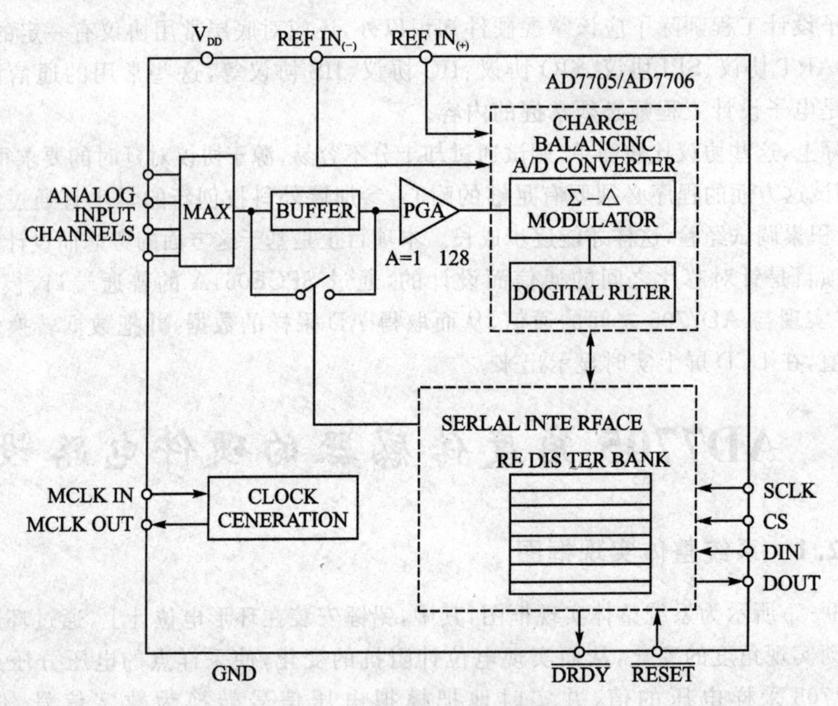

图9-2 AD7705内部功能图

具体引脚的定义如下：

SCLK	串行时钟，施密特逻辑输入
CS	片选，低电平有效的逻辑输入
DIN	串行数据输入端
DOUT	串行数据输出端
DRDY	逻辑输出
RESET	复位输入，低电平有效输入
AIN＋	差分模拟输入通道正输入端

AIN－	差分模拟输入通道负输入端
REF＋	差分基准输入正输入端
REF－	差分基准输入负输入端
VDD	电源电压，＋2.7～5.25 V
GND	内部电路的地电位基准点

9.2.3　AD7705 的外围电路设计

本电路是此项目的核心电路，如图 9－3 所示，其中 SCLK 为采样芯片中时钟脉冲控制端口，与单片机的 I/O 口相连，通过单片机来控制时钟信号。CS 和 RESET 是芯片的片选端口和复位端，以确保芯片的正常工作。传感器信号通过 AIN11 送入芯片采样的采样通道，采集数据；VDD 处输入 5 V 电压，用于电阻分压，提供芯片的基准电压。芯片的 12～16 脚分别完成芯片的接地、电源、数据输入、数据输出、数据查询等。

图 9－3 中 MCLK IN 与 MCLK OUT 之间连接 2.4576 MHz 晶振，提供芯片的外部时钟，同时在晶振两端连接小容量的独石电容，起到滤波的作用，保持信号的稳定。模拟信号和数字信号之间应避免相互交叉，所有的模拟电源都应该去耦。图中在 VDD 和 REF 端口都连接了 10 μF 的电解电容并联一个 0.1 μF 的陶瓷电容接地，达到去耦效果。

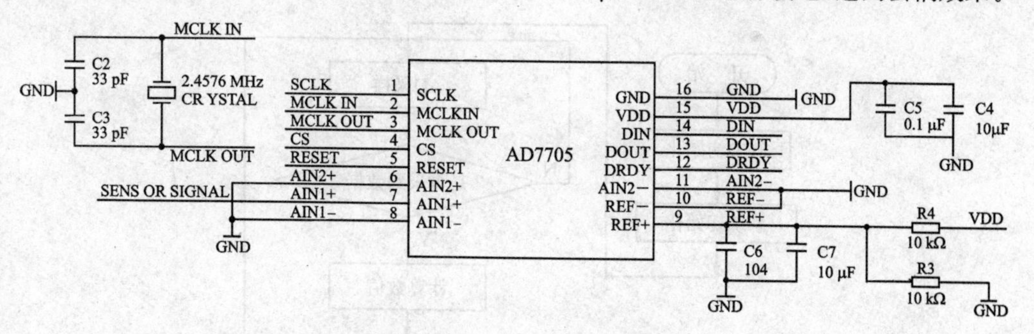

图 9－3　AD7705 外围电路图

9.2.4　系统硬件的资源分配

本系统的硬件资源分配如表 9－1 所列。

表 9－1　系统硬件资源分配表

芯片名称	资源分配					
SPCE061A	IOA0	IOA1	IOA2	IOA3	IOA4	IOA5
AD7705	CLK	Din	Dout	DRDY	CS	Reset
SPCE061A	IOB4	IOB5	IOB6	IOA8～IOA15	其他端口	中断、AD
SPLC501	A0	R/W	EP	DB0～DB7	未处理	未处理

9.3 AD7705 角度传感器的软件设计

9.3.1 主程序流程框图

本项目的主要目的是计算角度，通过 AD 采样得到数据，再经过软件程序计算出角度值。

主程序是一个封闭的循环，各模块完成的功能如下：

(1) IO 端口初始化部分

主要按照硬件资源分配对 IO 端口的状态进行初始设置，包括 IO 端口状态是处于输入还是输出状态，是否设置上拉等操作，都需要在 IO 端口初始化子函数中完成。

(2) LCD 初始化

主要是对液晶显示部分的相关数据线、控制线的状态进行设置。

(3) AD 采样初始化

主要是设置芯片的各个寄存器和相应的 I/O 初始状态。

主程序流程图如图 9－4 所示。

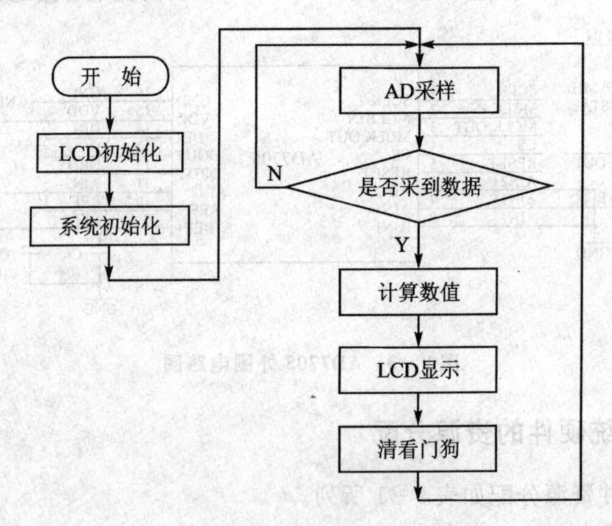

图 9－4　主程序流程图

9.3.2 SPI 核心代码

下面是一段 SPI 写数据的源码，该段代码是配合表 9－1 所列系统硬件资源分配表而书写的，该段代码实现了把一个 8 bit 的控制字写入 AD7705 的功能。

```
int Write_Data(unsigned int Configure_word)
{
  unsigned int DataValue,data,r1;
```

```
int i;
r1 =  *P_IOA_Data;
r1 |= 0x01;
*P_IOA_Data = r1;        //0x20:Reset = 1;CS = 0;Din = 0;CLK = 0
Delay(1);
r1 =  *P_IOA_Data;
r1 &= 0xEF;
*P_IOA_Data = r1;        //0x21:Reset = 1;CS = 0;Din = 0;CLK = 1
Delay(16);
data = 0x80;             //1000  0000
DataValue = Configure_word;
for(i = 0;i < 8;i++)
{
  if(DataValue&data)
  {
      r1 = *P_IOA_Data;
      r1 |= 0x02;
      *P_IOA_Data = r1;  //0x22:Reset = 1;CS = 0;Din = 1;CLK = 0
  }
  else
  {
      r1 = *P_IOA_Data;
      r1 &= 0xFD;
      *P_IOA_Data = r1;//0x20:Reset = 1;CS = 0;Din = 0;CLK = 0
  }
  r1 = *P_IOA_Data;
  r1|= 0x01;
  *P_IOA_Data = r1;      //Reset = 1;CS = 0;CLK = 1
  Delay(1);
  r1 = *P_IOA_Data;
  r1 &= 0xFE;
  *P_IOA_Data = r1;      //Reset = 1;CS = 0;CLK = 0
  Delay(1);
  r1 = *P_IOA_Data;
  r1 |= 0x01;
  *P_IOA_Data = r1;      //Reset = 1;CS = 0;CLK = 1
  Delay(1);
  data = data >> 1;
}
r1 = *P_IOA_Data;
r1 |= 0x01;
*P_IOA_Data = r1;        //Reset = 1;CS = 0;CLK = 1
Delay(2);
```

```
    r1 = * P_IOA_Data;
    r1| = 0x23;
    * P_IOA_Data = r1;        //Reset = 1;CS = 0;CLK = 1
    Delay(1);
    return(1);
}
```

9.4 AD7705 角度传感器的项目测试

当传感器正常工作时,该电路可以稳定工作在 2.75～5.25 V 直流电压下,信号干扰较小,采集的数据正常,可以显示 0～180 之间的角度。图 9-5 所示是系统在测试中显示的效果图,具体实物以及演示效果见参考网站 www.utibetlab.com。

图 9.-5 显示结果

第10章 等精度数字频率计的设计与实现

10.1 项目的需求

频率测量的方法通常是将输入的信号进行整形，转换为方波信号，然后对方波信号进行沿判断和电平判断，再对相应的方波脉冲进行计数，从而实现对频率的计量。因此频率测量的精度可以比其他物理量的测量精度要高很多。一般来讲，除了测量频率需要用到频率测量模块，还有许多的测量类型(例如测压)都可通过转换电路将所需要的测量类型转换为频率测量，从而通过测频率来提高测量的精度。因此，提高频率测量的精度是进行频率测量时所关注的焦点。

下面来分析两种频率测量的方案。

1. 直接测频法

直接测频法是根据频率测量的定义来进行测量。在确定的闸门时间内，利用计数器记录待测信号通过的周期数，从而计算出待测信号的频率。例如将闸门时间设定为1 s，待测信号的脉冲数就是待测信号的频率。这种方案对低频信号的测量精度很低，较适合高频信号的测量。

2. 测周法

测周法是以待测信号为门限，用计数器记录此门限内的高频标准时钟的脉冲数，从而确定待测信号的频率值。这种方案在选定的高频标准时钟较高，待测信号的频率较低时，可以获得比较高的测量精度。而当待测信号的频率较高时，由于测量时间不足会导致测量的精度不够。这种方案适用于低频信号的测量。

在实践中很多的做法是先用直接测频法的方案进行测试，当测得的结果发现频率较低时，再转换为测周法进行测频。这样会导致在频率测试的过程中，不同频率的测量精度不一致。为了解决这一问题，下面提出了等精度测频方案，以解决在一段频率范围内精度不一致的问题。

10.2 等精度数字频率计的硬件电路设计

10.2.1 等精度的实现原理

等精度测频的原理与测周法很相似，不同的是测周法的测量时间是被测信号的一个周期，这个周期不是固定值，在测试较高的频率时，时间过短，造成精度不够；而等精度测频法的测量时间不是待测信号的一个周期，而是人为设定的一段时间。闸门的开启和闭合由被测信号的上升沿来控制，测量的精度与被测信号的频率无关，因而可以保证在整个频段内的测量精度保持不变。下面简要说明等精度测量的原理以及时序图。

图 10-1 给出了等精度测频的时序图。等精度测频同时使用两个计数器 A 和 B，分别对待测信号的频率 f_X 和标准频标 f_M 进行设定的精确门内进行计数。精确门与预置门的时间相同，在待测信号的上升沿触发精确门。用两个计数器在精确门内分别对待测信号和标准频标分别计数。若两个计数器的读数分别为 M 和 N，则待测信号的频率为

$$f_X = \left(\frac{M}{N}\right) f_M$$

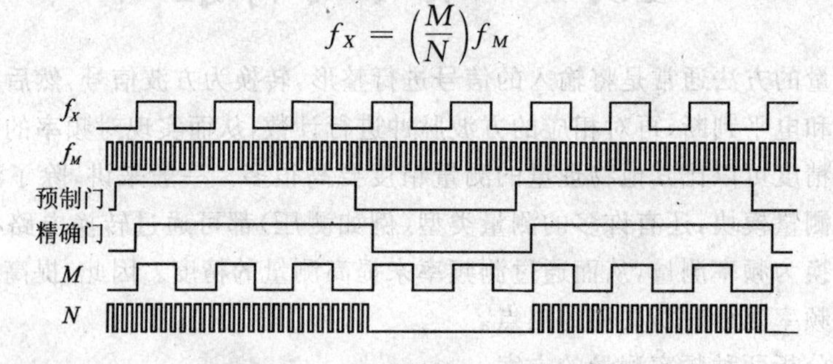

图 10-1　等精度测频法的原理时序

同测周法不同的是，计数器的开始时刻不是预置门的开始时刻，而是预置门打开后的被测信号的第一个上升沿所触发的精确门的开始时刻。这样计数器 A 对待测脉冲计数，计数由待测信号的上升沿控制，计数器的计数值 M 为整数，不存在计数误差。计数器 B 对频标信号计数，由于精确门的开启和闭合时刻对频标信号来说是随机的，N 为非正数，故会存在误差。然而频标一般由高稳定的晶体振荡器提供，一般频标较高，N 值很大，而且晶体振荡器很稳定，所以误差小。

注意：当待测量的低频段的信号频率低于预置门的频率时，如果还使用等精度进行测量的话，精确门内应无法计数，显然测量的结果会受到影响。

10.2.2　等精度频率计系统整体实现框图

等精度测频法可以在 CPLD 和 FPGA 中实现，其实现的逻辑框图如图 10-2 所示。

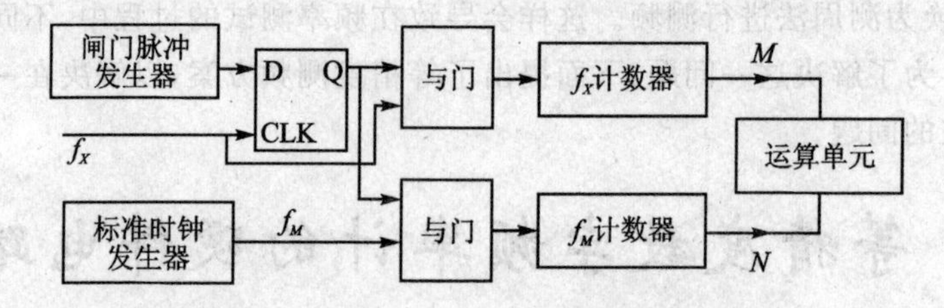

图 10-2　等精度测频法的 FPGA 实现框图

在图 10-2 中精确门的实现是依靠 D 触发器来实现的，其实现的时序为图 10-1 所示，其测频和测周是可以互换的，因此在测量频率或者周期时，实际是采用频率测量

法还是周期测量法并不取决于最后要求显示的是频率还是周期，而是取决于哪一种测量方法的精度更高。

10.2.3 等精度频率计的硬件资源分配

在实现宽带测频时，可以考虑测周法和等精度测频法的相结合方案。将测量的量程分成两个部分，例如将 10 kHz 以上的高频测量采用等精度测量方案，将 10 kHz 以下的采用测周法。系统设计时可以根据信号频率的范围来自动改变测量的方法，并根据不同的频率改变周期的扩展倍数，这样可以大大提高测量的精度。

对于等精度测频，单片机可以在测频时提供 2 Hz 的预置门控时间，同时控制 FPGA 的各种控制信号实现计数器的清零、计数和输出。在 FPGA 内形成一个 24 位的计数器，实现精确门内对待测信号和频标信号分别计数，并送出 24 位的数值给单片机进行处理。

单片机从 FPGA 读出 24 位计数数据，采用地址译码的方式进行读出，同时控制计数器的清零端和读数输出选择端，FPGA 内实现异步清零，只要清零端为低电平，即实现计数器清零。读数输出端低电平有效。在读数控制端有效时将 24 位的计数值送到单片机内进行计算，处理并显示频率。

由于使用 24 位计数器，实际计算的最大值为 $2^{24}=16\ 777\ 216$，预置门的门限为0.25 s，频标信号 $f_M=40$ MHz 的晶体振荡器，使用等精度测频法，可以测得的最高频率为

$$f_{\max}=\frac{M}{N}f_M=\frac{2^{24}\times 40\times 10^6}{10\times 10^6}\approx 67\ \text{MHz}$$

对于测周法，为了实现更低频率的精确测量，对于低频的测量也可以分为两个区段，在 10 Hz～10 kHz 内，采用 40 MHz 的晶振作为频标时钟，而对于 10 Hz 以下的超低频信号的测量，将 40 MHz 的晶振分频得到 40 kHz 作为屏蔽信号，所以对于测周法实现的低频测量，可以测得的最低频率为

$$f_{\min}=\frac{f_M}{N_{\max}}=\frac{40\times 10^6}{2^{24}}\ \text{Hz}\approx 2.38\ \text{Hz}$$

根据上面的分析可知：频率测量的范围为 2.38 Hz～67 MHz，远远超出一般信号源的输出频率范围。可见按照此方案设计的实际测量精度完全符合要求，可以实现宽带高精度的频率测量。

另外，在实现硬件资源的分配上，要尽可能的发挥 FPGA 的作用，当 FPGA 的位数增加时，还可以测出频率的最高值和最低值并加以扩展，但是当待测信号的频率增加时一定要注意输入端口的阻抗匹配。

10.3 等精度频率计的软件设计

10.3.1 等精度频率计 FPGA 部分的软件设计

等精度频率计的嵌入式软件的设计分为 FPGA 和单片机程序两个部分。FPGA

部分的程序完成计数器的清零、输出和计数等基本功能。单片机部分完成计算以及频率显示等基本功能。下面分别加以说明：

FPGA 的总线接口模块完成计算器数据的输出功能，其接口的 Verilog 程序如下：

```
//总线的输入模块
module BUS_FPGA(Din0,Din1,Din2,Din3,Din4,Din5,Dout,
                CS0,CS1,CS2,CS3,CS4,CS5,RD);
   input RD;              //单片机的读控制总线
   input [7:0] Din0,Din1,Din2,Din3,Din4,Din5;
   input CS0,CS1,CS2,CS3,CS4,CS5;
   output [7:0] Dout;
   //Din0 fm 计数器低 8 位
   //Din1 fm 计数器中 8 位
   //Din2 fm 计数器高 8 位
   //Din3 fx 计数器低 8 位
   //Din4 fx 计数器中 8 位
   //Din5 fx 计数器中 8 位
   wire [5:0] CSin;
   reg [7:0] Data_Temp;
   assign CSin = {CS5,CS4,CS3,CS2,CS1,CS0};
   assign Dout = (CSin ! = 6'b111111 && ! RD) ? Data_Temp : 8'hzz;
   always @(negedge RD)
     begin
        case (CSin)
          6'b111110 :  Data_Temp <= Din0;
          6'b111101 :  Data_Temp <= Din1;
          6'b111011 :  Data_Temp <= Din2;
          6'b110111 :  Data_Temp <= Din3;
          6'b101111 :  Data_Temp <= Din4;
          6'b011111 :  Data_Temp <= Din5;
          default:Data_Temp <= 8'hzz;
        endcase
     end
endmodule
```

FPGA 的计数模块的 Verilog 程序如下：

```
module count_FPGA(clk,Dout,CLR, enable,);
input  clk,CLR,enable;
output [23:0]  Dout;
reg fin;
reg  [23] count, Dout;
always @(posedge clk)
begin
   fin <= enable;
   if(CLR = = 1'b0)                          //清零端为低时计数器清零
   begin
      count <= 24'h000000;
   end
```

```
        else if(enable = = 1'b1)                    //精确门打开时，进行计数
        begin
           count <= count + 24'h000001;
        end
        else if((enable = = 1'b0)&(fin = = 1'b1)   //精确门的下降沿对数据进行锁存
        begin
          Dout <= count;
        end
    end
```

FPGA 内还有其他的一些子程序这里不再一一的列举。

程序 Get - Frequeny(unsigned char * fx, unsigned char * fm)给出了计算频率的相关函数。

```
float Get - Frequeny(unsigned char * fx, unsigned char * fm)
{
    float  FXcount;
    float  FMcount;
    float  Freq;
    FXcount = float( fx[0]);
    FXcount + = float( fx[1] << 8);
    FXcount + = float( fx[2] << 16);
    FMcount = float( fm[0]);
    FMcount + = float( fm[1] << 8);
    FMcount + = float( fm[2]  << 16);
    Freq = ( FMcount * 40)/ FXcount;
    Return Freq;
}
```

10.3.2　等精度频率计中单片机部分的软件设计

下面给出 51 系列单片机软件的具体流程部分核心程序。图 10 - 3 给出了单片机的内部主程序流程图。

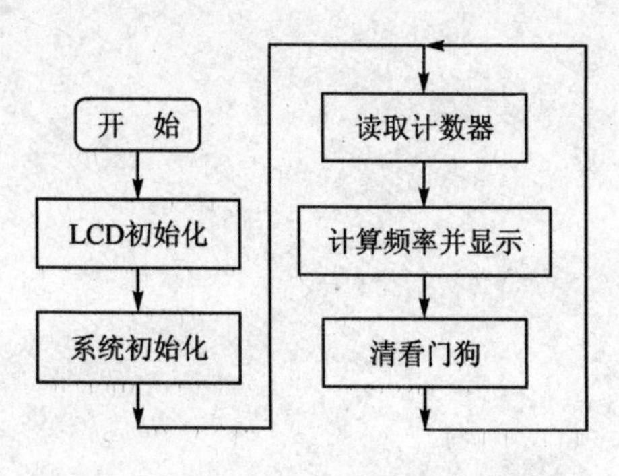

图 10 - 3　单片机内部主程序流程框图

10.4 等精度频率计的项目测试

根据实物进行设计将实际的测试结果填写在表 10-1 的测试表格里，分析测试数据的精度。

表 10-1 等精度频率计测试表

输入波形	信号源频率	测试频率	误差及分析
正弦波	200 Hz	200 Hz	0
三角波	2 MHz	2 MHz	0
方波	10 MHz	10 MHz	0

第 11 章　声音引导系统的设计与实现

11.1　项目的需求

本项目为 2009 年度全国大学生电子设计比赛题目，要求设计并制作一声音导引系统，示意如图 11-1 所示。图中，AB 与 AC 垂直，Ox 是 AB 的中垂线，$O'y$ 是 AC 的中垂线，W 是 Ox 和 $O'y$ 的交点。声音导引系统有一个可移动声源 S，三个声音接收器 A、B 和 C，声音接收器之间可以有线连接。声音接收器能利用可移动声源和接收器之间的不同距离，产生一个可移动声源离 Ox 线(或 $O'y$ 线)的误差信号，并用无线方式将此误差信号传输至可移动声源，引导其运动。可移动声源运动的起始点必须在 Ox 线右侧，位置可以任意指定。

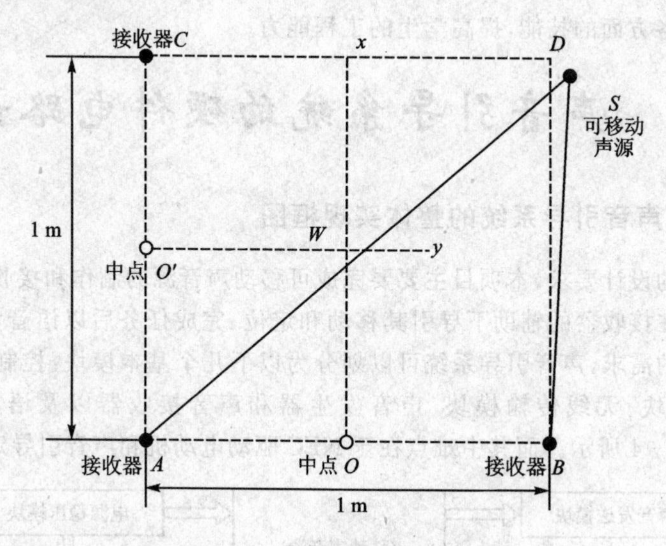

图 11-1　声音导引系统示意图

具体要求说明：

① 制作可移动的声源　可移动声源产生的信号为周期性音频脉冲信号，如图 11-2 所示，声音信号频率不限，脉冲周期不限。

② 可移动声源发出声音后开始运动，到达 Ox 线并停止，这段运动时间为响应时间，测量响应时间，用下列公式

$$平均速度=\frac{可移动声源的起始位置到\ Ox\ 的垂直距离}{响应时间}$$

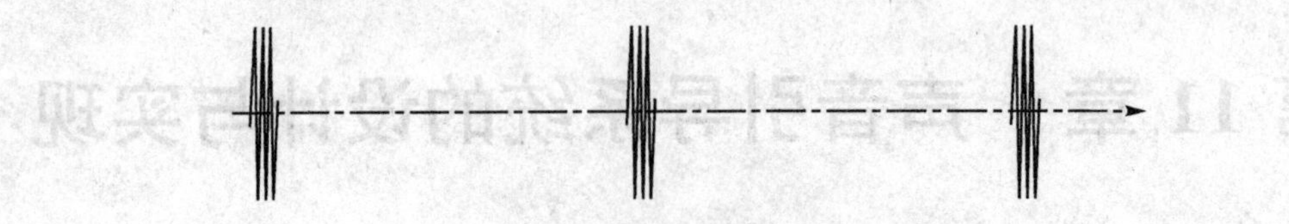

图 11-2 信号波形示意图

计算出响应的平均速度，要求平均速度大于 5 cm/s。

③ 可移动声源停止后的位置与 Ox 线之间的距离为定位误差，定位误差小于 3 cm。

④ 可移动声源在运动过程中任意时刻超过 Ox 线左侧的距离小于 5 cm。

⑤ 可移动声源到达 Ox 线后，必须有明显的光和声指示。

⑥ 功耗低，性价比高。

⑦ 电动机驱动必须采用 NEC 专用芯片。

本项目由于涉及芯片之间的通信要求，无疑增加了题目的难度；另一方面，对声音信号转换为单片机能够处理的电信号，对模拟电路设计提出了较高的要求；最后，通过声音来计算距离，并根据距离信息完成导航，完成该项目的代码量和编程难度也随之提高。基于本项目以上的特点，把该项目改造为大学生课外科技创新实训项目，可以较为全面训练学生各方面的技能，提高学生的工程能力。

11.2 声音引导系统的硬件电路设计

11.2.1 声音引导系统的整体实现框图

根据题目的设计要求，本项目主要要完成可移动声音源的制作和接收器的制作，并实现移动声源在接收器的辅助下导引其移动和定位、完成任务后以语音和光指示。根据题目所提出的需求，声音引导系统可以划分为以下几个基本模块：控制器模块、电动机及其驱动模块、无线传输模块、声音发生器和声音接收器以及语音等模块，如图 11-3、图 11-4 所示。而其中难点在于 NEC 驱动电动机和声音引导定位。

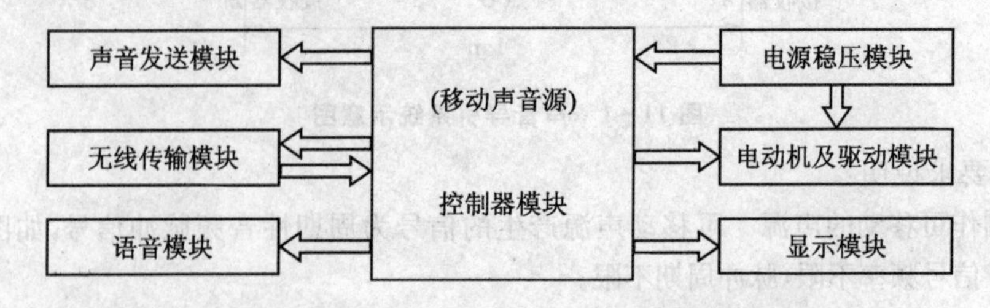

图 11-3 移动声源部分系统方案框图

移动声源部分：声音发送模块是由单片机产生交流信号，通过放大后直接驱动扬声器；无线传输模块则是完成移动声源和接收器之间的通信；电动机驱动模块负责电动机提供驱动；显示模块则显示移动声源的实时信息，可以直观地观察系统信息，方便系统的调试。

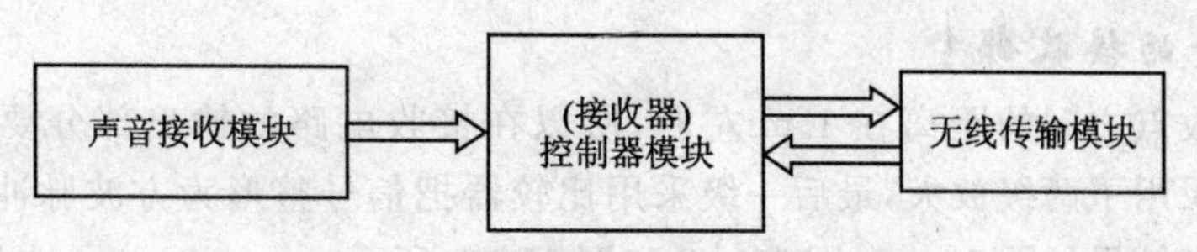

图 11-4　接收器部分系统方案框图

接收器部分:声音接收模块主要完成把声音信号转换为可以直接由单片机处理的电信号;接收器控制器负责通过无线传输模块与移动声源交互,判断是否准备计时,从而计算出声源到达的不同时间(此时间信息就代表了距离)。

上述的两个系统的电源部分主要采用三端集成稳压器来实现电压的变换,从而实现给各种不同的设备来供电的。

11.2.2　声音引导系统的硬件部分

1. 电动机驱动模块

电动机驱动采用 MMC-1,直接通过 PWM 波和驱动专用驱动芯片 L293D 来驱动直流减速电动机,NEC 芯片的电动机通道 1 和通道 2 通过与 L293D 对应控制线相连实现对 2 路电动机的独立控制。图 11-5 为 MMC-1 的引脚功能图。图 11-6 为 L293D 的电动机驱动电路。

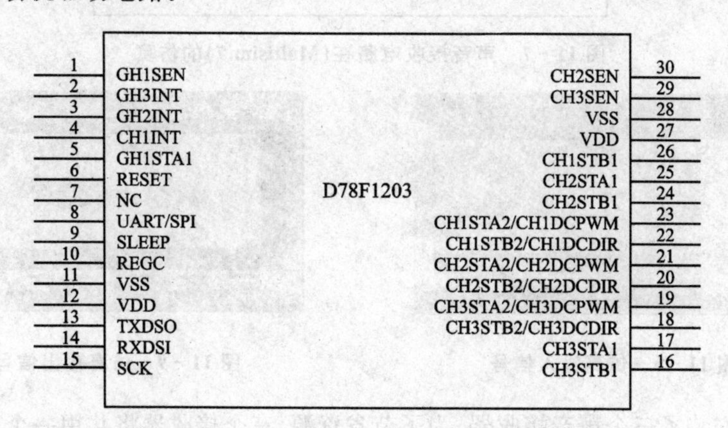

图 11-5　MMC-1 引脚使用示意图

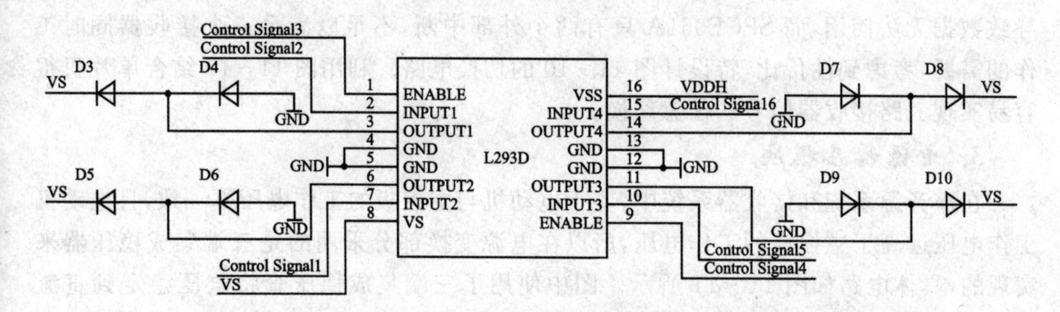

图 11-6　L293D 的电动机驱动电路

2. 声音的接收部分

由于接收点之间的距离在 1 m 左右，所以在接收电路的输出部分要做进一步处理。该电路采用了两级放大，最后一级采用比较器把信号整形为方波脉冲信号。具体电路以及仿真结果如图 11－7、图 11－8 和图 11－9 所示。

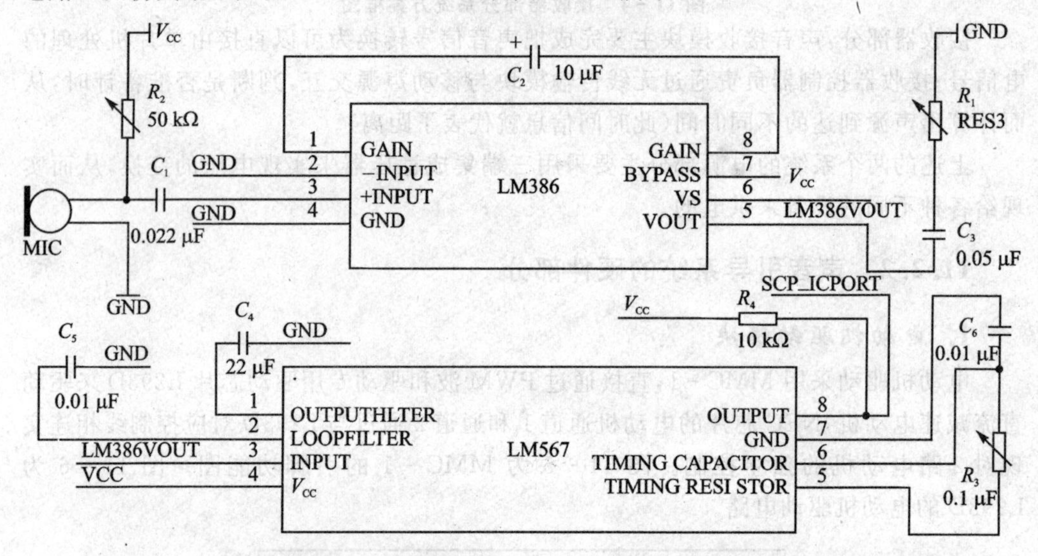

图 11－7 声音接收电路在(Multisim 7)的仿真

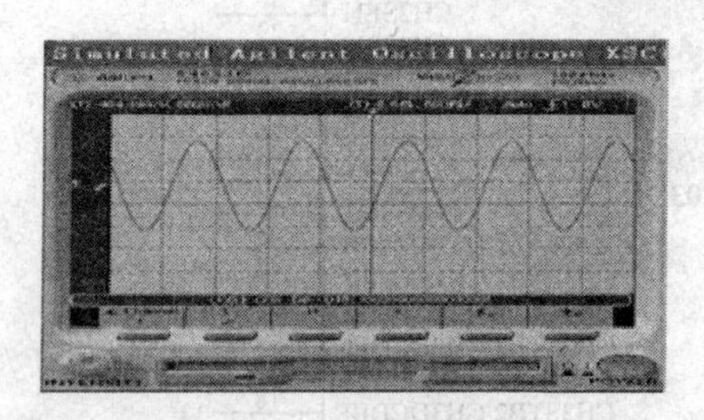

图 11－8 仿真输入信号

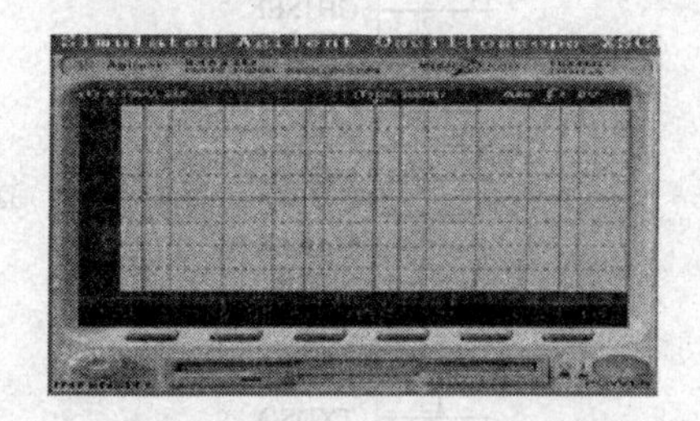

图 11－9 仿真输出信号

接收站安装了三个声音接收器，为了节省资源，三个接收器将共用一个单片机进行信号处理；另一方面，单片机必须使用中断来感知信号，而采用扫描势必产生较大误差，导致数据无法使用，而 SPCE061A 只有两个外部中断，不足以满足三个接收器同时工作的需要，考虑到性价比，特设计图 11－10 的切换电路。利用图 11－10 结合单片机很容易实现三路接收器信号的任意切换。

3. 电源稳压模块

在声音源系统和接收器系统中，鉴于电动机与主控板的工作电压不一致，且电动机工作电压远高于主控板的工作电压，所以在电源变换部分采用的是三端集成稳压器来实现的，具体电路如图 11－11 所示。图中使用了三端集成稳压管将电压稳定到直流＋5 V输出，同时，由 D_{02} 和 R_2 组成了电源指示电路来显示当前系统的供电是否正常。＋5 V输出为 SPCE061A 主控板和接收器系统提供电源，＋12 V 为其他模块电源引入

(即电机电源接口)。图 11－11 中,D_{12}起到保护 LM7805 的功能。

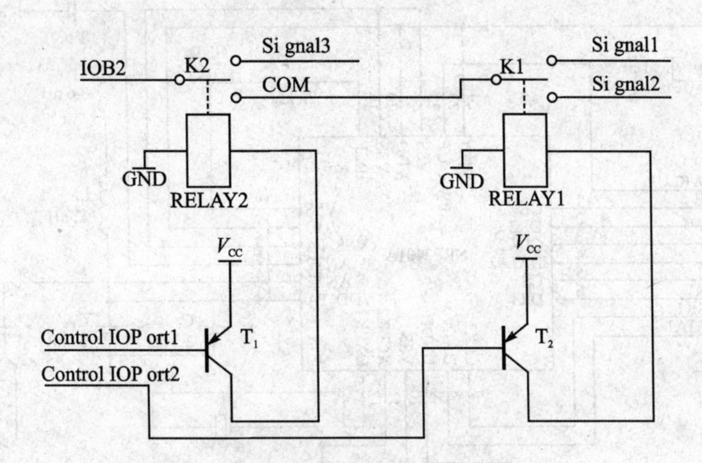

图 11－10　继电器控制电路

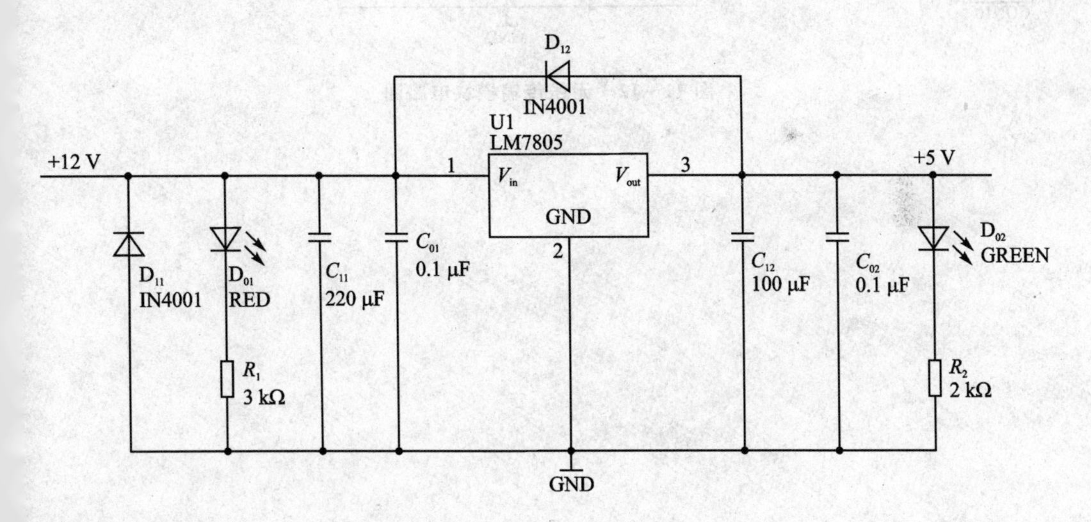

图 11－11　电源变换原理图

4. 无线传输部分

无线通信模块采用凌阳公司的无线传输模组的基础上根据自己需要移植 IO 口,编写必要的发射接收代码,避免对其他必用的特殊接口的占用,具体电路原理如图 11－12 所示。

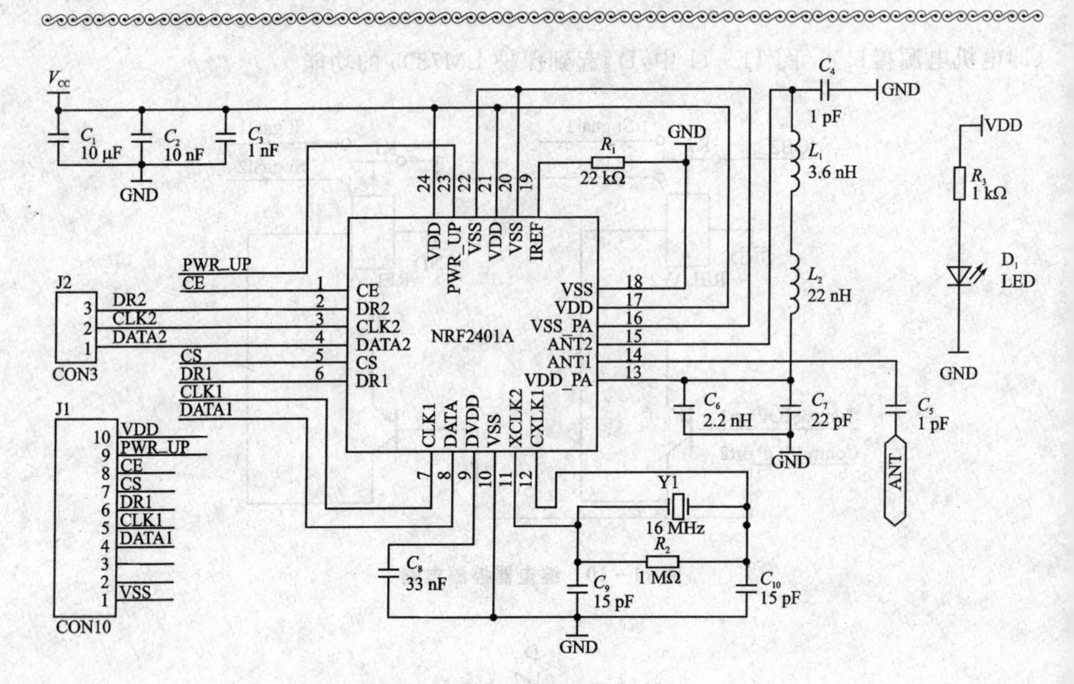

图 11-12 无线传输模块电路图

11.3　声音引导系统的软件设计

11.3.1　软件算法关键点分析

根据题目要求,可移动声源在运动过程中的任意时刻超过 Ox 的左侧距离小于 5 cm,停止后与 Ox 线之间的距离小于 3 cm。本项目软件算法的关键点是如何计算当前的坐标。

本设计通过检测接收器接收到声源的时间来确定可移动声源 S 的 x,y 坐标,从而导引看可移动声源 S 的移动至定位位置。在系统运行中,时间通过单片机定时器 TimerA和 TimerB 在加外部中断触发来计时,以时间值替代距离值,如:AC 长度已知为 a(时间),经测量函数,AS 长度为 b(时间),CS 长度为 c(时间)。实际上,坐标可以通过两种方法计算:

方案一:是根据海伦公式。其面积 $S_{\Delta}=(p\times(p-a)\times(p-b)\times(p-c))^{0.5}$,其中 $p=(a+b+c)/2$,a、b、c 三角形的三条边。通过海伦公式可以进一步计算出声音源的坐标,定位其位置。

方案二:采用余弦定理。三角形三边为 a、b、c ,其对应角分别为$\angle A$、$\angle B$、$\angle C$。根据 $\cos A=(b^2+c^2-a^2)/2bc$,进一步计算出距离 $D=b\times\sin A$。

这两种方案都可以快速计算出声音源的坐标,本项目实施采用的是方案二。

11.3.2　软件主函数设计

1. 接收站主函数流程框图

接收站设计时,考虑到成本,采用了一个单片机,该单片机有两个外部中断,结合继电器切换电路,完成了对三个观测站距离的检测,通过中断计时从而计算出移动声源离接收站的距离,灵敏度高,而采用 IO 口扫描无法达到项目的要求。图 11－13 为接收站主函数流程框图。

2. 移动声源主函数流程框图

移动声源负责发射信息,信息帧中包含要采集的接收站分站编号信息,提示接收站准备,接收站则根据信息帧中的编号信息,把通道切换到对应的分站上,同时向移动声源发射 ready 信号并使用中断启动计时(该计时的时间信号就是距离信号),移动声源接收到 ready 信号后,开始发出声波,声波传到三个分站,根据声波不同到达的时间可以计算出声源离接收站的距离,通过余弦定理计算出当前的坐标,从而实现移动声源的导航。

移动声源主函数流程框图如图 11－14 所示。

3. 其他子函数流程框图

为了保证计时的准确性,实时性,采用了外部中断来及时响应,同时,在函数接收的信息中采用了软件滤波，把干扰信号去除掉。图 11-15 给出了测量距离子函数的流程框图，图 11-16 给出了无线传输模块驱动流程框图。

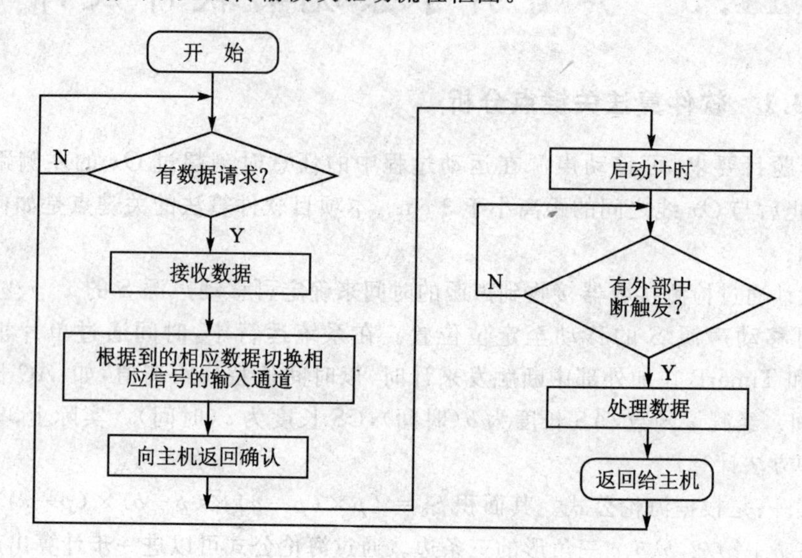

图 11-13 接收站主函数流程框图

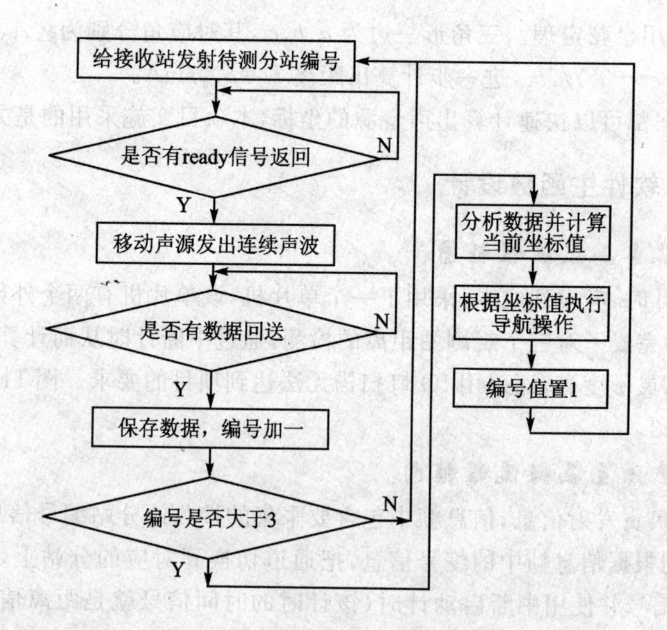

图 11-14 移动声源主函数流程框图

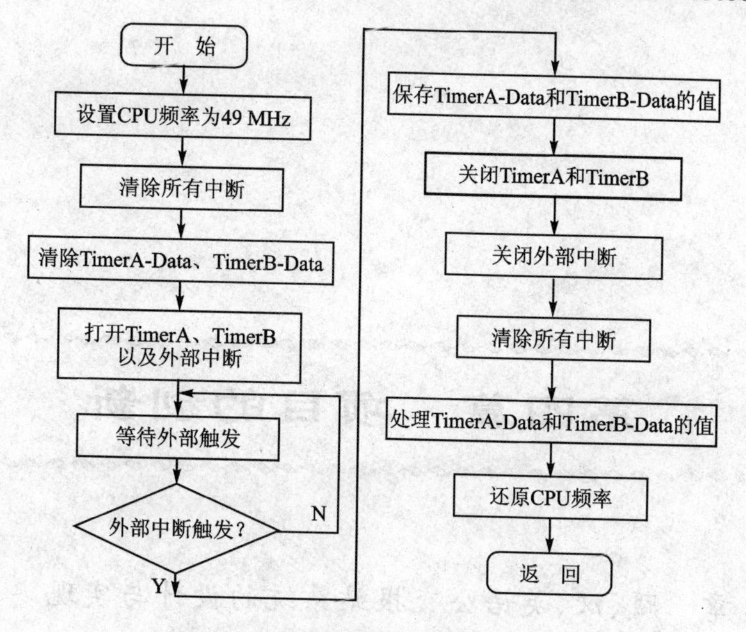

图 11-15　测量距离子函数流程框图

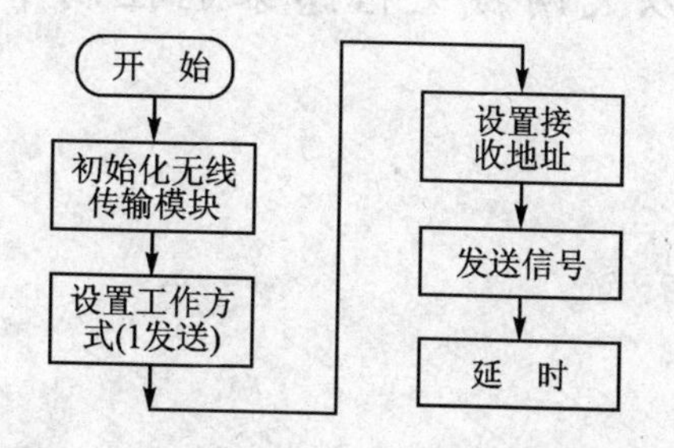

图 11-16　无线传输模块驱动流程框图

11.4　声音引导系统的项目测试

具体项目测试结果如表 11-1 所列，详细设计文档及源代码可参考网站 www.utibetlab.com。

表 11-1　测试结果图

指标＼次数	平均速度 /(cm·s^{-1})	是否停留中线	误　差/cm
第一次	5.2	偏　离	2
第二次	4.8	偏　离	2.2
第三次	5.3	基本居中	0.6

第四篇　项目的创新

第 12 章　藏、汉、英语公交报站系统的设计与实现

12.1　项目的需求

考虑到西藏地区旅游资源丰富，是国内外游客的首选旅游目的地之一，而西藏地区当前的公交服务配套相对滞后，不能满足人们日益增长的物质文化生活的需要。报站服务作为公交配套服务中的一个重要环节，是旅游城市的一个窗口，友好和人性化的报站服务在一个侧面反映了城市的和谐程度。本项目正是基于这一实际情况提出的，本项目为国家级大学生创新项目。

12.2　藏、汉、英语公交报站系统的硬件电路设计

12.2.1　藏、汉、英语公交报站系统的整体实现框图

根据项目的实际需求，系统的硬件组成框图如图 12－1 所示：硬件系统主要由 SPCE061A 主控板、LCD 模块、语音资源存储模块、语音资源选择模块、键盘模块和内部音频放大模块组成。

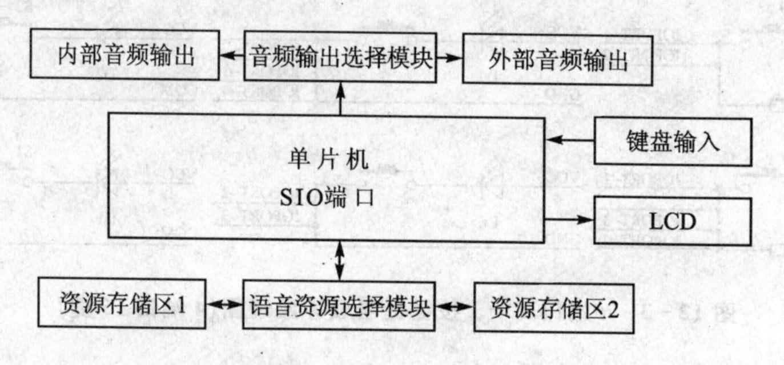

图 12－1　硬件总体框图

图中，LCD 采用的是凌阳科技公司的 SPLC501 液晶显示模组，通过主控芯片 SPCE061A 来直接控制，配合键盘输入模块来设置和显示相关信息；语音资源存储模块采用凌阳的 SPR4096 模组 2 个，一个用于存储公交线路的信息资源，另一个则用于存储广告和音乐资源，使用 SPCE061A 的 DA 通道，经过由放大器 SPY0030 构成的音频

放大电路直接输出到音频输出选择模块。

12.2.2　键盘设计硬件框图

实用型键盘的功能框图，如图 12-2 所示。

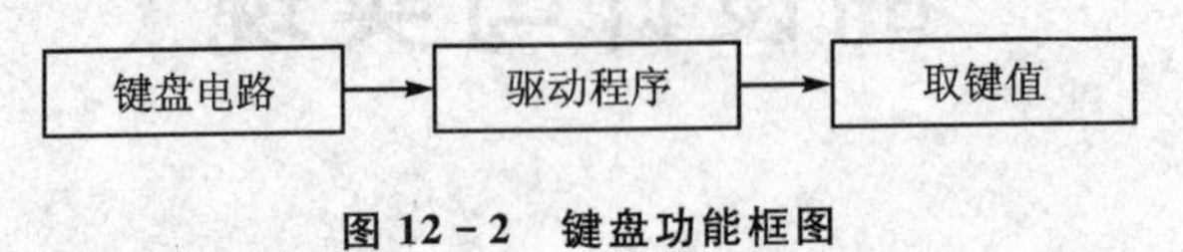

图 12-2　键盘功能框图

键盘电路设计采用的是 n 端口 2^n-1 按键键盘设计思路：每个 IO 口可以有两种状态，即高电平或者是低电平状态，那么，n 个 IO 口就有 2^n 种状态，除去全为低的默认状态（此状态是没有任何按键按下的状态，不可用），则有 2^n-1 种状态，通过电路连接按键和 IO 口，实现对键盘 2^n-1 种状态的检测，从而实现了该键盘的设计（参看图 12-3 n 端口 2^n-1 按键键盘设计原理图（4 端口 15 键））。

相比传统的矩阵键盘，占用了 8 个端口，而只能检测 16 种状态，对系统资源造成较大的浪费，而 n 端口 2^n-1 按键键盘设计有效地节约了系统资源。

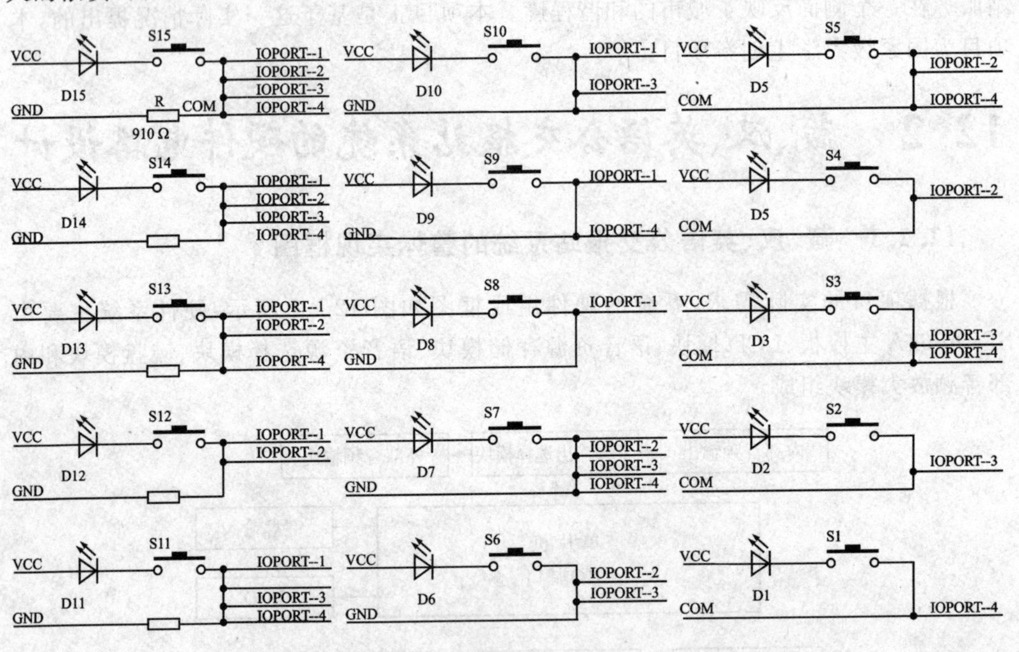

图 12-3　n 端口 2^n-1 按键键盘设计原理图(4 端口 15 键)

12.2.3　显示电路的设计与实现

本设计的显示器采用凌阳科技公司的 SPLC501 液晶显示器，其 LCD 界面如图 12-4 所示。本项目的 LCD 占用了系统 IO 端口的 IOA8～IOA15、IOB13～IOB15。

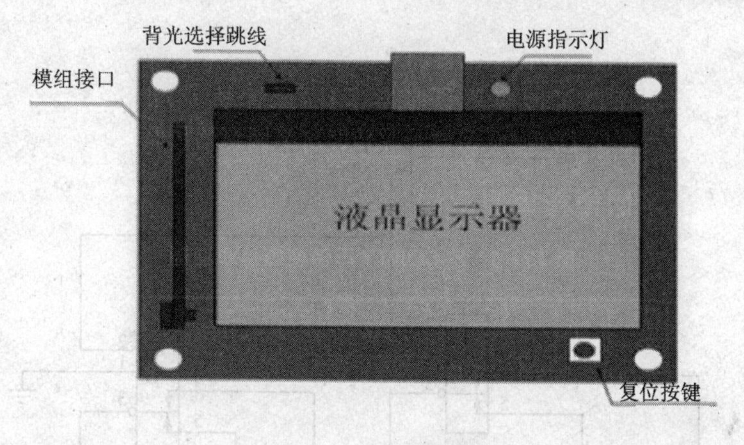

图 12-4　LCD 实物图

12.2.4　语音资源存储的实现

由于公交报站系统需要存储的语音资源较大，需要在系统原来的基础上进一步外扩储存器来存放语料库，本项目采用的是 SPR4096 存储芯片来存储语音资源。具体原理图如图 12-5 所示。

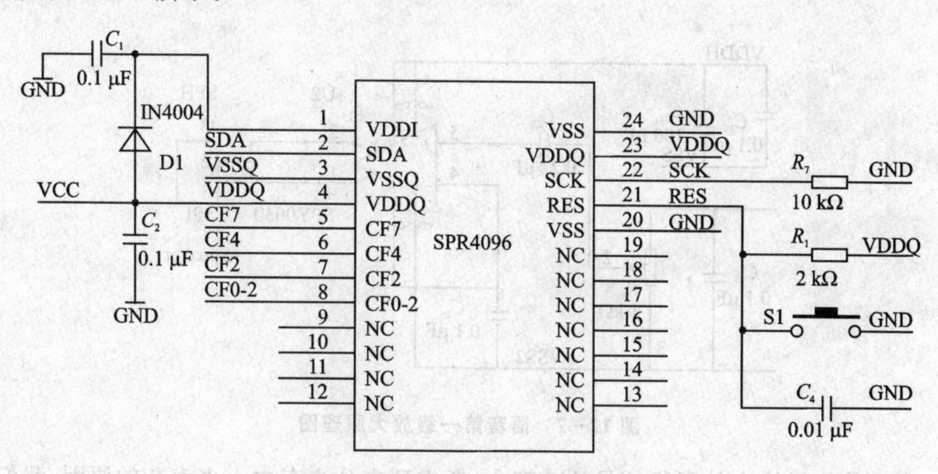

图 12-5　语音存储电路原理图

在本项目中，使用语音资源选择模块的作用是根据按键的不同，使单片机从语音资源存储模块中读取自己想要的语音资源，本设计采用了两个继电器来完成语音资源的切换，图中的线圈为继电器的线圈。原理图如图 12-6 所示。

12.2.5　语音放大的实现

本系统利用十六位单片机 SPCE061A 的语音特色，当按键按下时，播报相对应的语音，其核心是采用了音频放大芯片 SPY0030 作为音频的第一级放大，该芯片的滤波效果较好，具体的电路原理图如图 12-7 所示。

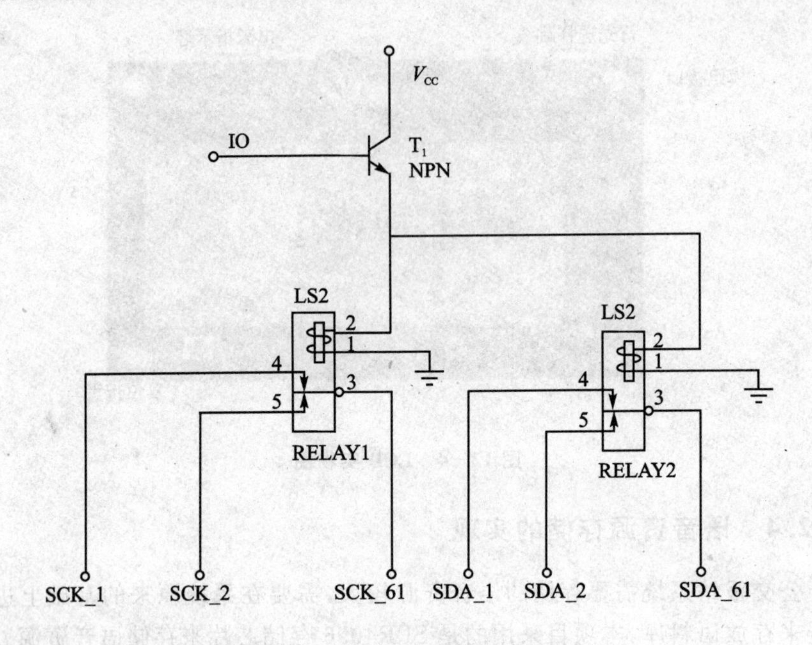

图 12－6　语音切换硬件电路原理图

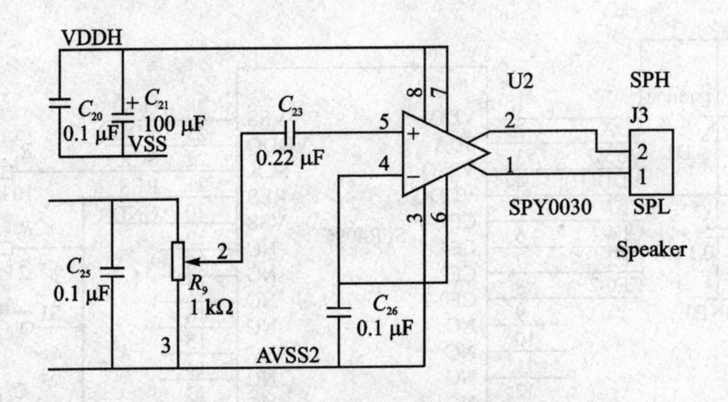

图 12－7　语音第一级放大原理图

由于单片机输出的音频信号的功率小，考虑到在公交车内人多声杂的原因，我们采用了专用的音频放大芯片 KA229。该芯片具有两路独立放大电路，外部电路简单，供电电压低，而且输出功率大的优点。设计了内部音频放大电路供内部双路扬声器作为音频信号的第二级放大，电路原理如图 12－8 所示。

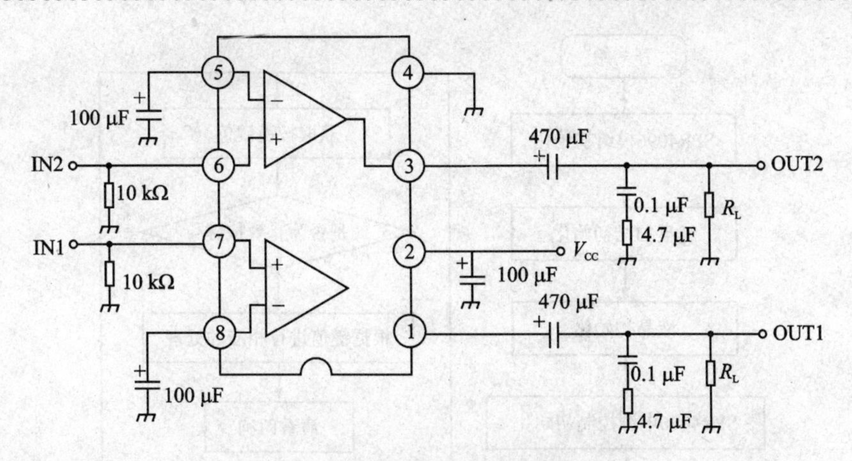

图 12-8 语音第二级放大原理图

12.2.6 硬件资源的分配

本设计主控板采用凌阳科技公司的 SPCE061A,其硬件资源分配如表 12-1 所列。

表 12-1 系统硬件资源分配一览表

CPU 型号	SPCE061A	封装	PLCC
振荡器	□crystal	频率	32 768 Hz
	□RC	R 值	
	□外部	输入频率	
WATCHDOG	□有 □无	□启用 □未启用	复位时间:0.75 s
IO 口使用情况	使用情况	IOA0～IOA4:按键(下拉电阻输入) IOA6～IOA7:语音资源选择模块控制 IOA8～IOA15:IOB13～IOB15:液晶显示器 IOB0～IOB1:SPR4096 语音数据传输及时钟控制端口 IOA5、IOB2～IOB7、IOB8～IOB12 未处理	
TimerA 使用情况	TimerA	放音时使用	
	TimerB	无	
ADC 使用	MIC-IN 通道	无	
中断使用	3 个	1. TimerA:用于放音 2. IRQ5:IRQ5_2 Hz 中断显示时间及日期,更新时间 3. IRQ6:IRQ6_TMB 中断扫描函数	

12.3 藏、汉、英语公交报站系统的软件设计

12.3.1 主程序流程框图

主程序是一个封闭的循环,流程框图如图 12-9 所示。

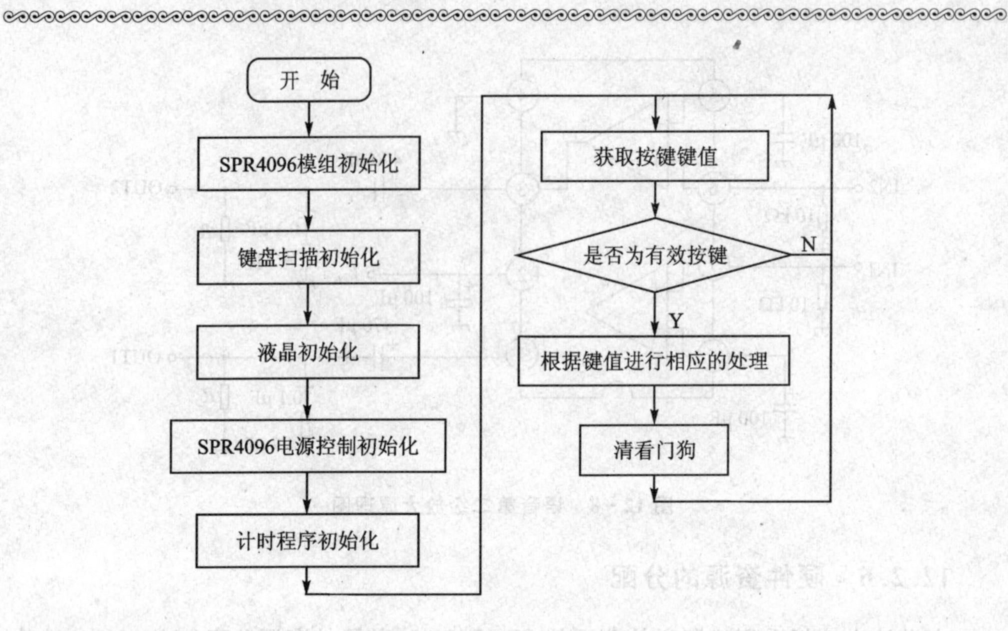

图 12-9 主程序流程框图

IO 端口初始化部分主要按照硬件资源分配一览表对 IO 端口的状态进行初始设置，包括 IO 口状态是处于输入，还是输出状态，是否设置上拉等操作，均在 IO 端口初始化子函数中完成；LCD 初始化主要是对液晶显示部分的相关数据线、控制线的状态进行设置；SPR4096 初始化主要是设置串行传输速率以及 CPU 时钟频率和相对应的 IO 口的状态。计时程序初始化主要是打开计时中断，也包含一些与控制相关的全局变量初始化都在该子函数中完成。

12.3.2 用户交互界面

考虑到人性化，方便使用者的操作，软件界面相关信息都十分清晰地显示在 LCD 上，具体软件操作界面如图 12-10 和图 12-11 所示。

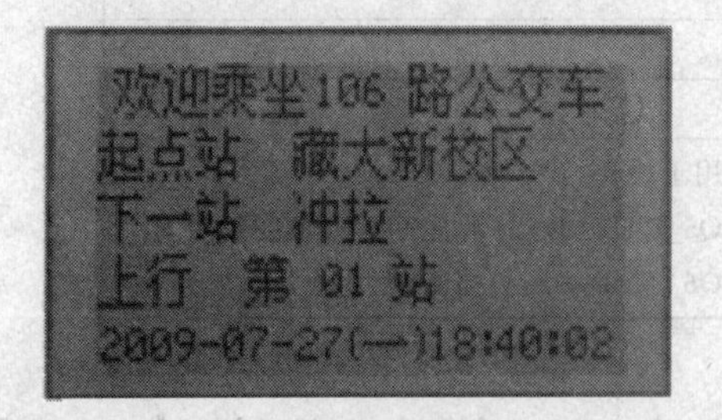

图 12-10 主界面 LCD 效果图

图 12-11 设置时间界面 LCD 效果图

12.3.3 初始化子函数流程框图

初始化子函数主要完成对系统的初始设置进行配置，如：IO 端口的状态，中断的配置，系统时钟的设置等。图 12－12 为 SPR4096 初始化流程图。图 12－13 为键盘初始化流程图。

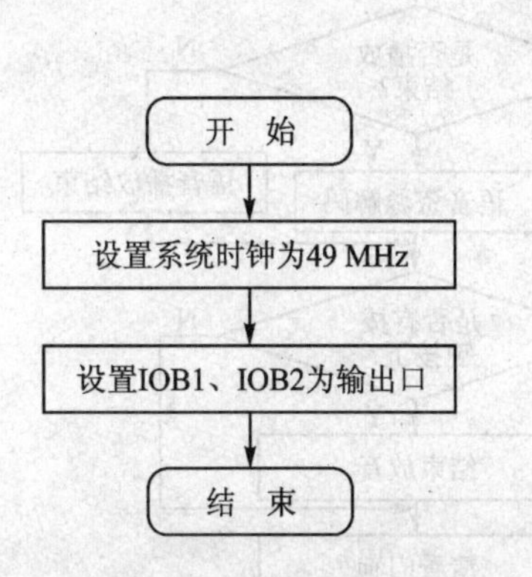

图 12－12 SPR4096 初始化流程图

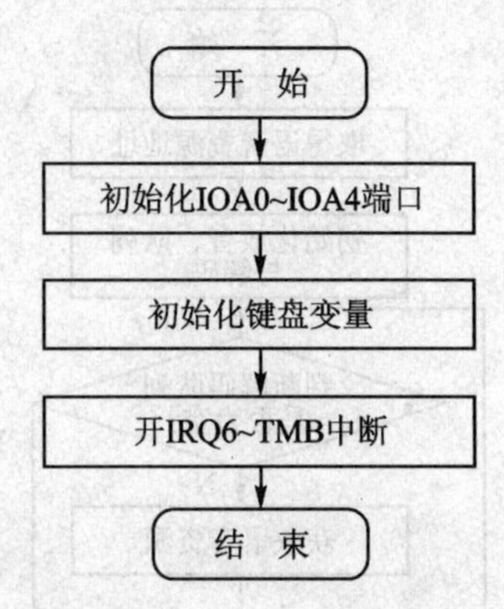

图 12－13 键盘初始化流程图

12.3.4 按键处理子函数流程框图

根据需求，设计不同的按键值对应不同的情况，流程框图如图 12－14 所示。

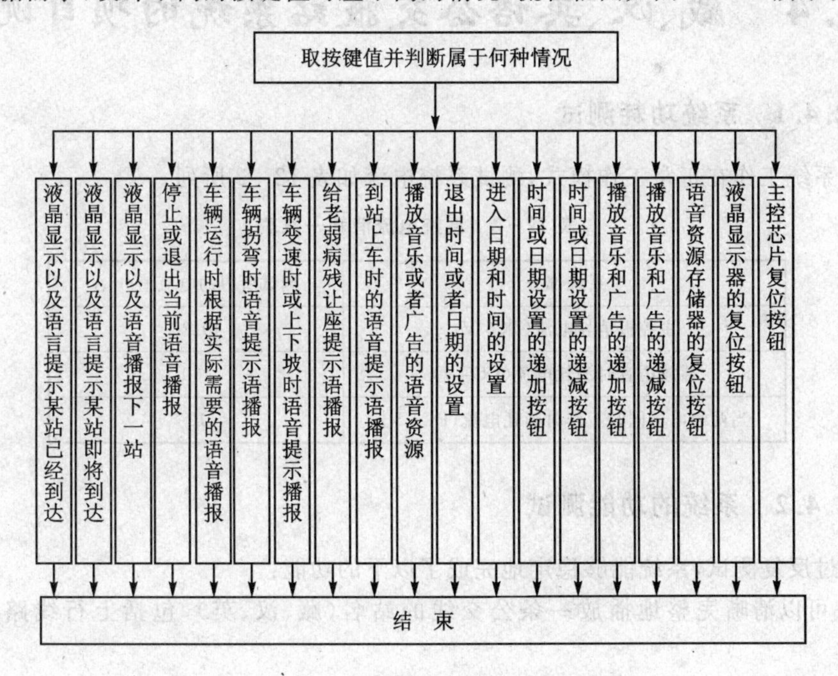

图 12－14 键盘处理子程序流程框图

12.3.5 语音播报部分函数流程框图

由于系统的语音资源存储在外扩的存储器 SPR4096 上面，要实现语音播放必须获得语音资源，关键解决语音资源的起始地址，然后通过读取函数获得语音资源，函数流程图如图 12-15 所示。

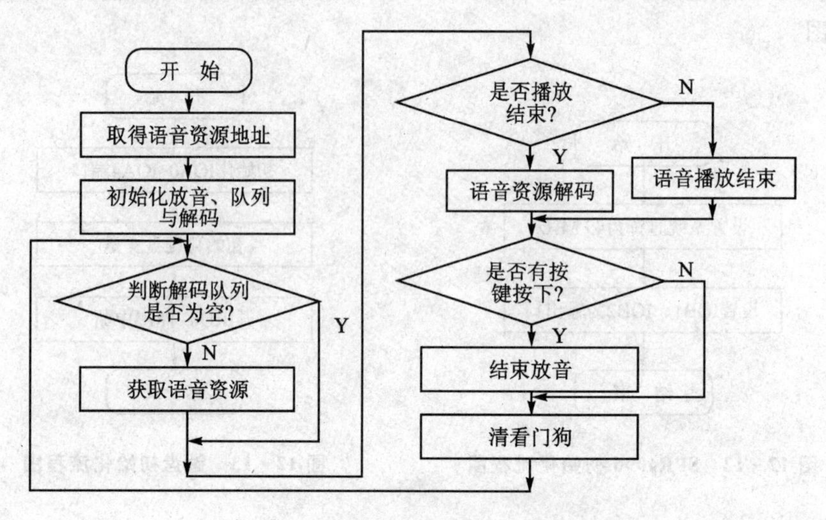

图 12-15 语音播放软件流程框图

12.4 藏、汉、英语公交报站系统的项目测试

12.4.1 系统功耗测试

当系统工作在正常工作模式,测试系统电流如表 12-2 所列。

表 12-2 系统电流消耗一览表

系统部分	测试所得的电流值/mA
主控板消耗电流(DC5 V)	40.26
播放语音时消耗电流(DC5 V)	400
当两继电器同时工作时消耗电流(DC5 V)	12

12.4.2 系统的功能测试

通过反复测试,系统能够稳定地完成了以下的功能:

① 可以清晰完整地播放一条公交线的站名(藏、汉、英),包括上行线路与下行线路。

② 可以清晰地用藏、汉播放车辆运行用语和服务用语。

③ 可以在液晶显示器上显示当前站、下一站、第几个站。

④ 可以清晰播放音乐和公益广告。

⑤ 显示当前的时间、日期、星期,且具有时间日期的设置功能等。

具体设计文档以及源代码可参考网站 www.utibetlab.com。

第 13 章　基于以太网藏文信息家电控制平台的设计与实现

13.1　项目的需求

数字化、网络化和信息化已经成为 21 世纪的重要特征，一个以网络为核心的信息时代已悄然到来。网络带来的方便与快捷使得人们对生活环境提出了更高的要求，这也使得“智能住宅”、“家庭自动化”等技术深受人们的关注。尽管目前从事网络家电控制方面研究的人员比较多，但基于商业利润的考虑，很少有人从少数民族语言出发而从事该方面的研究。

本项目以凌阳公司生产的单片机 SPCE061A 和 DM9000 以太网控制芯片为控制平台，基于藏语网页信息而设计的一个网络家电终端设备，旨在使拥有百万人口的广大藏族同胞能够享受互联网所带来的方便与快捷。项目的具体需求：

① 所制作的终端设备能够和网络相互通信；

② 所制作的网页要以藏文的形式呈现给用户；

③ 对终端设备的操作要简单明了；

④ 在供电方面要采用交流 220 V 供电；

⑤ 在操作提示方面要有指示灯和藏语语音播报；

⑥ 系统可设置登录密码，同时能够监控到家电的状态。

13.2　以太网的藏文输入系统的硬件电路设计

13.2.1　以太网的藏文输入系统的整体实现框图

根据系统的需求，其硬件组成框图如图 13－1 所示：主要由 SPCE061A 主控板、以太网控制模块、电源电路、外接电器控制电路、扬声器组成。其中，以太网模块采用的是 DM9000 模组，通过 SPCE061A 来直接控制，从而完成相应数据包的收发和解析，解析完成以后有 SPCE061A 向外接电器控制电路、扬声器以及指示灯模块发出操作指令，完成对家电的控制。

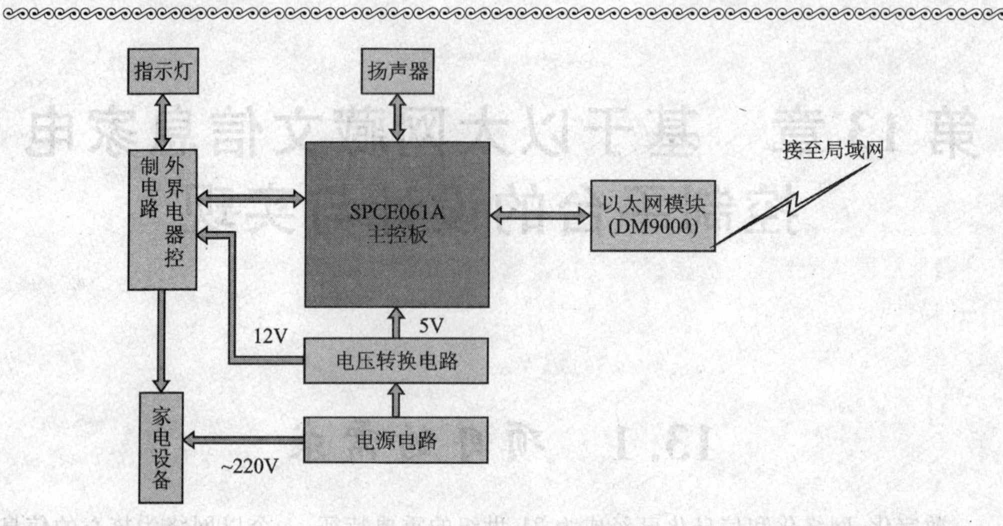

图 13-1　整体硬件组成框图

13.2.2　主控板的硬件框图

SPCE061A 是凌阳科技研发生产的性价比很高的一款十六位单片机，使用它可以非常方便灵活地实现语音的录放系统，该芯片拥有 8 路 10 位精度的 ADC，其中一路为音频转换通道，并且内置有自动增益电路。这为实现语音录入提供了方便的硬件条件。两路 10bit 的 DAC，只需要外接功放（SPY0030A）即可完成语音的播放。本项目直接采用 SPCE061A 作为主控板，其硬件布局如图 13-2 所示。

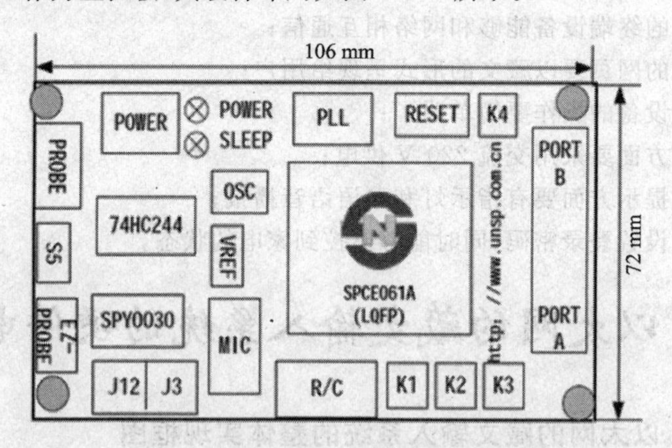

图 13-2　SPCE061A 主控板硬件布局图

13.2.3　以太网模块电路结构

以太网模块是一款以 DM9000 为核心芯片的以太网数据包收发控制模块，该模块与控制器配合，除可以完成以太网数据包收发之外，还具有 4 Mbit 的串行 Flash 存储器 SPR4096，可以为用户提供一个较大容量的存储空间。在网络中它可自动获得同设定 MAC 地址一致的 IP 包，完成 IP 包的收发。在本方案中，SPCE061A 单片机作为主控制器，用以控制 DM9000 完成以太网数据包收发以及 TCP/IP 协议实现。其特性如下：

① 和 MCU 连接模式有 ISA、8 bit/ISA、16 bit 模式，并支持 3.3 V 和 5 V 的 I/O 控制。

② 支持多种连接模式电端口支持 10 MB、HALF/10 MB、FULL/100 MB、HALF/100 MB。

③ 支持 EEPROM(93C46)，可供存放系统所需信息。

④ 有 4 Mbit 串行数据存储器及其接口。

以太网模块硬件布局结构如图 13－3 所示。

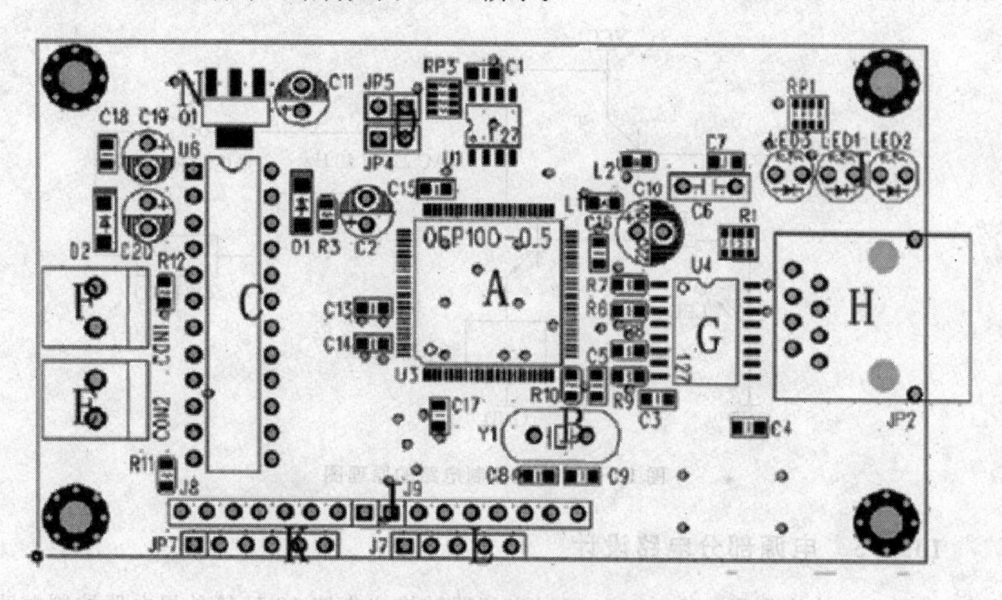

图 13－3　以太网模块结构图

图 13－3 中，以太网模块结构图中各个标识符号代表的含义如表 13－1 所列。

表 13－1　以太网模组各部分功能一览表

标识符号	代表实物
A	DM9000 芯片
B	25 MHz 晶振
C	SPR4096 芯片
D	控制跳线
E	电源输入口
F	电源输出口
G	10/100 MB 滤波器
H	RJ－45 插座
I	连接状态指示灯
J	DM9000 数据端口
K	SPR4096 操作端口
L	DM9000 端口
N	5～3.3 V 变压器

13.2.4 驱动电路设计

驱动电路是实现单片机到电器控制的主体，单片机通过处理网页得到用户的操作指令，将指令转化为电信号并通过单片机的IO口送给外接电器控制电路，经过三极管的两级放大，进而通过继电器来完成外接电器与交流220 V电源的接通和断开，以及指示灯的点亮和熄灭等操作，其电路如图13－4所示。

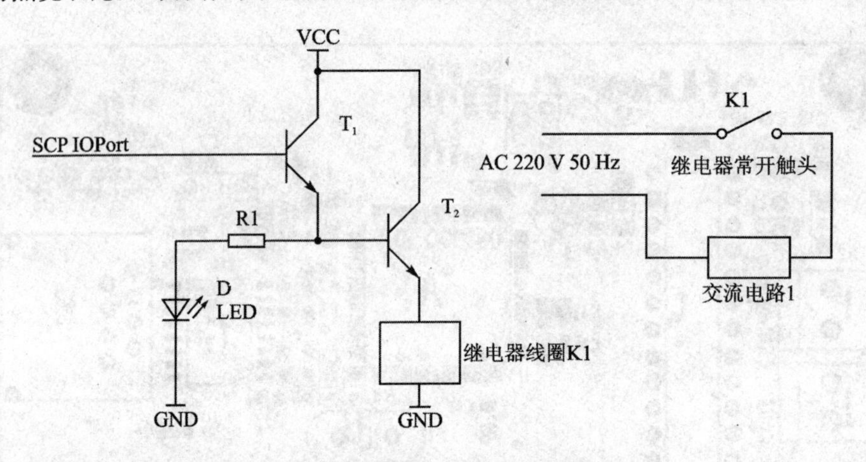

图13－4 外接控制电路的原理图

13.2.5 电源部分电路设计

该部分的功能是将交流220 V通过变压器转换成直流12 V给外界电器控制电路供电，同时通过三端集成稳压器7805将直流12 V转换成直流5 V，分别给SPCE061A主控板、以太网模块供电，从而使用户用最常用的电源即可实现对该设备的供电，其电路如图13－5所示。

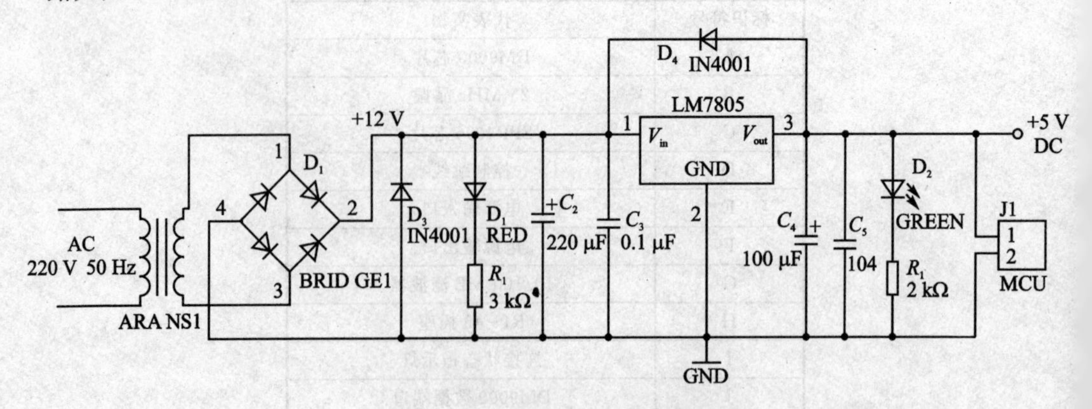

图13－5 电源部分电路原理图

13.3 以太网的藏文输入系统的软件设计

13.3.1 TCP 服务器软件流程框图

HTTP 协议是一个常见应用层协议，它是基于 TCP 协议的。在本项目中通过 unIP 提供的 TCP/IP 协议的一些接口函数 API 来实现这个应用层协议(见表 13-2 的 unIP 协议栈的特性)。

整个服务器实现的具体思路为：先初始化 unIP 协议栈，然后使用 DM9000 创建一个网络接口，添加至 unIP 协议栈内，并将其设置为 unIP 协议栈的默认网络接口。然后申请创建一个 TCP 协议控制块，并将其配置为监听 80 端口(Web 服务的默认端口)，同时设置好 TCP 协议，接收连接回调函数(指用户将自己定义函数的函数指针通过某种方式告诉协议栈，使得协议栈在适当的时候可以通过这个函数指针调用该函数，从而达到执行用户操作的目的)。基于 TCP 协议的服务器的流程图如图 13-6 所示。

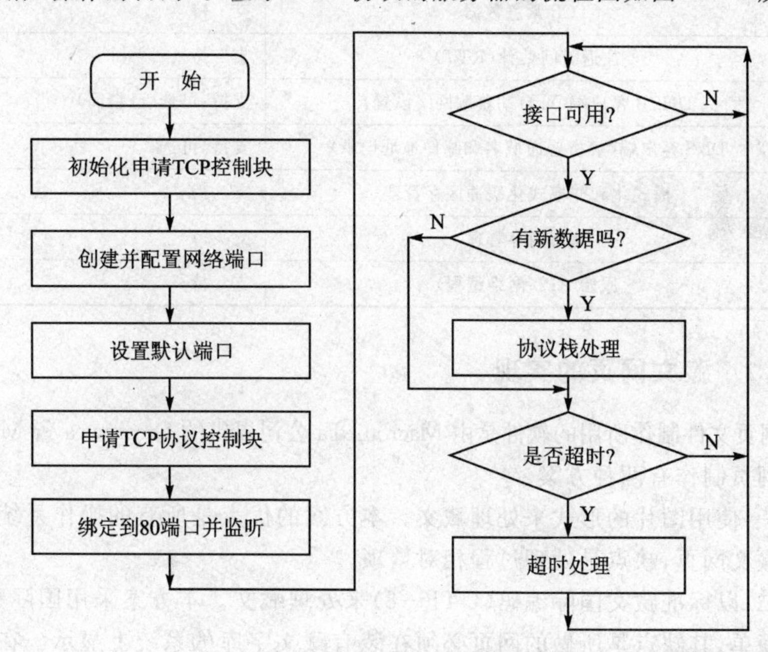

图 13-6 TCP 服务器软件流程框图

程序在主循环中不断检测 DM9000 是否有新的数据输入，并将接收到的数据包送至协议栈处理。当 TCP 的三次握手完成之后，协议栈会自动调用用户设置好的接收连接回调函数，交由应用层处理连接建立后的事宜。

表 13-2 列出了 unIP 协议栈的特性。

表 13-2 unIP 协议栈的特性

特　性	unIP Stack
多网络接口(ethernet,slip)	支　持
ARP	支　持
IP(不支持 IP 分片与重组)	支　持
ICMP(包括 ECHO、和 destination unreach)	支　持
UDP(包括 UDP Checksum 的计算)	支持,可选(已精简)
TCP 选项(只支持最大报文段长度 MSS)	支　持
TCP 滑动窗口	支　持
TCP 慢启动、拥塞避免	支　持
TCP 快速重传、快速恢复	支　持
TCP 错需数据重组	支持,可选
TCP 紧急数据	支　持
往返时间估计(RTT)	支　持
DHCP 客户端(可自动获取网络设置)	支持,可选(已精简)
DNS 客户端(解析普通域名和邮件地址记录)	支持,可选
模式化和非模式化缓冲区存管理	支　持
动态内存管理	支　持
原始 API(网络编程)	支　持

13.3.2 藏文网页的实现

藏语网页文件制作所用的软件是由 Macromedia 公司提供的 Dreamweaver MX2004。

藏语网页制作有两种方案:

方案一:使用图片的形式来处理藏文。本方案的优点是所有的操作系统都可以打开所做的藏文网页,缺点是处理过程相对繁琐。

方案二:以标准藏文国际编码(UTF-8)来处理藏文。本方案采用国际藏文编码,网页制作简单,其缺点是所做的网页必须在装有藏文字库的系统上显示。在本方案中我们所做的网页需要通过网页转换工具将相应的网页数据存储到单片机中。

由于该网页转换工具无法保存图片信息,本项目选择方案二。

监控界面在本方案中以三种电器(空调、灯、音乐)为例设计的,电器的操作设计是通过按钮来控制,电器状态的监控是通过状态监控表显示的,当没有对电器进行操作时电器的状态默认的是“C”(关闭),当电器被打开后状态栏的状态是“O”(打开),由于凌阳公司的 IDE 不支持藏语,动态网页程序中要返回的信息用“C”和“O”来表示设备的打开与关闭。

藏文网页最终的效果如图 13－7 所示。

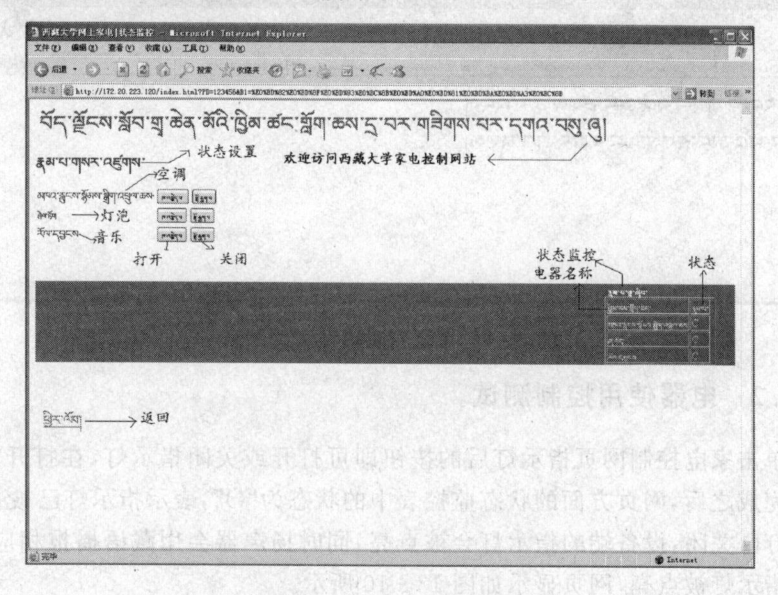

图 13－7　藏文网页效果图

制作好的藏文网页文件经过“NetpagetoC”网页转换工具将网页数据转换成 C 文件添加到相应的工程位置中。从而完成网页数据在 SPCE061A 与以太网模块所构成的服务器中的存储。

13.4　以太网的藏文输入系统的项目测试

13.4.1　藏文网页的测试效果

在 WindowsXP 系统中，首先设置好 IP 地址，然后在网页浏览器中输入 http://172.20.223.120，进入到家电登录界面，输入密码“123456”，即可进入控制界面，然后对相应的家电进行操作测试，如图 13－8 所示，如果输入密码错误，则系统会提示密码错误的信息，如图 13－9 所示。

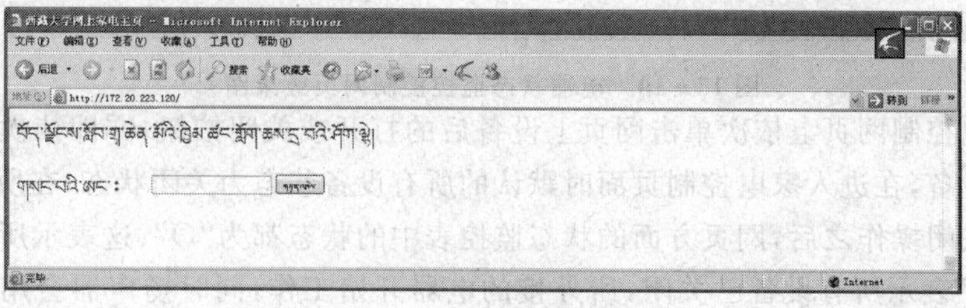

图 13－8　登录测试界面

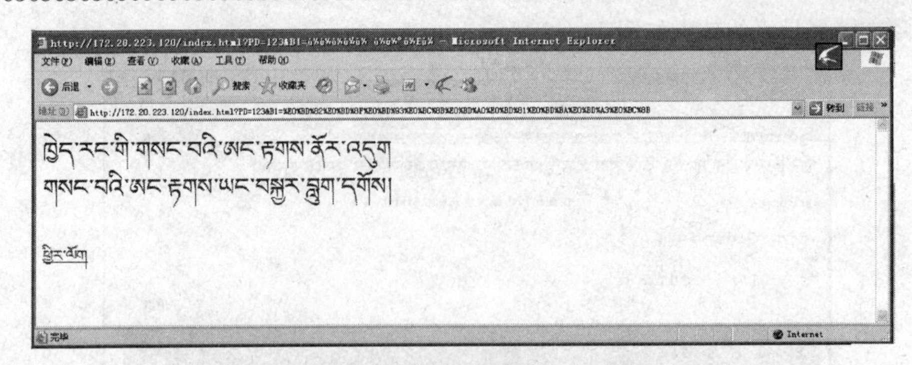

图 13－9 登录密码错误测试界面

13.4.2 电器使用控制测试

直接单击家电控制网页指示灯后的按钮即可打开或关闭指示灯，在打开或关闭指示灯操作完成之后，网页方面的状态监控表中的状态为“O”，表示指示灯已被打开，“C”表示指示灯已关闭，设备端的指示灯会被点亮，同时扬声器会用藏语播报相应的语音，设备上的指示灯被点亮，网页显示如图 13－10 所示。

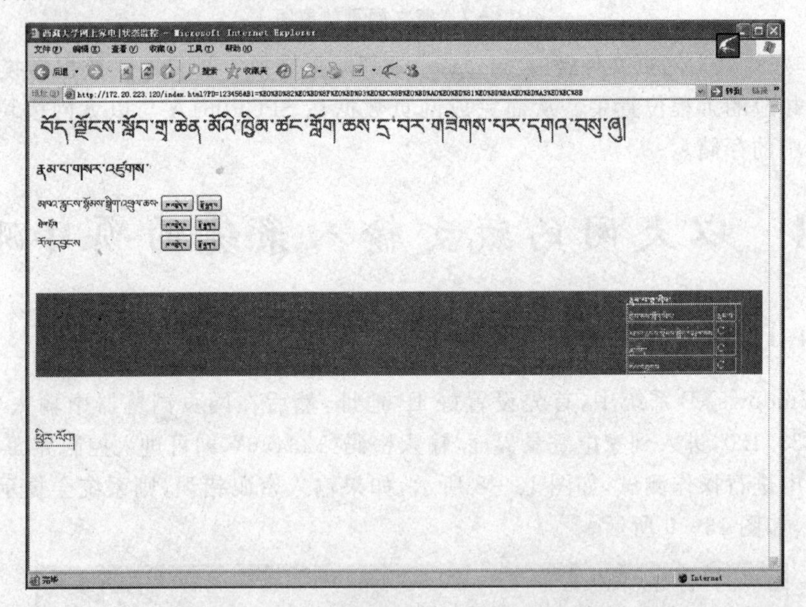

图 13－10 电器状态监控控制网页效果图

在家电控制网页上依次单击网页上设备后的打开或关闭按钮，亦即依次打开或关闭所有的设备，在进入家电控制页面时默认的所有设备状态为关闭状态，在所有设备完成打开或关闭操作之后，网页方面的状态监控表中的状态都为“O”，这表示所有设备已被打开，“C”表示所有设备已关闭，所外接的电器开始工作，同时扬声器会用藏语播报相应的语音，经测试，上述功能已经实现。

项目的详细设计文档以及源代码可参考网站 www.utibetlab.com。

参考文献

[1] 凌阳爱普内部资料.

[2] 电航学社实践指导.大连海事大学实践中心.

[3] 董尚斌,苏利,代永红.电子线路(Ⅰ)北京:清华大学出版社,2006.

[4] 董尚斌,代永红,金伟正,等.电子线路(Ⅱ)北京:清华大学出版社,2008.

[5] 代永红,郑建生,刘彦飞.通信原理仿真、设计与实训.北京:国防工业出版社,2011.

[6] 黄根春,陈小桥,张望先.电子设计教程.北京:电子工业出版社,2007.

[7] 康华光.电子技术基础.4版.北京:高等教育出版社,1999.

[8] 阎石.数字电子技术基础.4版.北京:高等教育出版社,1998.

[9] 潘松,黄继业.EDA技术实用教程.北京:科学技术出版社,2003.